职业教育电子信息专业群规划教材

# 单片机控制技术

DANPIANJI KONGZHI JISHU

◎ 主 编 刘国云 刘 菁 唐 娟

◎ 副主编 杨海啸 梁洪辉 杨诗丽 李素华 戴 超

◎ 参 编 雷增强 尹 平 袁春燕 张玉希

U0742970

中南大学出版社
www.csupress.com.cn
·长沙·

# 前言
*Foreword*

在数字化与智能化深度融合、AI 技术迅猛发展的当下，各行业对编程技能的要求持续攀升。单片机控制技术广泛应用于工业自动化、智能家居、智能交通、环境监测等众多前沿领域，发挥着无可替代的核心作用。其高效的控制能力、灵活的应用特性以及强大的扩展功能，为各行业的智能化升级与创新发展注入了强劲动力。而 C 语言凭借其高效灵活、可直接操作硬件的特性，成为单片机程序开发的首选语言，是中职电类专业学生学习编程知识与技能的优质平台，在单片机程序开发中占据主导地位。熟练掌握单片机控制技术与 C 语言编程，已成为中职电类专业学生的核心技能。

本书紧密围绕中职电类专业人才培养目标，结合单片机控制技术课程的教学实际，全力打造具有鲜明特色与创新优势的教学资源，助力学生实现知识与技能的双提升。

## 一、创新教学模式，理实深度融合

本书精心编排了 8 个项目，以项目教学为核心，采用任务驱动的方式，将理论知识与实践操作紧密结合，构建"教学做合一"的理实一体化教学体系。从"项目 1 单片机基本知识的学习"出发，到"项目 8 单片机控制装置实战应用的编程与调试"，让学生将所学知识综合运用到实际项目中，有效提升实践能力与创新思维。

本书总体思路为"先硬件后软件、先理论后应用、先仿真后实战"，理实一体、循序渐进地引导学生掌握单片机控制技术，充分激发学生的学习兴趣，培养学生自主学习、团队协作及解决实际问题的综合能力。

## 二、丰富教学资源，多元助力教学

（1）为满足教师教学与学生自主学习的多样化需求，我们精心开发了一系列配套教学资源。

本书配套开发了 PPT、教学视频、例程源代码、仿真电路、实训指导手册、作业答案和在线测试题库等资料，方便教师教学和学生自主学习。教学视频详细演示操作步骤，源程序代码方便学生参考学习，实训指导手册为实践操作提供精准指导，作业答案和在线测试题库帮助学生及时巩固所学知识。这些资源相互补充，形成全方位、多层次的教学支持体系，为学生营造优质的学习环境。

（2）开发了许多寓教于乐的演示程序和电路。

单片机指令教学抽象、程序结构搭建设计和编程逻辑性强，中职学生学习难度大。为增加教学的趣味性、娱乐性、形象直观性，降低教学难度、激发学习兴趣，本书开发了许多仿真演示电路和程序，形象直观地演示了各种运算指令的运算结果，将枯燥的运算指令教学变成了仿真演示讲解和学生可参与的指令运算操作体验。

## 三、融入思政元素，注重立德树人

"课外读物"栏目系统地介绍了为我国解决芯片卡脖子工程作出突出贡献的中国高科技公司，帮助学生了解芯片制造技术和国际竞争形势，开拓专业视野、提高学习兴趣、增强学习动力，学习发扬我国高科技公司面对技术封锁坚强不屈、艰苦奋斗、突破创新的科学精神、聪明智慧和家国情怀，树立起为中华民族伟大复兴而读书的远大目标。

## 四、强化技能培养，对接职教高考

面对职教高考全面推行的新形势，本书在内容编排上充分考量技能教学与职教高考的双重需求。在强化实践技能训练的同时，系统梳理职教高考的核心知识点与技能要求，并将其有机融入各个项目中。通过项目实践，学生既能熟练掌握单片机控制技术与C语言编程技能，又能精准把握职教高考的考试要点，为顺利升学筑牢根基。

本书建议总课时为120课时。为协助教师科学规划教学进度，合理分配教学时间，以下是各项目的建议课时安排。

| 内容 | 建议课时 |
| --- | --- |
| 项目一　单片机基本知识的学习 | 14课时 |
| 项目二　Keil-C编程软件与C语言基本知识的学习 | 14课时 |
| 项目三　LED亮灭与闪烁控制程序的设计与仿真 | 6课时 |
| 项目四　按键开关检测控制程序的设计与仿真 | 12课时 |
| 项目五　跑马灯控制程序的设计与仿真 | 28课时 |
| 项目六　显示控制程序的设计与仿真 | 22课时 |
| 项目七　中断控制程序的设计与仿真 | 14课时 |
| 项目八　单片机控制装置实战应用的编程与调试 | 10课时 |
| 总课时 | 120课时 |

在本书编写过程中，我们参考了大量国内外相关教材、学术论文、技术文档以及丰富的网络资源，在此向这些文献的作者致以诚挚的感谢！同时，也感谢参与本书编写和审核的各位同事，以及为本书出版提供支持与帮助的工作人员，是大家的共同努力，才使得本书顺利出版。

本书为2022—2024年湖南省职业院校教师素质提高计划"双师型"名师工作室专题研修项目成果之一，我们期待本书能为中职电类专业单片机控制技术教学改革贡献一份力量，推动职业教育事业蓬勃发展。

编　者

2024 年 8 月 1 日

# 目 录

*Contents*

# 项目 1

# 单片机基本知识的学习

## 任务 1　单片机概念、应用场景和常见品牌的学习

### 🔊 任务实施目标

通过任务实操和讲解，体验式学习和掌握：

1. 单片机的发展历史和现状；
2. 单片机的定义、特点和应用场景；
3. 常见单片机品牌、种类，51 系列单片机与 STM32 系列单片机的主要区别等。

### 🔊 任务背景

世界上第一款商用微处理器 Intel 4004 诞生于 1971 年。1969 年，日本制造商 Nippon Calculating Machine Corp. 与英特尔接洽，希望为其 Busicom 141-PF 计算器设计一套集成电路。最初这款计算机计划定制 12 颗芯片，但英特尔的工程师 Federico Faggin、Tedd Hoff 和 Stan Mazor 最终让它变成一组 4 颗芯片，其中里面就包括 Intel 4004 微处理器。

Intel 4004 为现代微处理器发展铺平了道路，奠定了现代计算的基础。至今，单片机已经历了 SCM、MCU、SoC 三大阶段，位数从最初的 1 位、4 位、8 位和 16 位发展到现在的 32 位、64 位。图 1.1.1 所示为 1971 年的 Intel 4004 与 2021 年的 Intel 12 代 CPU。

### 🔊 任务探索

既然设计生产了计算机，那为什么还要生产单片机？什么是单片机？它与计算机有什么区别？常用的单片机品牌和型号有哪些？

图 1.1.1 1971 年的 Intel 4004 与 2021 年的 Intel 12 代 CPU

## 1.1.1 单片机的概念

单片机是单芯片微型计算机(single chip microcomputer)的简称,也称微控制单元 MCU(micro control unit),是在一片集成电路芯片上集成了中央处理器 CPU、随机存取存储器(RAM)、只读存储器(ROM)、输入/输出端口(I/O)等主要计算机功能部件的微型计算机。单片机内部结构如图 1.1.2 所示。

CPU 是单片机的核心部分,相当于人的大脑,主要负责单片机内部的整体控制和运算。RAM 和 ROM 都是存储器,RAM 主要是数据

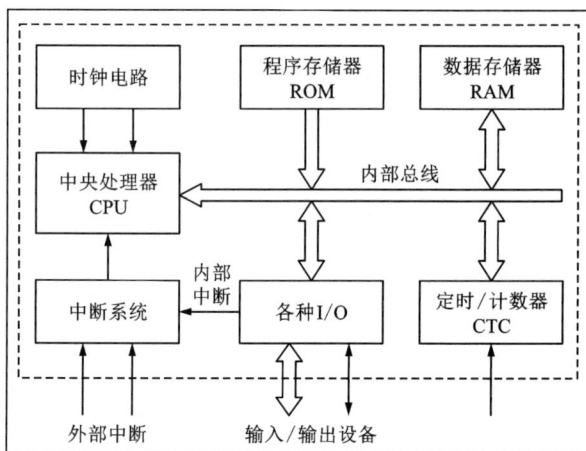

图 1.1.2 单片机内部结构图

存储器,存储单片机程序运行过程中被改变的量;ROM 用于存储固化的程序和固定的数值。I/O 是单片机与外界的接口,作为输入口,可以接收外部控制信号和数据;作为输出口,可以输出单片机内部数据和控制信号。

## 1.1.2 单片机的优点和应用场景

单片机具有性能高、速度快、体积小、价格低、稳定可靠、应用广泛、通用性强等突出优点,广泛应用于以下几大领域的信息处理和功能控制等。

### 一、家用电器领域

家用电器很多都使用到了单片机,比如电饭煲、电冰箱、风扇、洗衣机、空调、液晶电视机、音响设备、体重秤、雾化器等。

### 二、医用设备领域

医用设备同样广泛使用了单片机,如电子体温计、呼吸机、超声诊断设备等。

### 三、工业控制领域

单片机被广泛应用在工厂流水线智能化管理、楼房电梯智能化控制及各种报警系统当中，还能与计算机联网构成二级控制系统。

### 四、智能仪器仪表领域

单片机能与各种类型的传感器组合，实现电压、频率、湿度、温度、压力等物理量的测量，使仪器仪表更数字化、智能化、微型化。

### 五、计算机网络通信领域

单片机通过通信接口，能够直接与计算机进行数据通信。比如手机、远程监控交换机、自动通信呼叫系统、无线对讲机等，都实现了单片机智能控制。

除上述领域，单片机还广泛应用于金融、教育、航空等领域。

## 1.1.3　单片机的常见品牌与型号

### 一、单片机知名生产厂商

单片机的品牌和种类很多，既有国产的，也有国外产的，同一品牌同一种类的型号、封装还有不同。以下为世界前八大知名厂商：NXP（恩智浦）、Renesas（瑞萨科技）、Microchip（微芯科技）—收购 Atmel、Samsung（三星）、ST（意法半导体）—1988 年 6 月成立，是由意大利的 SGS 微电子公司和法国 Thomson 半导体公司合并而成、Infineon（英飞凌）、TI（德州仪器）、Cypress Spansion（赛普拉斯半导体）。国内主要单片机厂商有东莞市宏晶光电科技有限公司（以下简称"宏晶公司"）。

### 二、单片机常用系列与型号

单片机生产厂家多、系列多，同一个系列下又有多种型号和封装形式。现在主要介绍 51 系列和 STM32 系列的单片机，图 1.1.3 和图 1.1.4 是中国宏晶公司和美国 ATMEL（中文名：爱特梅尔）公司 51 系列单片机产品，图 1.1.5 是意法半导体公司（ST）STM32 嵌入式单片机。

图 1.1.3　STC 单片机

图 1.1.4 ATMEL 单片机

图 1.1.5 STM32 单片机

### 三、STM32 系列与 51 系列单片机的区别

#### 1. 架构

STM32 系列单片机采用了 Cortex-M 系列的 32 位处理器架构，而 51 系列单片机则采用了基于 Intel 8051 架构的 8 位处理器架构。

#### 2. 性能

STM32 系列单片机的性能要优于 51 系列单片机。STM32 系列单片机主频通常在几十兆赫到几百兆赫之间，而 51 系列单片机主频通常在几十赫到几十兆赫之间。

#### 3. 存储

STM32 系列单片机采用闪存来存储程序，而 51 系列单片机则使用 EPROM 或 OTPROM。闪存具有更大的存储容量和更高的读写速度。

#### 4. 接口

STM32 系列单片机支持更多的外设和功能模块，比如 USB、CAN、以太网、SD 卡等外设。而 51 系列单片机则相对简单，一般只包含一些基本的 GPIO、串口、定时器等外设。

#### 5. 开发环境

STM32 系列单片机使用了新的内核，因此需要使用不同的开发软件和工具，比如 Keil、IAR 等，具有更多的工具和库，资料和文档也更加丰富。

总的来说，51 系列单片机是属于低端单片机，开发偏底层，成本低、简单易用、易学易懂。STM32 系列单片机属于中高端单片机，拥有更高的运算速度和更强的性能，适用于一些更复杂的应用场景。在功能方面，STM32 系列单片机拥有更多的外设接口和更高的集成度，可以连接各种不同的传感器和设备，支持更多的通信模式和数据传输方式，51 系列

单片机则需要较多的外围设备和芯片来实现一些复杂的功能。本书主要学习宏晶公司
DIP40 封装的 51 系列单片机。

## 1.1.4 任务作业

1. 什么是单片机？由哪几部分组成？各有什么作用？
2. 单片机有哪些突出优点？有哪些应用场景？
3. 写出世界八大知名单片机生产厂家和常见品牌。
4. 比较 51 系列单片机与 STM32 系列单片机的优缺点。

# 任务 2 单片机引脚、最小系统和 I/O 的学习

## 🔊 任务实施目标

通过任务实操和讲解，体验式学习和掌握：
1. 40 脚 51 系列单片机的管脚编号、分类和功能；
2. 最小系统及其各部分的作用；
3. I/O 的功能、组编号、位编号、双向口和类别判定方法。

微课二维码

## 🔊 任务背景

单片机的品牌种类很多，单片机用户不可能学习所有品牌的单片机，本任务主要讲解
图 1.2.1 所示的 40 脚 51 系列国产宏晶 STC 单片机电路设计与编程方法。

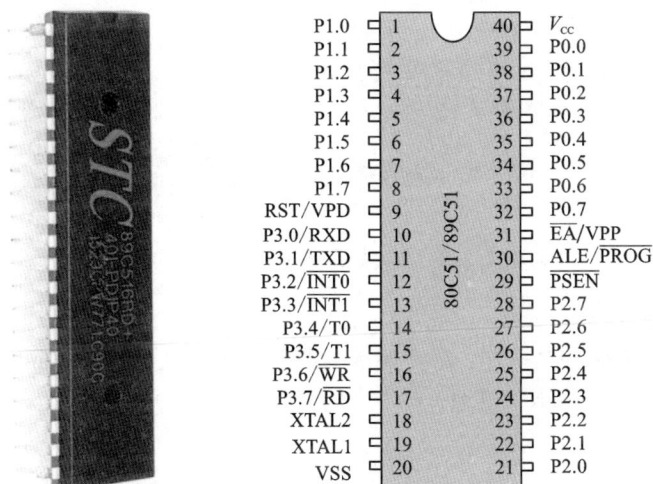

**图 1.2.1 40 脚 51 系列单片机的引脚**

要发挥单片机的强大功能，必须既懂硬件，又懂软件，到底是先学习硬件还是软件？如先学习硬件又先学什么？

## 1.2.1 40 脚 51 系列单片机的引脚

图 1.2.1 所示单片机采用 DIP40（双列直插式 40 脚）封装，根据集成电路的引脚定位标志和逆时针排布规律，该单片机电路左边从上到下为 1~20 脚，右边从下到上为 21~40 脚。这 40 个脚可以分为 3 部分。

### 一、最小系统脚

单片机的 9、18、19、20、40 脚外接的系统，给单片机提供了基本工作条件，被称为单片机的最小系统或最小电路，如图 1.2.2 所示。单片机的基本工作条件就是：有电源和接地，有工作时钟和复位电路。

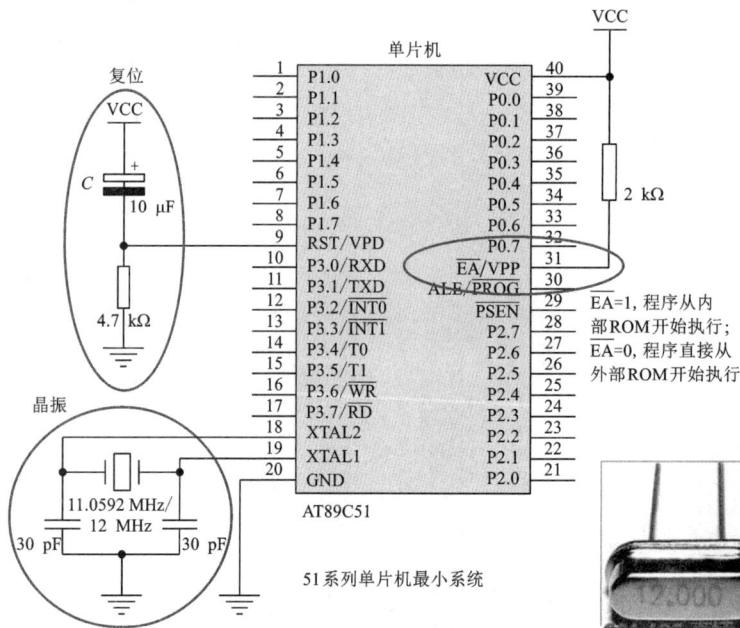

图 1.2.2 单片机最小系统和晶振实物

### 1. 电源和接地电路

单片机电路跟普通电路一样，需要外部电源和可靠接地，才能正常工作：40 脚 VCC 接 +5 V 电源，20 脚 VSS 或 GND 接地。

### 2. 时钟电路

单片机是一个微型计算机，是一个时序复杂的数字电路，必须用外部时钟信号来统一工作节拍和时序。图 1.2.2 中的 18 和 19 脚间接了时钟电路，其核心元件是晶振。我们常用 12 MHz 和 11.0592 MHz 两种频率的晶振，一般采用 12 MHz 的晶振，当单片机需要串口通信时，需采用 11.0592 MHz 的晶振。

### 3. 复位电路

单片机在上电后，必须通过复位清空存储器，将程序指针指向程序入口。单片机复位电路接在单片机的 9 脚。

图 1.2.2 所示单片机复位电路的工作原理是：在单片机上电的瞬间，电容 $C$ 相当于导通的，在单片机的复位引脚 9 上产生一个高电平信号，电容 $C$ 逐渐充电完毕，9 脚的脉冲信号逐渐变为 0，单片机就是利用该脉冲初始化单片机中的程序指针和清空一些寄存器的。

单片机有上电复位和按键复位两种形式，图 1.2.2 中的复位电路只有在上电时才具有复位功能，不能重复复位，给程序调试带来不便。

图 1.2.3 中的复位电路带有复位按键，可以反复重启单片机电路，方便调试程序。具体的做法是：在电容 $C_1$ 两端并联了复位按键，可以实现按键复位。其复位原理是：按下按键，$C_1$ 短路放电，松开按键，在电阻 $R_1$ 一端产生了复位信号，实现了按键的手动复位功能。

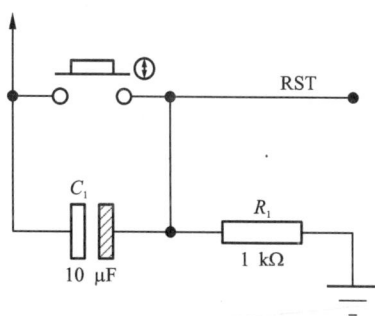

### 二、I/O 脚

单片机 I/O 口是指其输入、输出引脚，被称作单片机外部接口或用户端口，单片机通过它们来输入指令和输出控制数据。

图 1.2.3　带复位按键的复位电路

40 脚 51 系列单片机有 4 组 I/O 口，每组 8 位，共 32 位，如图 1.2.4 所示。每组 I/O 口可以 8 位成组使用，书写符号是大写的 P0、P1、P2、P3。也可以位为单位使用，表示符号是：P0.0~P0.7、P1.0~P1.7、P2.0~P2.7、P3.0~P3.7；编程书写形式是：P0^0~P0^7、P1^0~P1^7、P2^0~P2^7、P3^0~P3^7。.0 或^0 表示该组端口的最低位，.7 或^7 表示该组端口的最高位，如：P0.0 和 P0.7 分别是 P0 口的最低位和最高位。

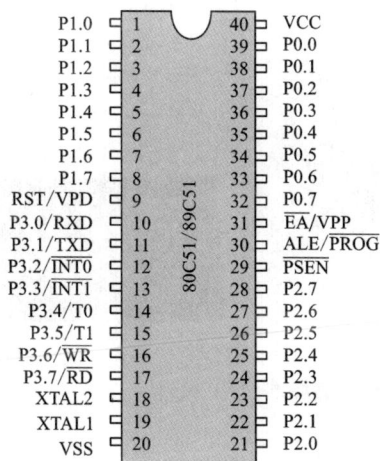

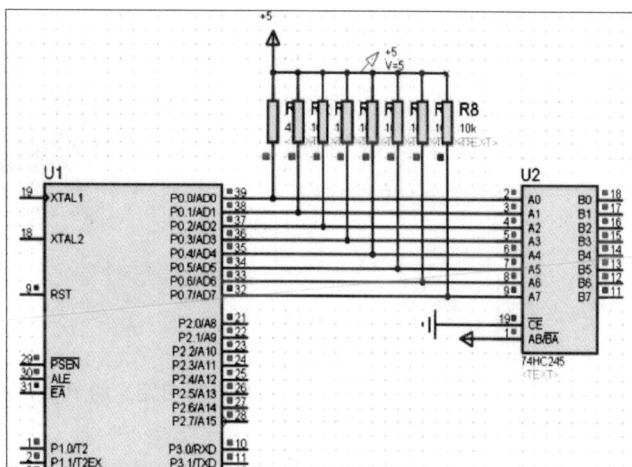

图 1.2.4　单片机管脚示意图和 P0 口上拉电阻

四组 I/O 口的偶数端口 P0、P2 在集成电路的右边，管脚号是 39~32 脚和 21~28 脚。奇数端口 P1、P3 在集成电路的左边，管脚号是 1~8 脚和 10~17 脚。四组端口中，只有 P0 口的管脚按降序排列。

单片机的 I/O 口都是双向口，既可以是接收外部信号的输入端口，也可以是输出控制数据和指令的输出端口。其判定方法是根据 I/O 口外接的器件来判定的：外接开关或信号输入器件，就是输入端口；外接被控制器或数据输出器件，就是输出端口。应用举例如图 1.2.5 所示。

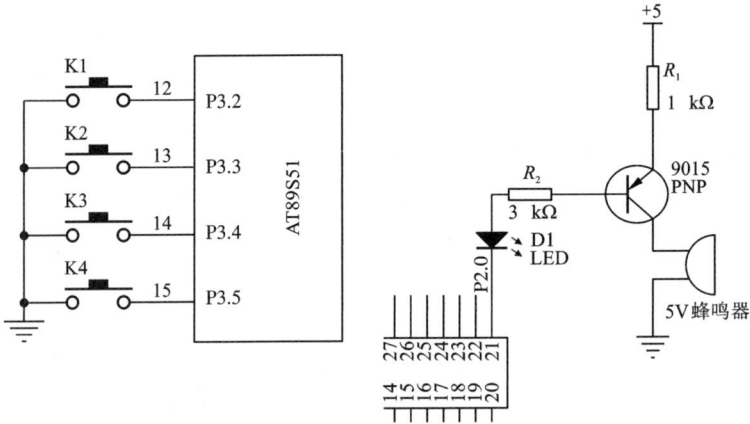

**图 1.2.5  输入、输出端口的判定方法举例**

四组 I/O 中，P0 口带负载能力差，要用上拉电阻和外接电源，才能带负载，如图 1.2.4 所示。ATMEL 公司自定义了 10p JTAG 下载标准，把 P1.5~P1.7 作为下载口，如图 1.2.6 所示。P3 口既是双向口，又是双功能口，其第二功能如图 1.2.7 所示。

当外部扩展了存储器或 I/O 端口，P0 口只能作数据总线和地址总线的低 8 位，P2 口只能作数据总线的高 8 位。

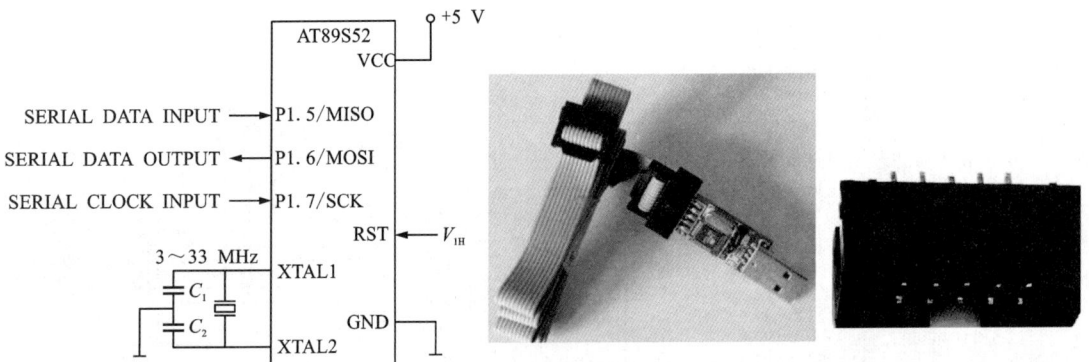

**图 1.2.6  ATMEL 自定义的 10p JTAG 下载标准**

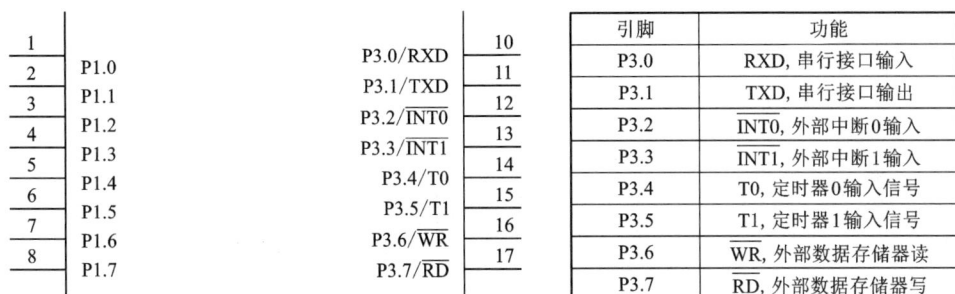

| 引脚 | 功能 |
|---|---|
| P3.0 | RXD，串行接口输入 |
| P3.1 | TXD，串行接口输出 |
| P3.2 | $\overline{INT0}$，外部中断0输入 |
| P3.3 | $\overline{INT1}$，外部中断1输入 |
| P3.4 | T0，定时器0输入信号 |
| P3.5 | T1，定时器1输入信号 |
| P3.6 | $\overline{WR}$，外部数据存储器读 |
| P3.7 | $\overline{RD}$，外部数据存储器写 |

图 1.2.7　P3 口的引脚图和第二功能表

### 三、外部存储器控制脚

29、30、31 脚为外部存储器控制脚，29 脚为片外程序存储器选通控制脚 $\overline{PSEN}$；30 脚为地址锁存使能脚 ALE，用于外部扩展 RAM；31 脚为外部 ROM 使能脚 $\overline{EA}$。

## 1.2.2　单片机最小系统的仿真设计与功能演示

Proteus 是当今世界上最好的单片机仿真软件，本书将采用该仿真软件进行程序验证和功能演示。本节设计的目的就是通过单片机最小系统的仿真设计和功能演示，形象直观地展示给单片机提供三个基本工作条件的最小电路的结构、作用和元件参数。

### 一、最小系统的仿真设计

单片机最小系统仿真电路如图 1.2.8 所示。Proteus 软件开发公司设计了单片机最小系统，在设计单片机仿真电路时，可以不用画最小系统。电路中各元件的查找方法如图 1.2.9 所示。

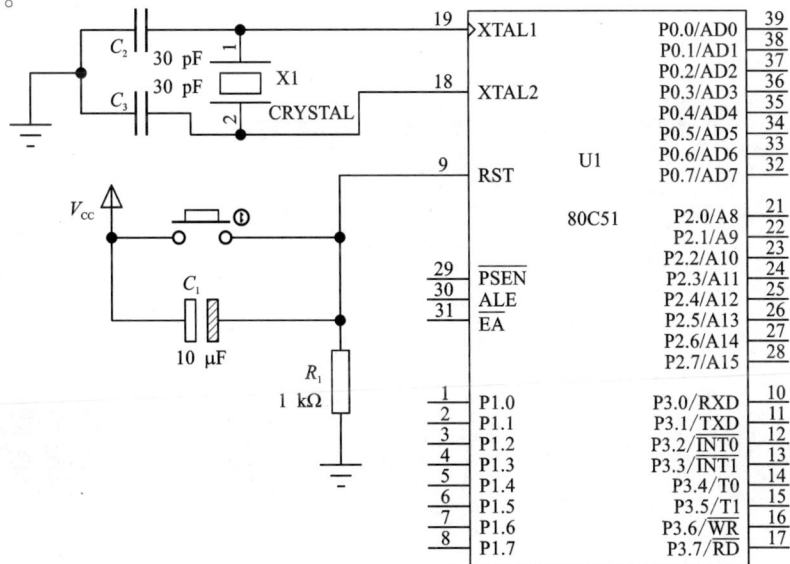

图 1.2.8　单片机最小系统仿真电路图

(a)查找单片机

(b)查找晶振

(c)查找无极性电容

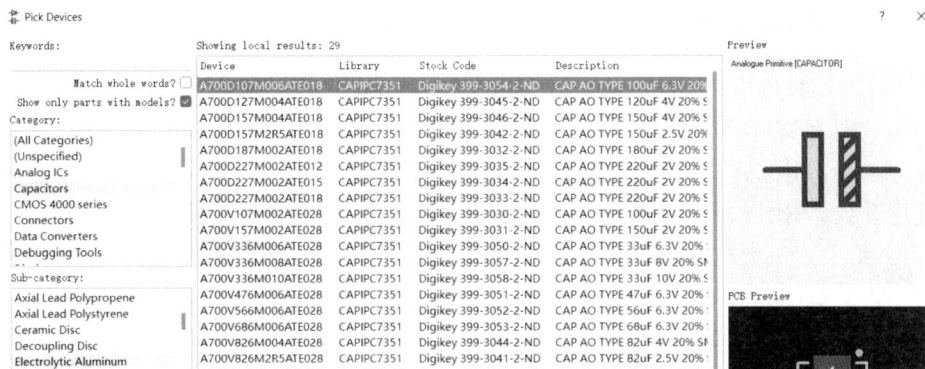

(d)查找极性电容

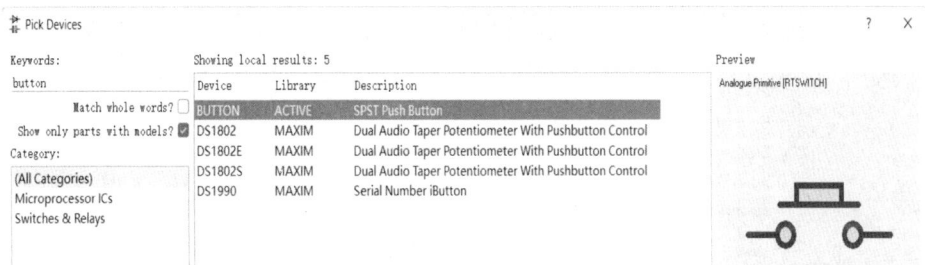

(e)查找按键

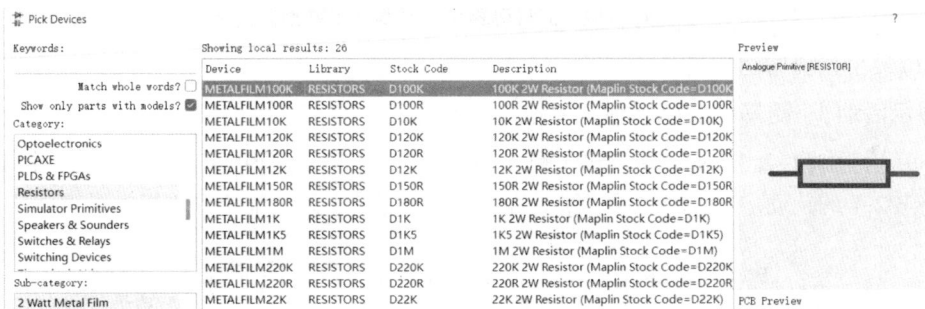

(f)查找电阻

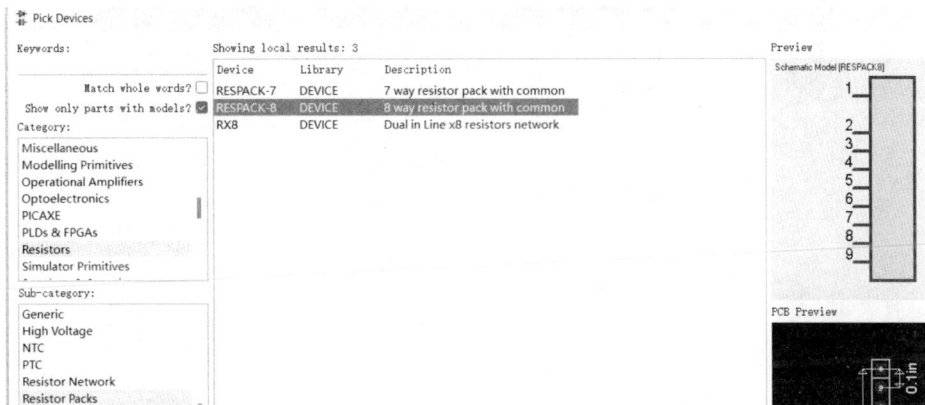

(g)查找排阻

图1.2.9 各元件的查找方法

## 二、最小系统的功能演示

（1）HEX 文件的下载

HEX 文件是编译合格后生成的、能下载到单片机芯片中的单片机控制程序。仿真电路的下载方法是：用鼠标双击单片机芯片 U1，在弹出的窗口中，在 Program File 中选择 HEX 文件进行下载，如图 1.2.10 所示。实际电路的 HEX 文件多采用在线系统编程（ISP）方式下载，ISP 给单片机下载调试程序带来了很大方便，有串口和 USB 两种方式。除了需要下载电路、串口或 USB 转串口下载线，它还需要下载软件。

图 1.2.10　仿真电路单片机程序下载窗口

（2）最小系统的功能仿真演示

**演示活动 1：跑马灯演示和最小系统功能验证**

仿真运行图 1.2.11 所示单片机电路，管脚会出现红、蓝等色点，可观察到一个红点从 P2.0 至 P2.7 的跑动。该仿真实现了跑马灯功能，说明最小系统给单片机提供了工作条件。

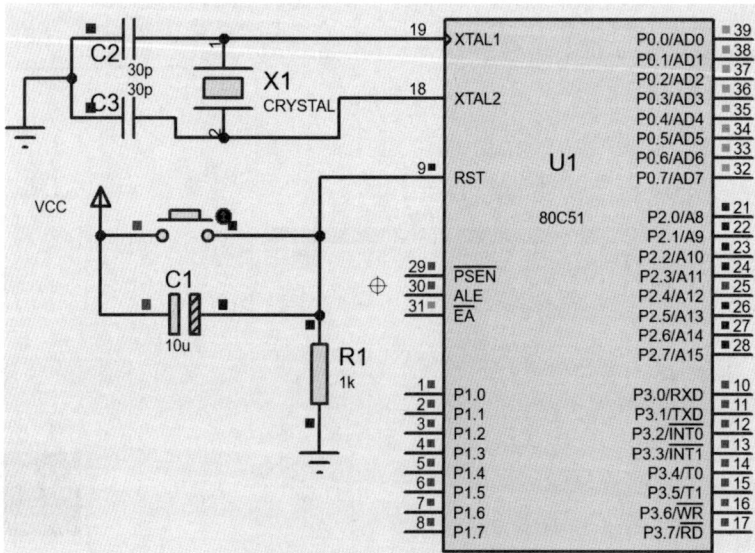

图 1.2.11　跑马灯仿真效果图

**演示活动 2：复位功能演示**

在跑马灯过程中，按下复位按键开关，可以观察到跑马灯会从 P2.0 重新开始，这演示了使程序复位、跑马灯重新开始的按键手动复位功能。

### 1.2.3　单片机 I/O 应用电路的仿真设计与功能演示

本节通过搭建图 1.2.12 所示 I/O 应用仿真电路，并进行了功能演示，形象直观地演示了单片机的管脚识别、I/O 接线方法及应用效果。

#### 一、单片机 I/O 应用电路的仿真设计

设计如图 1.2.12 所示的单片机 I/O 应用电路。电路中外接元件的查找方法如图 1.2.13 所示。

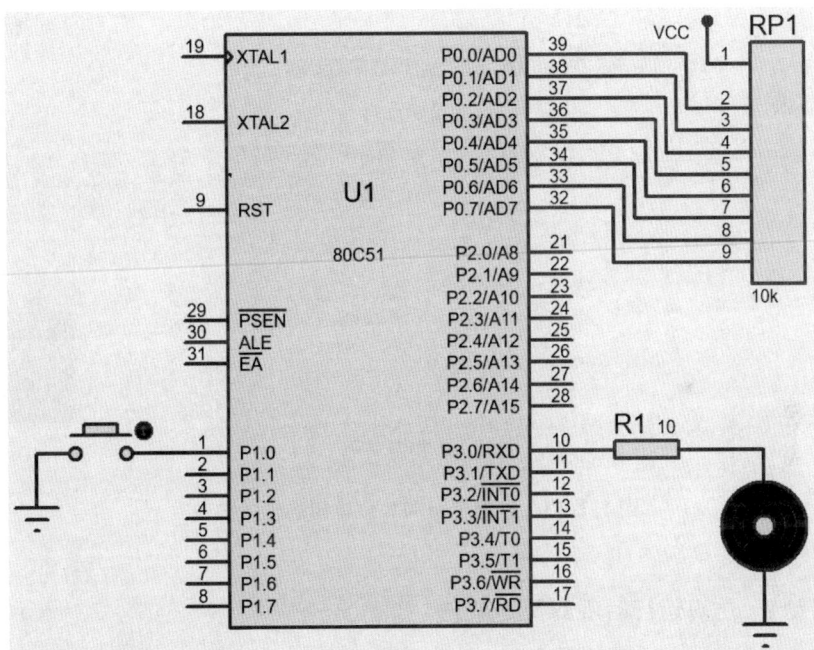

**图 1.2.12　单片机 I/O 应用仿真电路图**

#### 二、单片机 I/O 应用电路的功能演示

**演示活动 1：对照 STC 实物单片机与 80C51 仿真芯片识别管脚**

本书主要讲解 40 脚 51 系列 STC 国产单片机，它可以完全替代 ATMEL 单片机，仿真电路中放置的芯片可以是 ATMEL 80C51 芯片。请对照 STC 实物芯片与 80C51 仿真芯片，认识芯片 40 个管脚的三大功能区、管脚名称、管脚号和管脚功能。

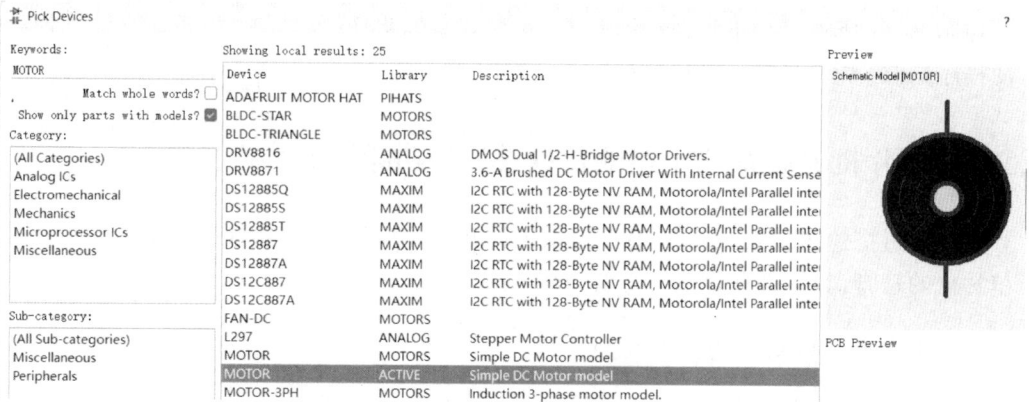

(a) 查找直流电机

(b) 查找8位排阻

**图 1.2.13　直流电机和 8 位排阻的查找方法**

### 演示活动 2：仿真运行时观察管脚颜色

图 1.2.14 所示仿真运行效果图中，管脚颜色有红、蓝、灰三种颜色，它们分别显示了对应管脚的电平状态：红色表示高电平、蓝色表示低电平、灰色表示电平状态不确定。

4 组 I/O 口，除 P0 口需外接电源 VCC 和上拉电阻(排阻)外，可以直接外接开关或负载。断开 P0 口排阻上的 VCC，可以观察到 P0 口端口电平会变成灰色，提示 P0 口必须外接电源和上拉电阻。

### 演示活动 3：I/O 应用功能演示

P1.0 外接了按键开关，P3.0 外接了直流电机，P2 控制了一组 8 路跑马灯，P1~P3 口都是双向口，根据各端口外接器件和功能要求，可以分析出：P1.0 为输入端口，接收按键开关按下发出的控制指令；P3.0 为位输出控制端口，控制一台直流电机；P2 为成组使用的输出端口，控制 8 个跑马灯。

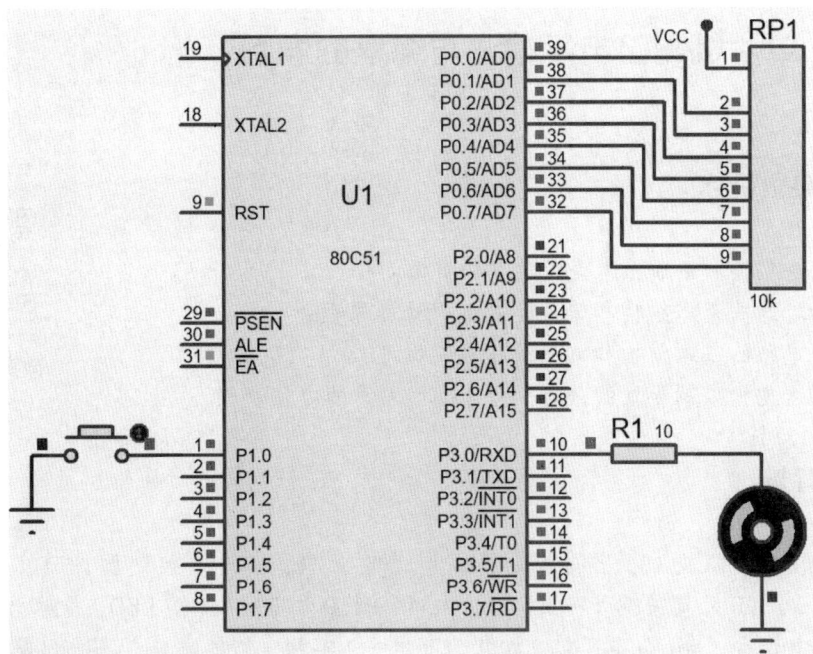

**图 1.2.14　单片机 I/O 应用电路仿真效果图**

通过仿真演示可以看出：按下按键开关，跑马灯和电机运行，再按下开关，跑马灯和电机停止运行。只要为单片机提供了最小系统，单片机用户主要是应用其 I/O 口来进行电路设计和编程控制的。

## 1.2.4　任务作业

1. 40 脚 51 系列单片机的管脚分成哪几类？各有什么功能？

2. 什么是单片机的双向口，其判定方法是什么？

3. P0 为什么要外接电源和上拉电阻？画出其电路图。

4. 写出 P3 的管脚号、组符号、字符号，其第二功能是什么？

5. 单片机的最小系统由哪几部分电路组成？各有什么作用？画出其典型应用电路。

6. 比较两种单片机复位电路的优缺点，分析其复位原理。

7. 单片机的常用晶振频率有哪些？各有什么应用特点？

8. Proteus 仿真软件中如何查找 80C51、晶振、按键开关、排阻、直流电机？

9. PROTUES 仿真电路运行时，各电平色点有什么含义？

10. 什么是 HEX 文件？仿真电路如何下载？实物电路需要什么下载条件？

# 任务3　单片机端口电平检测与编程的学习

## 🔊 任务实施目标

通过任务实操和讲解，体验式学习和掌握：

1. 输入电路的基本结构和输入开关电平检测原理；
2. 输出电路的基本结构和电平编程控制原理；
3. 电路结构和控制要求的分析，制订编程方案的方法步骤。

微课二维码

## 🔊 任务背景

单片机 I/O 是双向口，当接控制开关时是输入口，当接被控制器件时，是输出口。图 1.3.1 中，P3.0 外接按键开关 K，为输入口；P1.0 和 P1.7 外接 LED，是输出口。

单片机复位后，其 I/O 电平被初始化为高电平：实物电路的端口电平的测量值为 +5 V；Proteus 仿真运行时的端口色点为红色。图 1.3.1 中：P1~P3 端口电平都被初始化为高电平，显示红色点；P0 端口色点为灰色，是由于没有外接 VCC 和上拉电阻造成的。

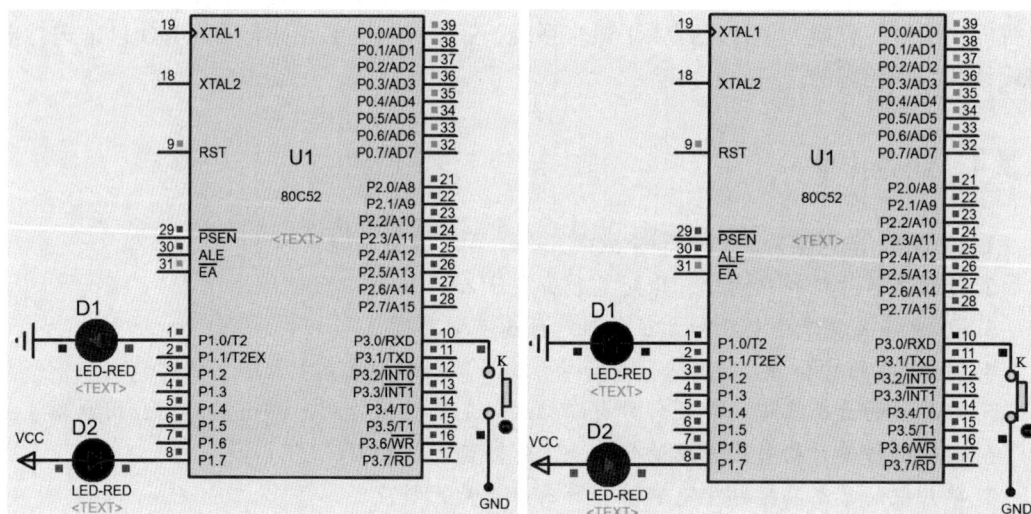

(a) 按键开关 K 未按下　　　　　　　　　　　(b) 按键开关 K 按下

**图 1.3.1　输入开关检测和输出口编程电路**

**任务探索**

单片机是如何通过输入端口来检测控制开关的？如何通过输出端口来实现控制功能的？

单片机端口电平可以通过外部电路和编程来改变，单片机通过检测输入端口电平，实现外部开关指令检测；通过编程改变输出端口电平，实现外部控制。

## 1.3.1 单片机输入端口电平的检测与控制

开关是单片机控制中的指令器件，现以图 1.3.1 中的独立按键开关 K 和图 1.3.2 中的矩阵开关 K1 的仿真演示，形象直观地讲解单片机是如何检测开关状态、接受开关指令、实现按键控制的？

### 一、独立按键开关的检测和控制

通过仿真演示，可以看出：上电时，D1、D2 熄灭；按下开关 K 时，D1、D2 点亮；再按下时，D1、D2 熄灭。单片机实现开关控制功能的步骤如下。

#### 1.检测开关状态，接收按键指令

图 1.3.1 中的按键开关 K，一端接单片机端口 P3.0，另一端接地。K 没有按下时，P3.0 为高电平；K 按下时，P3.0 通过 K 接地，被拉为低电平。单片机通过检测 P3.0 高低电平的变化，来检测开关松开与按下状态，从而接收按键开关指令。

#### 2.编写控制程序，实现按键控制功能

单片机检测到 K 的状态，然后通过编写按键控制程序去实现按键控制功能，后面项目会介绍按键控制程序的编程方法。

### 二、矩阵开关的检测与控制

图 1.3.2 中的 9 个按键开关为 3 行(h0~h2)、3 列(l0~l2)的 3×3 矩阵开关，开关的两端都接在单片机端口上，这点与独立按键开关不同：一端称为行线，另一端称为列线。如：按键开关 1 的一端接在 P3.0 的 h0 行线上、另一端接在 P3.4 的 l0 列线上。通过矩阵连接，在 P3.0~P3.2 和 P3.4~P3.6 六个端口上本只能接 6 个按键开关，现在却接了 9 个按键开关，提高了单片机端口的利用率。通过仿真演示，可观察到该矩阵开关的控制要求是：上电后，D1~D8 LED 熄灭。按下 1~8 按键开关，对应点亮 D1~D8；按下 9 按键开关，可熄灭 LED。

单片机如何检测开关的状态，实现按键控制功能？现以按键开关 1 为例进行讲解。通过编程拉低按键开关 1 一端的电平，同时检测另一端的电平，当开关 1 按下时，另一端可以检测到低电平。如：通过编程让 P3.0=0(行 h0=0)，同时检测 P3.4(列 l0)电平。如列 l0 检测到低电平，则检测到按键开关 1 按下。单片机检测到开关按下状态后，通过编写按键控制程序，即可实现按键控制功能。

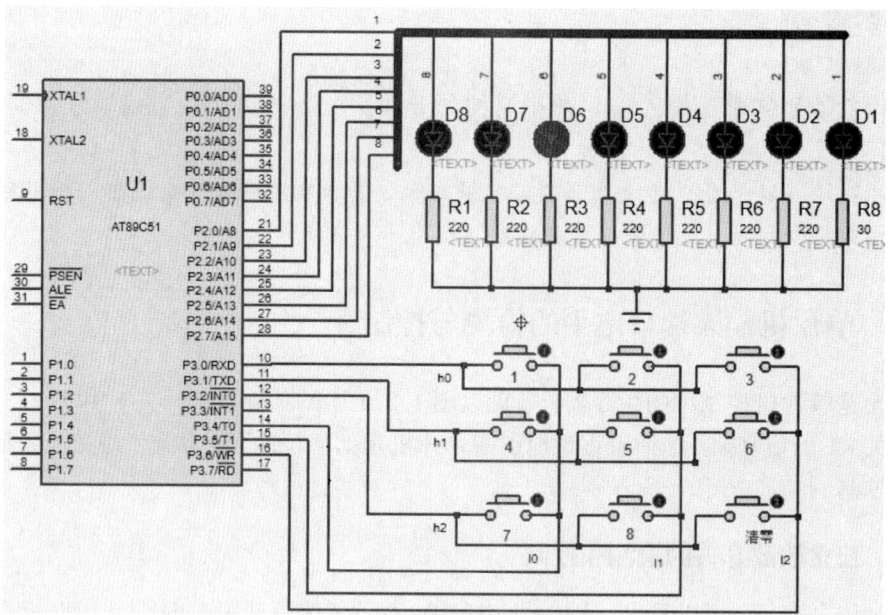

图 1.3.2　矩阵开关电路

## 1.3.2　单片机输出端口的控制电平编程

单片机通过输出端口输出控制数据或控制指令,可以任意编程为高电平+5 V 和低电平 0 V,分别用 1、0 表示。如何编写控制电平? 可以总结为三个步骤:(1)分析电路结构和控制原理;(2)根据控制要求,编写控制程序;(3)下载运行程序,实现控制功能。现以图 1.3.1 和图 1.3.2 的输出端口编程控制为例,讲解其编程控制步骤。

### 一、图 1.3.1 输出端口电平的编程控制

#### 1. 分析电路结构和控制原理

分析图 1.3.1 所示电路:D1 和 D2 分别受 P1.0 和 P1.7 控制,D1 的控制路径是 P1.0—D1 正极—D1 负极—GND;D2 的控制路径是 P1.7—D2 负极—D2 正极—+5 V。D1 和 D2 点亮的工作条件是:P1.0 和 P1.7 分别输出高电平和低电平;熄灭的工作条件是:P1.0 和 P1.7 分别输出低电平和高电平。仿真演示表明:单片机复位后,P1.0 和 P1.7 的初始化电平都是高电平,D1 和 D2 的状态分别为点亮和熄灭。

#### 2. 根据控制要求,编写控制程序

图 1.3.1 的控制要求:(1)单片机上电时,D1 和 D2 都熄灭。(2)按下开关 K 时,D1 和 D2 点亮。(3)再按下开关 K 时,D1 和 D2 熄灭。

编程的目的就是让 P1.0 和 P1.7 输出符合控制要求的控制数据,控制数据由电路结构和控制要求决定。各控制要求的控制数据如下:(1)上电时,要求 D1 和 D2 熄灭:根据电

路工作条件，就是要求 P1.0＝0、P1.7＝1。(2) 按下开关 K 时，D1 和 D2 点亮：就是判断开关是否按下，是，让 P1.0＝1、P1.7＝0。(3) 再按下开关 K 时，D1 和 D2 熄灭：就是判断开关是否再次按下，让 P1.0＝0、P1.7＝1。把上述分析的控制数据根据程序语法结构，编写程序，具体程序以后再讲解。

**3. 下载运行程序，实现控制功能**

将编译生成的 HEX 文件下载到单片机中，仿真或实物运行即可实现控制功能，假如不能实现，可以通过修改程序来实现。

**二、图 1.3.2 输出端口电平的控制**

图 1.3.2 输出端口电平控制方法步骤与图 1.3.1 相同，主要介绍前两步。

**1. 分析电路结构和控制原理**

分析图 1.3.2 所示电路发现：D1～D8 LED 采用共阴极的方式接在 P0 上，各 LED 为高电平点亮，低电平熄灭。

**2. 根据控制要求，编写控制程序**

图 1.3.2 控制要求：上电后，D1～D8 LED 熄灭。按下 1～8 按键开关，对应点亮 D1～D8；按下 9 按键，可熄灭 LED。根据电路结构和控制要求，编程思路和要求输出的控制数据是：上电让 P2＝0，D1～D8 熄灭。检测 1～8 按键开关，假如 1 按键开关按下，则让对应端口 P2.0＝1，点亮 D1，P2 其他端口为 0，D2～D8 熄灭。

## 1.3.3　单片机的编程控制原理和目的

通过图 1.3.1 和图 1.3.2 的应用举例和仿真演示，可以总结出单片机编程控制原理就是：根据电路工作条件和程序控制要求，设计和搭建输入输出电路，编写输入端口检测程序和输出控制程序，根据所接收的控制指令，输出控制电平，使相应输出端口为所需要的高低电平，实现控制指令所需要实现的控制功能。

## 1.3.4　任务作业

1. 单片机端口初始化后为什么电平？如何改变端口电平？
2. 矩阵开关相对于独立开关有什么优点？
3. 单片机如何检测独立开关与矩阵开关？
4. 单片机输出端口如何实现外部控制？
5. 单片机实现外部编程控制有几个步骤？
6. 单片机编程控制原理和目的是什么？

# 任务4 单片机各种数制的学习

## 🔊 任务实施目标

微课二维码

通过任务实操和讲解，体验式学习和掌握：

1. 二进制数的概念和优缺点、加减运算法则、计数单位、位和8位总线控制方式；

2. 十进制数的概念和优缺点、十－二进制数转换的短除法、二－十进制数转换的2的幂次方求和法；

3. 十六进制数的概念和优缺点、十六－二进制数之间的相互转换；

4. 位和8位总线控制数据的编写方法。

## 🔊 任务背景

单片机输入输出端口的高电平用1表示，低电平用0表示，这些高低电平构成了单片机输入端口的检测数据和输出端口的控制数据。单片机通过检测输入数据，判定开关状态，接收开关指令；通过输出控制数据，实现外部控制。数据是单片机内部逻辑运算和控制、外部指令输入输出的基础，单片机主要采用二进制、十进制和十六进制三种进制的数据，不同进制的数据，对应着不同的控制方式。

## 🔊 任务探索

二进制、十进制和十六进制三种进制控制数据各有什么特点、控制方式？如何转换？

图1.4.1的按键用来仿真演示二进制数的输入；图中的LED用来显示两组8位二进制数，并对这两组8位二进制数据进行加减运算的结果进行显示。现在就用该仿真电路来形象直观地介绍二、十和十六进制控制数据的相关知识。

## 1.4.1 二进制数与仿真验证

### 一、二进制数概念、运算法则与仿真验证

#### 1. 概念和优缺点

二进制是用0、1构成的逢2进1的计数方式。可以用1表示高电平、0表示低电平，所以二进制数又被称为数字信号，是单片机能认识的唯一数据。但二进制数有以下缺点：①人们日常生活中习惯使用十进制数，不习惯使用二进制数。②二进制容量小，记同样的数量，需要更多的位数。③读写计算不方便、效率低、容易出错。

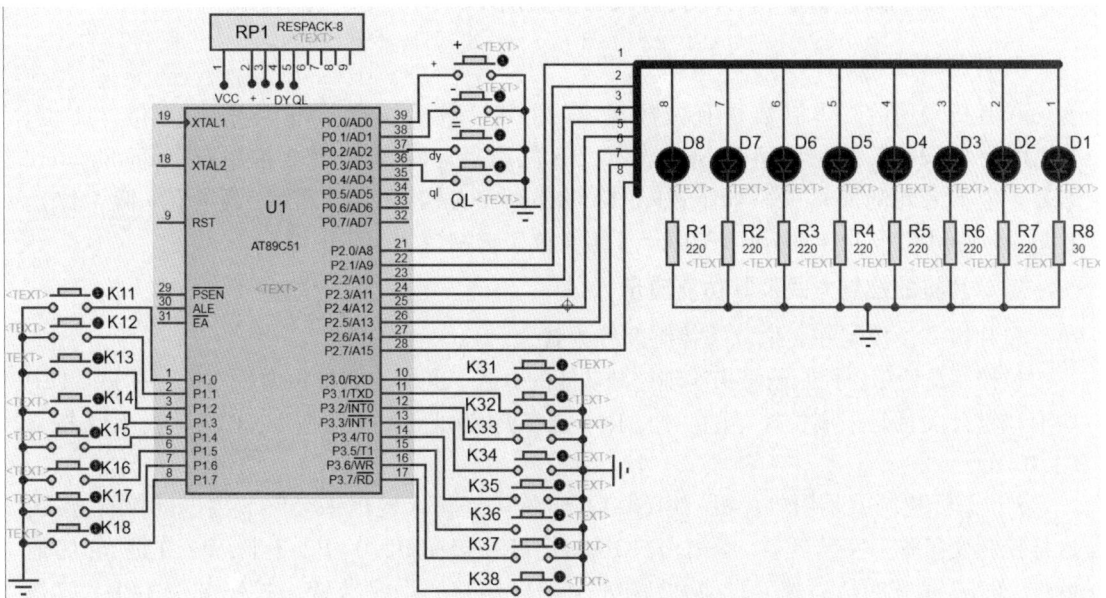

**图 1.4.1　8 位二进制数按键输入和 LED 显示演示电路**

### 2.运算法则的仿真验证

二进制的加、减法则：0+0=0、0+1=1+0=1、1+1=10，0-0=0、1-0=1、1-1=0、10-1=1。现以图 1.4.1 所示仿真电路对二进制运算法则进行仿真演示。

图 1.4.1 中的 K11~K18、K31~K38 按键开关分别接在 P1、P3 口上，用来输入两组二进制数；D1~D8 LED 接在 P2 口上，用来显示输入的二进制数和计算结果；+、-、=、QL 按键开关接在 P0 口上，是运算按键。在按下加减运算按键前，P1 或 P3 上的按键哪个先按下，就显示哪个。先按下并显示的这组按键值在按下加减运算符后，不再显示，而显示后输入的值。此时按下"="按键，会显示运算结果。要先松开 P1、P3 的所有按键，再按下清除(QL)键，才能清除所有值。

**仿真验证活动 1：加法运算法则的仿真验证**

加法运算法则：0+0=0、0+1=1+0=1、1+1=10。

在 P1 上输入按键值，按下"+"键，再在 P3 上输入按键值，然后按下"="键，观察运算结果。每次运算验证完，P1、P3 上的按键都要先松开，再按下"QL"键清零。

**仿真验证活动 2：减法运算法则的仿真验证**

减法运算法则：0-0=0、1-0=1、1-1=0、10-1=1。

在 P1 上输入按键值，按下"-"键，再在 P3 上输入按键值，然后按下"="键，观察运算结果。每次运算验证完，P1、P3 上的按键都要先松开，再按下"QL"键清零。

## 二、二进制数计数单位、控制方式与仿真演示

### 1. 计数单位

单片机采用的二进制数是有位数规定的，其计数单位有 1 位、8 位、16 位、32 位。1 位用位 bit 表示、8 位用字节 byte 表示、16 位用字 word 表示、32 位用双字 double word 表示。它们之间的换算关系如下：1 byte = 8 bit = 2 组 4 位二进制数（高 4 位+低 4 位）。1 double word = 2 word = 4 byte = 32 bit = 8 组 4 位二进制数。

### 2. 单片机的控制方式及其仿真演示

单片机有位控制和 8 位总线控制两种方式。

位控制是使用位控制信号来实现控制功能的方式，这样的变量称为位变量，图 1.4.1 中所有按键开关都是采用位控制的。如：K11 接在 P1.0 上，K11 没按下，P1.0 = 1；K11 按下 P1.0 = 0。

8 位总线控制就是用单片机一组端口 8 个位一起输入输出一个字节数据的控制方式，这样控制变量称为字节变量。图 1.4.1 中 8 个 LED 接在 P2.0~P2.7 上，P2.0 是 P2 的最低位，P2.7 是它的最高位，假如 P2 的 8 个端口作为一个字节统一控制 8 个 LED，就是 8 位总线控制，假如逐位控制一盏灯就是位控制。

8 位总线控制的仿真验证活动：在图 1.4.1 所示仿真电路中，分别用 P1 和 P3 端口上的按键输入以下算式的数据，并进行仿真运算（P1 端口在前）：1000001 + 00111100、10100010+00110010、1000001－00111100、10100010－00110010。

仿真验证操作方法：运行图 1.4.1 所示仿真电路，先在 P1 按键上输入运算符前的数据，再按下和松开运算按键，然后在 P3 上输入运算符后面的数据，最后按下和松开"="按键，LED 将显示运算结果。然后将所有按键松开，按下"QL"键清零。

## 1.4.2 十进制数与仿真验证

十进制是由 0~9 十个数码构成，逢 10 进 1 的计数方式。1 位十进制数可记 0~9 十个数码，容量比二进制数大，因此书写方便，不容易出错，人们习惯使用十进制数编程。

但单片机只认识二进制数，用十进制编写的程序数据必须转换成二进制数才能给单片机使用，同样单片机运算产生的二进制数也要转换成十进制数，人们才容易读懂。现在我们用图 1.4.1 所示仿真电路来直观形象地学习十进制与二进制数之间的相互转换。

### 一、十-二进制转换与仿真验证

用短除法将十进制数转化为其他数制数，余数就是要转换数制的值。

短除方法：如图 1.4.2 所示，将十进制数除以 2，余数（被除数为偶数，余数为 0；被除数为奇数余数为 1）写右边——商写下面（被除到商为 0 为止）——转换结果是从下往上写（高位在下、低位在上）。

| 2 | 156 | 0 |
| 2 | 78 | 0 |
| 2 | 39 | 1 |
| 2 | 19 | 1 |
| 2 | 9 | 1 |
| 2 | 4 | 0 |
| 2 | 2 | 0 |
| 2 | 1 | 1 |

图 1.4.2 短除法举例

课堂练习：将下列十进制数转化为二进制数，并用图 1.4.1 所示仿真电路进行验证：96、111、128、44、32、64、255、167、90。

仿真验证操作方法：把上述数据依次输入到程序 shuru 变量中，再编译、下载、仿真程序，按下"ZH"按键，LED 将上述十进制数转换成的二进制数显示出来。然后将所有按键松开，按下"QL"键清零。

### 二、二–十进制数转换与仿真验证

用幂次方求和法可将二进制数转化为十进制数，该方法可用于将所有其他数制的数转化为十进制数。现以二进制数幂次方求和法转换为十进制数为例来讲解转换方法和步骤。

#### 1.二进制数幂次方表达式

与十进制数一样，二进制数 a3a2a1a0 的最高位在左边、最低位在右边。跟十进制数可以写成 10 的幂次方求和表达式一样，二进制数也可以写成 2 的幂次方求和表达式：$a3a2a1a0 = a3 \times 2^3 + a2 \times 2^2 + a1 \times 2^1 + a0 \times 2^0 = a3 \times 8 + a2 \times 4 + a1 \times 2 + a0 \times 1$，式中最低位 a0 为第 0 位，a1 为第 1 位，a2 为第 2 位，a3 为最高位，即第 3 位。

#### 2.幂的乘方数与位数的关系

某位 2 次幂的乘方数 = 位数。第 0 位的乘方数为 0，第 1 位的乘方数为 1，…。

#### 3.求幂次方表达式的和，转化为十进制数

例题 1：$(10010111)_2 = 1 \times 2^7 + 0 \times 2^6 + 0 \times 2^5 + 1 \times 2^4 + 0 \times 2^3 + 1 \times 2^2 + 1 \times 2^1 + 1 \times 2^0$

$= 1 \times 128 + 0 \times 64 + 0 \times 32 + 1 \times 16 + 0 \times 8 + 1 \times 4 + 1 \times 2 + 1 \times 1 = (151)_{10}$。

例题中的 $2^0 = 1$、$2^1 = 2$、$2^2 = 4$、$2^3 = 8$、$2^4 = 16$、$2^5 = 32$、$2^6 = 64$、$2^7 = 128$ 是 $2^n$ 的快速换算码，熟练背记可以提高 2 的幂次方求和速度，特别是 4 位二进制数的快速换算码：$2^0 = 1$、$2^1 = 2$、$2^2 = 4$、$2^3 = 8$。

课堂练习：将下面的二进制数 10010111、11101010、1011101、100 转化为十进制数，并利用图 1.4.1 所示仿真电路进行验证。

仿真验证操作方法：运行图 1.4.1 所示仿真电路，在 P1 或 P2 端口按键上输入数据，按下"ZH"按键，LED 将上述二进制数转换成的十进制数显示出来（只显示十位和个位）。将所有按键松开，按下"QL"键清零。

通过上述课堂练习发现 2 个矛盾：①单片机只认识二进制数，人们习惯使用十进制编程，十进制数程序必须转换成二进制数程序，单片机才能执行；单片机处理完的二进制数又必须转换成十进制数，才方便人们阅读。②采用短除法和 2 的幂次方求和法进行二–十进制数之间的转换并不直观。为解决二–十进制数之间必须转换但又不直观的矛盾，人们又发明了十六进制数。

## 1.4.3 十六进制数与仿真演示

十六进制是由 0~9、a、b、c、d、e、f 十六个数码构成的，逢 16 进 1 的数制。由于十六进制数的 10~15 六个数码分别是十进制数中的两位数，不能用来表示十六进制数中的 1 个数码，所以用 a/A、b/B、c/C、d/D、e/E、f/F 分别表示。

十六进制数制符号是 H、h 或 0x，比如 0x1e 就是表示两位十六进制数，其高位是 1，低位是 e，表示为十进制为 $1×16+e×16^0 = 16+15 = 31$。

十六进制数比相同数码十进制数容量大，同时与二进制数之间的转换非常直观，常采用十六进制数编写单片机端口代码。

十六进制、十进制与 4 位二进制及 8421BCD 码的对照表如表 1.4.1 所示。

**表 1.4.1　十六进制、十进制与 4 位二进制及 8421BCD 码的对照表**

| 十进制 | 0 | 1 | 2 | 3 | 4 | 5 | 6 | 7 |
|---|---|---|---|---|---|---|---|---|
| 十六进制 | 0 | 1 | 2 | 3 | 4 | 5 | 6 | 7 |
| 4 位二进制 | 0000 | 0001 | 0010 | 0011 | 0100 | 0101 | 0110 | 0111 |
| BCD 码 | 0000 | 0001 | 0010 | 0011 | 0100 | 0101 | 0110 | 0111 |
| 十进制数 | 8 | 9 | 10 | 11 | 12 | 13 | 14 | 15 |
| 十六进制 | 8 | 9 | a/A | b/B | c/C | d/D | e/E | f/F |
| 4 位二进制 | 1000 | 1001 | 1010 | 1011 | 1100 | 1101 | 1110 | 1111 |
| BCD 码 | 1000 | 1001 | 无 1 位的 BCD 码 | | | | | |

注意：①十六进制数中的 0~9 的 4 位二进制数就是 BCD 码，a~f 的 4 位二进制数不是 BCD 码。②C 语言中各种数制的表示方法：十六进制用 0x 表示，二进制用 B 表示，十进制不带符号。

## 一、十六-二进制数之间的相互转换与仿真演示

从表 1.4.2 中可以看出：十六进制数与二进制数之间的关系是 1 位十六进制数可以转化为 4 位二进制数，4 位二进制数可以转化为 1 位十六进数，这就是这两种数制之间转换非常直观的原因。

### 1. 二-十六进制数转换与仿真验证

方法：

(1)分组：由低位到高位，把 1 组二进制数分成若干个 4 位二进制数，高位不足 4 位补 0。

(2)转换：把分组的 4 位二进制数转换成十进制数，再根据十六进制数码与十进制数码对应关系转换成十六进制数。

例题 2：$(101100)_2 = (0010)_{高4位}(1100)_{低4位} = (2C)_{16}$。

课堂练习：将二进制数 10010111、1101010、10111、100 转化为十六进制数。

### 2. 十六-二进制数转换与仿真验证

方法：1 位十六进制数换算成 4 位二进制数。

例题 3：$(2AE)_{16} = (0010\ 1010\ 1110)_2$。

课堂练习：将十六进制数 123、9B、E7D 转化为二进制数。

仿真验证操作方法：把上述数据以 0x123、0x9B、0xE7D 的十六进制形式，依次输入到程序 shuru 变量中，再编译、下载、仿真程序，按下"ZH"按键，LED 将上述十进制数转换成的二进制数显示出来。然后将所有按键松开，按下"QL"键清零。

### 二、8 位 LED 控制码的编写与仿真验证

写出图 1.4.1 所示仿真电路中 P2 端口上 LED 从 P2.0 至 P2.7 的跑马灯位与 8 位总线控制数据,并进行仿真验证。

(1)分析电路:P2 口 LED 低电平点亮。

(2)根据跑马灯控制要求,写出 P0 口位和 8 位总线的控制数据,如表 1.4.2 所示。

(3)仿真演示位与 8 位总线控制跑马灯。

表 1.4.2　LED 亮灭状态、P0 位控制数据和 8 位总线控制数据对应表

| LED 亮灭状态 | | | | | | | | P0 位控制数据 | | | | | | | | P0 8 位总线控制数据 |
|---|---|---|---|---|---|---|---|---|---|---|---|---|---|---|---|---|
| D7 | D6 | D5 | D4 | D3 | D2 | D1 | D0 | 0.7 | 0.6 | 0.5 | 0.4 | 0.3 | 0.2 | 0.1 | 0.0 | P0 |
| 亮 | 灭 | 灭 | 灭 | 灭 | 灭 | 灭 | 灭 | 0 | 1 | 1 | 1 | 1 | 1 | 1 | 1 | 0x7F |
| 灭 | 亮 | 灭 | 灭 | 灭 | 灭 | 灭 | 灭 | 1 | 0 | 1 | 1 | 1 | 1 | 1 | 1 | 0xBF |
| 灭 | 灭 | 亮 | 灭 | 灭 | 灭 | 灭 | 灭 | 1 | 1 | 0 | 1 | 1 | 1 | 1 | 1 | 0xDF |
| 灭 | 灭 | 灭 | 亮 | 灭 | 灭 | 灭 | 灭 | 1 | 1 | 1 | 0 | 1 | 1 | 1 | 1 | 0xEF |
| 灭 | 灭 | 灭 | 灭 | 亮 | 灭 | 灭 | 灭 | 1 | 1 | 1 | 1 | 0 | 1 | 1 | 1 | 0xF7 |
| 灭 | 灭 | 灭 | 灭 | 灭 | 亮 | 灭 | 灭 | 1 | 1 | 1 | 1 | 1 | 0 | 1 | 1 | 0xFB |
| 灭 | 灭 | 灭 | 灭 | 灭 | 灭 | 亮 | 灭 | 1 | 1 | 1 | 1 | 1 | 1 | 0 | 1 | 0xFD |
| 灭 | 灭 | 灭 | 灭 | 灭 | 灭 | 灭 | 亮 | 1 | 1 | 1 | 1 | 1 | 1 | 1 | 0 | 0xFE |

位仿真验证操作方法:运行图 1.4.1 所示仿真电路,在 P1 或 P2 端口按键上输入数据,LED 将显示输入的二进制数,观察光点移动情况。然后将所有按键松开,按下"QL"键清零。

8 位总线控制仿真验证操作方法:把上述数据以 0x7F、0xBF、0xDF、…的十六进制形式,依次输入到程序 shuru 变量中,再编译、下载、仿真程序,按下"ZH"按键,LED 将显示输入的二进制数,观察光点移动情况。然后将所有按键松开,按下"QL"键清零。

通过仿真演示,可以发现:位和 8 位总线控制各有优缺点,位控制具有位数多、程序长、编程时间长、容易出现少位或多位的缺点,而这正是 8 位总线控制的优点,所以多采用 8 位总线控制。

但位控制数据直接到位具有直观明显、不容易出错的优点,所以在编写控制数据时,先编写表 1.4.3 中的位控制数据,再将它转化为十六进制 8 位总线控制数据。

## 1.4.4　任务作业

1.什么是二、十、十六进制数?各有什么优缺点?

2.二进制数有哪些计数单位?它们之间的关系是什么?

3.将下列二进制数转化为十进制数：1001、0111、1110、1010、1011、11111001、101、10011100、11110001、10010000、11110001。

4.十六进制数与4位二进制数之间的换算方法是什么？将下列二进制数转化为十六进制数：1001、0111、1110、1010、1011、11111001、101、10011100、11110001、10010000、11110001。

5.什么是位和8位总线控制？各有什么优缺点？

# 任务5＊　51 系列单片机内部结构的介绍

## 📢 项目实施目标

微课二维码

通过任务实操和讲解，体验式学习和掌握51系列单片机：

1.内部组成和结构框图；

2.CPU 构成及各部分的功能；

3.ROM 的分类及地址空间；

4.内部 RAM 的分类及地址空间；

5.SFR 的地址表及功能；

6.复位后各寄存器的状态。

## 📢 任务背景

51 系列单片机框图如图 1.5.1 所示。

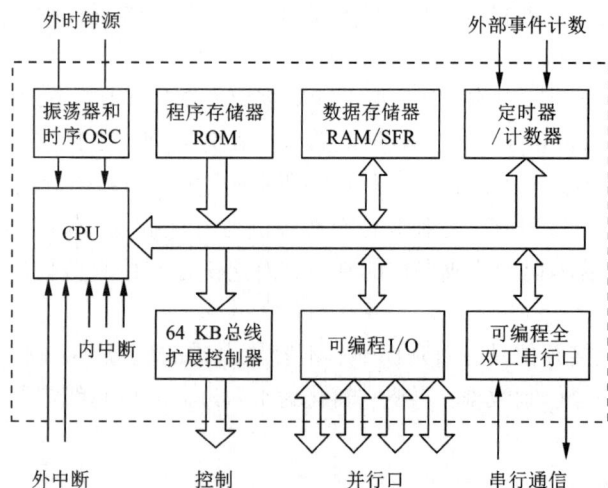

图 1.5.1　8051 单片机框图

## 🔊 任务探索

单片机内部结构到底如何？它们是如何工作的呢？

图 1.5.2 是 8051 单片机内部结构框图。

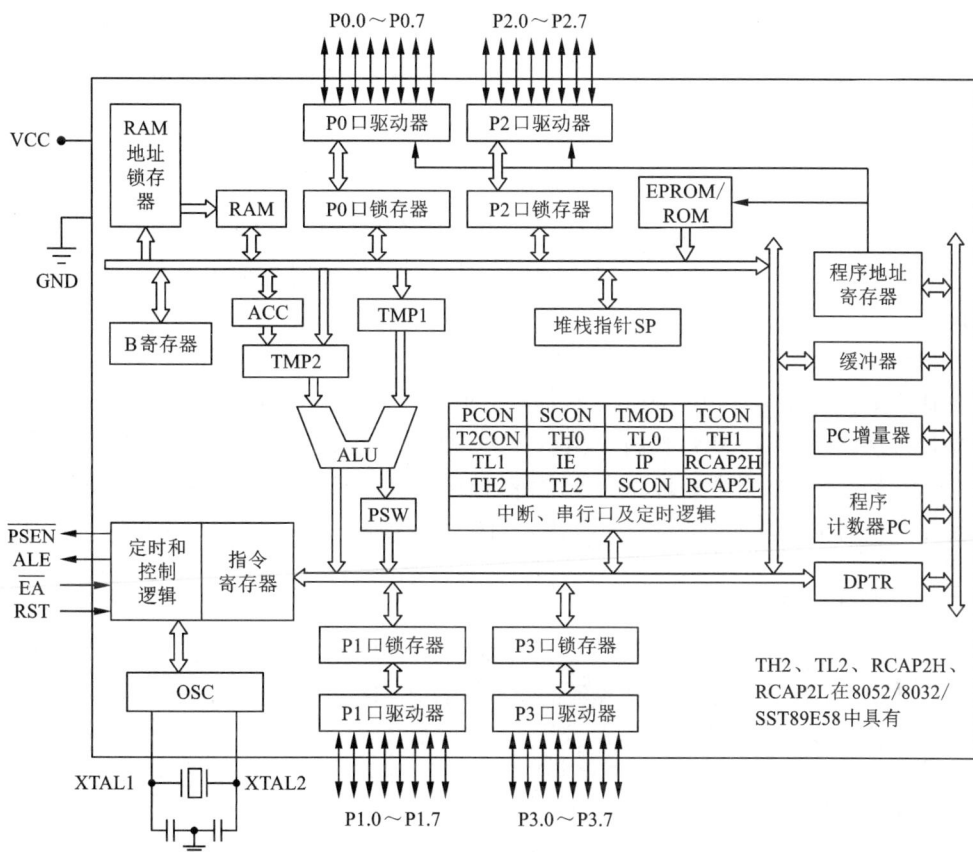

**图 1.5.2　8051 单片机内部结构框图**

## 1.5.1　51 系列单片机的内部组成

单片机内部主要包含下列几个部件：①一个 8 位 CPU；②一个片内振荡器及时钟电路；③4KB（字节）ROM 程序存储器；④128B（字节）RAM 数据存储器；⑤两个 16 位的定时/计数器；⑥可寻址 64KB（字节）外部数据存储器和 64KB（字节）外部程序存储器空间的控制电路；⑦32 条可编程的 I/O 线（4 个 8 位并行 I/O 端口）；⑧一个可编程全双工串行接口；⑨5 个中断源、2 个中断优先级嵌套中断机构；⑩21 个专用特殊功能寄存器。各功能部件由内部总线连接在一起。图 1.5.2 中 4KB 的 ROM 用 EPROM 替代单片机就称为 8751；去掉 ROM 就称为 8031。

### 1.5.2 CPU

CPU 由运算器和控制器等部件组成。

#### 一、运算器

运算器的功能是进行算术运算和逻辑运算，实现数据的算术运算、逻辑运算、位变量处理和数据传送等操作，包括算术逻辑部件 ALU、位处理器、累加器 A、B 寄存器、暂存器以及程序状态字 PSW 寄存器等。

#### 二、程序计数器 PC

程序计数器是用来存放执行指令的地址的。为了保证程序连续执行，CPU 必须确定下一条指令的地址，所以程序计数器又称为指令计数器，处理器总是按照 PC 指向取指、译码、执行。

在程序开始执行前，将程序指令序列的起始地址，即程序的第一条指令所在的内存单元地址送入 PC，CPU 按照 PC 的指示从内存读取第一条指令(取指)。当执行指令时，CPU自动地修改 PC 的内容，即每执行一条指令 PC 增加该指令所含的字节数(指令字节数)，使 PC 总是指向下一条指令地址。由于大多数指令都是按顺序来执行的，所以修改 PC 的过程通常只是简单地对 PC 加指令字节数。当程序转移时，PC 值就是转去的目标地址。

#### 三、指令寄存器 IR

指令寄存器中存放指令代码。CPU 执行指令时，先到 PC 指定的程序存储器 ROM 中读取指令代码，然后将指令代码送入到指令寄存器 IR 中，经译码器译码后，由定时与控制电路产生的控制信号完成指令功能。

#### 四、控制部件

控制部件是单片机的神经中枢，以主振频率为基准(每个主振周期称为振荡周期)，控制 CPU 的时序，对指令进行译码，然后发出各种控制信号，将各个硬件组织在一起，步调有序地开展工作。

### 1.5.3 存储器

存储器分程序存储器 ROM 和数据存储器 RAM，程序存储器用于存放程序和表格常数；数据存储器用于存放数据。它们具有各自独立的寻址方式、寻址空间和控制信号。MCS-51 的存储器结构如图 1.5.3 所示，内部数据存储器 RAM 的高 128B 仅为 52 子系列单片机拥有，51 子系列无。

51 系列单片机(8031 和 8032 除外)有内、外程序存储器和内、外数据存储器 4 个物理上独立的存储器空间，逻辑上却只有三个存储空间：①片内外统一编址的 64KB 的程序存储器地址空间；②片内 256B 数据存储器地址空间；③片外 64KB 数据存储器地址空间。

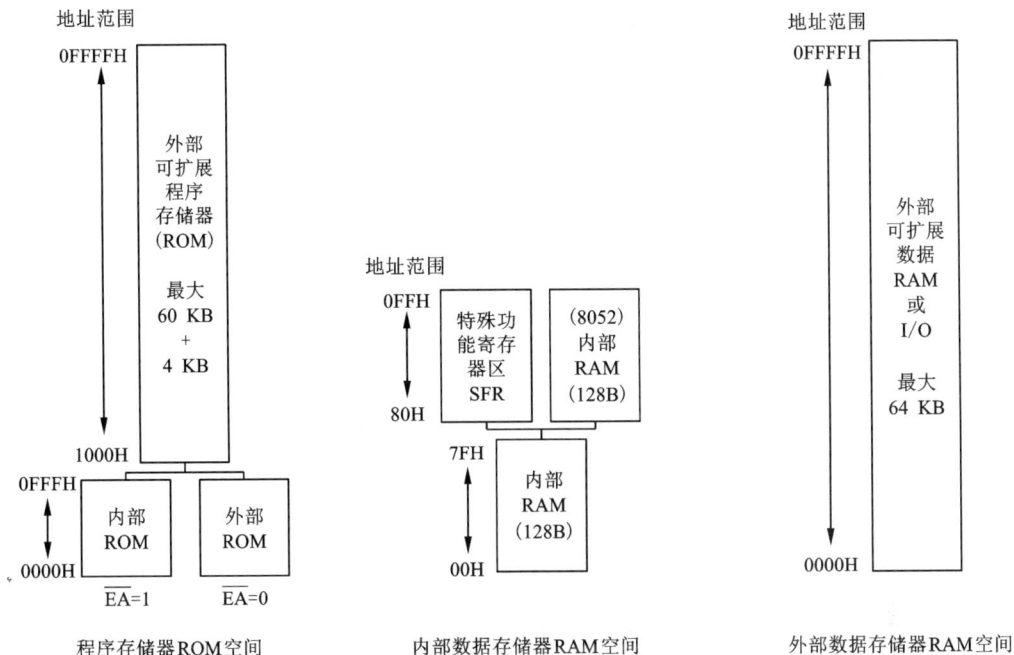

图 1.5.3　51 系列单片机的存储器结构图

## 一、程序存储器 ROM

单片机复位后,程序计数器 PC 的内容为 0000H,故 0000H 地址是系统程序的启动地址,系统必须从 0000H 单元开始取指令。一般在该单元存放一条跳转指令,跳向用户设计的主程序的起始地址。51 系列单片机最多可外扩 64KB 程序存储器,64KB 程序存储器中有 5 个中断源的入口地址,如表 1.5.1 所示。由于两个中断入口地址间隔仅有 8 个单元,存放中断服务程序往往是不够用的,通常在这些入口地址处都放一条跳转指令。

表 1.5.1　5 个中断源的入口地址

| 中断源 | 入口地址 |
|---|---|
| 外部中断 0( INT0) | 0003H |
| 定时器 0( T0) | 000BH |
| 外部中断 1( INT1) | 0013H |
| 定时器 1( T1) | 001BH |
| 串口( TI 或 RI) | 0023H |

## 二、内部数据存储器 RAM

8051 类芯片内部 RAM 256B 地址空间分为低 128B 和高 128B,可直接寻址低 128B,高 128B 只能寻址部分保存了专用功能寄存器 SFR 的单元。假如单片机访问这一空间中没有定义的单元，得到的是一个随机数。8052 类芯片可直接寻址 256B，这里不做介绍。

### 1. 低 128B 内部数据存储器

低 128B 内部数据存储器对应地址范围为 00H~7FH，分为三个功能区域，如图 1.5.4 所示。

| 7FH ┆ 30H | | | | | | | | 用户区 |
|---|---|---|---|---|---|---|---|---|
| 2FH | 7F | 7E | 7D | 7C | 7B | 7A | 79 | 78 |
| 2EH | 77 | 76 | 75 | 74 | 73 | 72 | 71 | 70 |
| 2DH | 6F | 6E | 6D | 6C | 6B | 6A | 69 | 68 |
| 2CH | 67 | 66 | 65 | 64 | 63 | 62 | 61 | 60 |
| 2BH | 5F | 5E | 5D | 5C | 5B | 5A | 59 | 58 |
| 2AH | 57 | 56 | 55 | 54 | 53 | 52 | 51 | 50 |
| 29H | 4F | 4E | 4D | 4C | 4B | 4A | 49 | 48 |
| 28H | 47 | 46 | 45 | 44 | 43 | 42 | 41 | 40 |
| 27H | 3F | 3E | 3D | 3C | 3B | 3A | 39 | 38 |
| 26H | 37 | 36 | 35 | 34 | 33 | 32 | 31 | 30 |
| 25H | 2F | 2E | 2D | 2C | 2B | 2A | 29 | 28 |
| 24H | 27 | 26 | 25 | 24 | 23 | 22 | 21 | 20 |
| 23H | 1F | 1E | 1D | 1C | 1B | 1A | 19 | 18 |
| 22H | 17 | 16 | 15 | 14 | 13 | 12 | 11 | 10 |
| 21H | 0F | 0E | 0D | 0C | 0B | 0A | 19 | 08 |
| 20H | 07 | 06 | 05 | 04 | 03 | 02 | 01 | 00 |

（2FH~20H 区为位寻址区）

| 1FH ┆ 18H | 寄存器3组 | 寄存器工作区 |
|---|---|---|
| 17H ┆ 10H | 寄存器2组 | |
| 0FH ┆ 08H | 寄存器1组 | |
| 07H ┆ 00H | 寄存器0组 | |

**图 1.5.4　8051 类单片机低 128B RAM 地址表**

（1）4 个工作寄存器组 RAM 区

4 个工作寄存器组的地址是 00H~1FH，共 32B。每一组包括 8 个工作寄存器，寄存器名用 R0、R1、R2、R3、R4、R5、R6、R7 表示，单片机执行程序时，通过对 PSW 的 RS1、RS0 进行设置来选用其中的一组。

设置四组工作寄存器，给程序设计带来了好处，很容易实现子程序嵌套、中断嵌套时的现场保护，如果在用户程序中只使用了一组内部 RAM 单元作为工作寄存器，则其他三组 RAM 单元可作为一般的内部 RAM 使用。MCS-51 在复位后，RS1、RS0 都为 0，即指定 00H~07H 单元为 R0~R7。

（2）可位寻址的内部 RAM 区

内部 RAM 的 20H~2FH 为位寻址区，这 16 个单元共 128 位的每一位都有一个位地址，范围为 00H~7FH。它们既可位寻址，也可字节寻址。

（3）按字节寻址的内部 RAM 区

内部 RAM 的 30H~7FH 为字节寻址区，用作保护 CPU 现场的数据缓冲器，被称为堆栈，堆栈的位置由堆栈指针 SP 指出。

### 2. 高 128B 内部数据存储器

在 80H~0FFH 高 128B 内部数据存储器中，分散地分布了 21 个专用功能寄存器 SFR，如图 1.5.5 所示。

| 寄存器符号 | 位地址/位定义 | | | | | | | | 字节地址 |
|---|---|---|---|---|---|---|---|---|---|
| B | F7 | F6 | F5 | F4 | F3 | F2 | F1 | F0 | F0H |
| ACC | E7 | E6 | E5 | E4 | E3 | E2 | E1 | E0 | E0H |
| PSW | D7 | D6 | D5 | D4 | D3 | D2 | D1 | D0 | D0H |
| | CY | AC | F0 | RS1 | RS0 | OV | / | P | |
| IP | BF | BE | BD | BC | BB | BA | B9 | B8 | B8H |
| | / | / | / | PS | PT1 | PX1 | PT0 | PX0 | |
| P3 | B7 | B6 | B5 | B4 | B3 | B2 | B1 | B0 | B0H |
| | P3.7 | P3.6 | P3.5 | P3.4 | P3.3 | P3.2 | P3.1 | P3.0 | |
| IE | AF | AE | AD | AC | AB | AA | A9 | A8 | A8H |
| | EA | / | / | ES | ET1 | EX1 | ET0 | EX0 | |
| P2 | A7 | A6 | A5 | A4 | A3 | A2 | A1 | A0 | A0H |
| | P2.7 | P2.6 | P2.5 | P2.4 | P2.3 | P2.2 | P2.1 | P2.0 | |
| SBUF | | | | | | | | | 99H |
| SCON | 9F | 9E | 9D | 9C | 9B | 9A | 99 | 98 | 98H |
| | SM0 | SM1 | SM2 | REN | TB8 | RB8 | TI | RI | |
| P1 | 97 | 96 | 95 | 94 | 93 | 92 | 91 | 90 | 90H |
| | P1.7 | P1.6 | P1.5 | P1.4 | P1.3 | P1.2 | P1.1 | P1.0 | |
| TH1 | | | | | | | | | 8DH |
| TH0 | | | | | | | | | 8CH |
| TL1 | | | | | | | | | 8BH |
| TL0 | | | | | | | | | 8AH |
| TMOD | GATE | C/$\overline{T}$ | M1 | M0 | GATE | C/$\overline{T}$ | M1 | M0 | 89H |
| TCON | 8F | 8E | 8D | 8C | 8B | 8A | 89 | 88 | 88H |
| | 87 | 86 | 85 | 84 | 83 | 82 | 81 | 80 | |
| PCON | | | | | | | | | 87H |
| DPH | | | | | | | | | 83H |
| DPL | | | | | | | | | 82H |
| SP | | | | | | | | | 81H |
| P0 | 87 | 86 | 85 | 84 | 83 | 82 | 81 | 80 | 80H |
| | P0.7 | P0.6 | P0.5 | P0.4 | P0.3 | P0.2 | P0.1 | P0.0 | |

**图 1.5.5　8051 类单片机 SFR 地址表**

（1）累加器 A

累加器 A 是一个最常用的专用的寄存器，它属于 SFR，大部分单操作数指令的操作数取自累加器 A，很多双操作数指令的一个操作数取自累加器 A，加、减、乘、除算术运算指令的运算结果都存放在累加器 A 或 B 寄存器中。

（2）B 寄存器

在乘、除指令中，用到了 B 寄存器。乘法指令的两个操作数分别取自累加器 A 和 B 寄存器，其结果存放在累加器 A 或 B 寄存器中。除法指令中，被除数取自累加器 A，除数取自 B 寄存器，运算后商数存放于累加器 A，余数存放于 B 寄存器。

（3）程序状态字寄存器 PSW

PSW 是一个 8 位寄存器，它包含了程序状态信息。

（4）堆栈指针 SP

堆栈指针 SP 是一个 8 位专用寄存器。它指示出堆栈顶部在内部 RAM 中的位置。系统复位后，SP 初始化为 07H，使得堆栈事实上从 08H 单元开始，考虑到 0BH～1FH 属于工作寄存器组 1～3，建议把 SP 值改置为 1FH 或更大的值。单片机的堆栈是向上生成的。例如 SP＝60H，CPU 执行一条调用指令或响应中断后，PC 进栈，PC 的低 8 位送入到 61H，PC 的高 8 位送入到 62H，SP＝62H。

（5）数据指针 DPTR

数据指针 DPTR 是一个 16 位 SFR，其高位字节寄存器用 DPH 表示，低位字节寄存器用 DPL 表示。DPTR 既可以作为一个 16 位寄存器 DPTR 来用，也可以作为两个独立的 8 位寄存器 DPH 和 DPL 来用。其主要功能是存放 16 位地址，作为片外 RAM 寻址用的地址寄存器（间接寻址），故称数据指针。

（6）串行数据缓冲器 SBUF

串行数据缓冲器 SBUF 用于存放欲发送或已接收的数据，它在 SFR 块中只有一个字节地址，但在物理上是由两个独立的寄存器组成的，一个是发送缓冲器 SBUF，另一个是接收缓冲器 SBUF。发送时，数据进入的是发送缓冲器 SBUF；接收时，外部数据存入的是接收缓冲器 SBUF。

（7）定时器

51 系列单片机有两个 16 位定时/计数器 T0 和 T1，它们各由两个独立的 8 位寄存器组成，共有 4 个独立的寄存器：TH0、TL0、TH1、TL1。可以对这 4 个寄存器寻址。

### 3.外部数据存储器

MCS-51 外部数据存储器寻址空间为 64KB，这对多数应用领域已足够使用。对外部数据存储器可用 R0、R1 及 DPTR 间接寻址寄存器。R0、R1 为 8 位寄存器，寻址范围为 256B；DPTR 为 16 位的数据指针，寻址范围为 64KB。

**提醒**：数据一般由单片机自动保存到数据存储器 RAM 中，但在对变量进行声明时，通过指定变量的存储类型，可以保存到程序存储器 ROM 中。以下为数据存储类型与存储区关系。

code：程序存储区，是在 0000H～FFFFH 范围内的一个代码地址。

bit：是在内部数据存储空间中 20H～2FH 范围内一个位的地址，或者 8051 SFR 可位寻址的一个位地址。

bdata：可位寻址的片内 RAM。

data：是 00H~7FH 范围内的一个数据存储器地址，或者在 128~255 范围内的一个特殊功能寄存器(SFR)地址。

idata：是 00H~FFH 范围内的一个存储器地址。

xdata：是外部 RAM 0000H~FFFFH 范围内的一个存储器地址。

pdata：是外部 RAM 0000H~00FFH 范围内的一个存储器地址，一般不用。

## 1.5.4　单片机复位时各 SFR 的状态

复位输入引脚 RST(即 RESET)为单片机提供了初始化的手段，RST 保持高电平，单片机循环复位；当 RST 由高电平变为低电平以后，单片机开始执行程序，各寄存器的状态如表 1.5.2 所示。

**表 1.5.2　复位后各寄存器的状态**

| 寄存器名称 | 状态 |
| --- | --- |
| PC | 0000H |
| PSW | 00H |
| SP | 07H |
| TH1、TL1、TH0、TL0 | 00H |
| TMOD | 00H |
| TCON | 00H |
| SCON | 00H |
| IE | 00H |
| IP | 00H |
| P0、P1、P2、P3 | 均为高电平 |

## 1.5.5　任务作业

1. 51 系列单片机由哪些部件组成？画出其框图和内部结构框图。

2. 51 系列单片机 CPU 由哪几个部件组成？各部件有什么作用？

3. 51 系列单片机存储器在物理上和逻辑上各有多少个存储空间？

4. 51 系列单片机程序启动入口和中断入口地址分别是什么？

5. 51 系列单片机低 128B 片内 RAM 分为哪几个空间？各有什么功能特点？

6. 51 系列单片机高 128B 片内 RAM 分布了多少个 SFR？各 SFR 有什么功能？

7. 写出单片机数据存储类型及其对应存储器的空间位置。

8. 51 系列单片机复位时，各 SFR 是什么状态？

✦ **【课外读物】EUV 光刻机**

10 nm 以下制程芯片广泛应用于智能手机、5G 通信设备，现在量产芯片的先进制程为 5 nm、3 nm，三星和台积电的 2 nm 制程已经试验成功，我国华为公司麒麟芯片采用了 7 nm 制程。

高制程芯片必须采用 EUV(极紫外光源)光刻机才能生产，目前全球只有 ASML 公司能生产。ASML 公司是一家总部设在荷兰的全球最大的半导体设备制造商之一，其中文名称为阿斯麦尔。ASML 为半导体生产商提供光刻机及相关服务，比如 Intel(英特尔)、Samsung(三星)、Hynix(海力士)、TSMC(台积电)、SMIC(中芯国际)等。

我国华为公司引领了世界 5G 通信技术的发展，这是我国近代以来，第一次在世界前沿科研技术上超越了以美国为首的西方国家，引起了它们巨大的恐慌。为限制和打压中国高科技的发展，美国先后以限制芯片供应、不准芯片生产企业为它们生产芯片、不准我国芯片生产企业购买先进光刻机等手段，制裁了我国中兴通信、华为等高科技公司。

2023 年 8 月 29 日华为 Mate60 隆重回归，通过拆机验证，华为公司在没有 EUV 光刻机的条件下，通过多重曝光技术，也生产出来了 7 nm 制程的麒麟芯片，宣告了以美国为首的对中国芯片的技术围堵已经彻底失败。

# 项目 2
# Keil-C 编程软件与 C 语言基本知识的学习

## 任务 1　Keil-C 编程软件和操作方法的学习

### 🔊 任务实施目标

通过任务实操和讲解，体验式学习和掌握：
1. Keil 公司及其编程软件发展历史；
2. Keil μVision4 的界面窗口和操作方法。

微课二维码

### 🔊 任务背景

单片机有 ASM（汇编语言）和 C 语言两种编程语言，与 ASM 相比，C 语言具有可读性强、易学易用的优势，常采用 Keil-C 软件编写 C 语言程序。

Keil 公司由德国慕尼黑的 Keil Elektronik GmbH 和美国得克萨斯州的 Keil Software Inc 两家私人公司联合运营，出品了兼容 51 系列单片机的 C 语言开发系统 Keil C51，该系统于 1988 年成为行业标准。这两家公司于 2005 年被 ARM 公司收购，更名为 ARM Germany GmbH 和 ARM Inc，并推出了兼容 51 系列单片机和 ARM7、ARM9、Cortex-M 内核的 MDK-ARM 开发工具——μVision2。2006 年 1 月 30 日推出了针对各种嵌入式处理器的 RealView MDK 开发工具，包括 Keil μVision3 集成开发环境与 RealView 编译器。2009 年 2 月发布了 Keil μVision4，Keil μVision4 引入灵活的窗口管理系统。2013 年 10 月，发布了先进而全面的嵌入式开发环境 Keil μVision5 IDE（集成开发环境）。

Keil-C 编程软件有多种版本，它们之间有什么不同和联系? 该使用哪个版本的软件来编程?

高级版本可以兼容低级版本，尽量选择最新版本的 Keil-C 编程软件。本书采用 Keil μVision4 编程软件，本任务通过图 2.1.1 例程项目的创建、下载、调试，来介绍其界面窗口、操作方法和技巧。

```
/* * * * * * * * * * *LED常亮和闪烁程序——长注释部分* * * * * * * * * * * * * */
#include<reg52.h>//包含头文件部分——短注释部分
#define uchar unsigned char//宏定义部分
#define uint unsigned int//宏定义部分
                    /*变量声明部分*/
sbit led1=P2^0;sbit led2=P2^1;sbit led3=P2^2;sbit led4=P2^3;
sbit led5=P2^4;sbit led6=P2^5;sbit led7=P2^6;sbit led8=P2^7;
void yanshi(uint x)//延时子程序
    {uint i;uchar j;for(i=x;i>0;i--)for(j=0;j<110;j++);}
void weikongchangliang()//位控常亮
    {led1=0;led2=0;led3=0;led4=0;led5=0;led6=0;led7=0;led8=0;}
void zongkongchangliang() {P2=0;}//总线控制常亮
void weikongshanshuo()//位控闪烁
    {led1=0;led2=0;led3=0;led4=0;led5=0;led6=0;led7=0;led8=0;
    yanshi(500);
    led1=1;led2=1;led3=1;led4=1;led5=1;led6=1;led7=1;led8=1;
    yanshi(500);}
void zongkongshanshao1()// 总线控制闪烁
    {P2=0;yanshi(5000);P2=0xff;yanshi(5000);}
void zongkongshanshuo2()// 总线控制闪烁
    {uint x=50000;P2=0;while(x--);x=50000;P2=0xff;while(x--);}
            /*主程序分别调用各种子程序——主程序部分*/
void main() {while(1){zongkongshanshuo2();}}
```

**图 2.1.1　Keil-C 项目创建例程**

## 2.1.1　Keil μVision4 的启动和界面窗口

通过双击桌面上图标 📷，可以打开编程软件。图 2.1.2 为 Keil-C 编程软件的界面窗口。

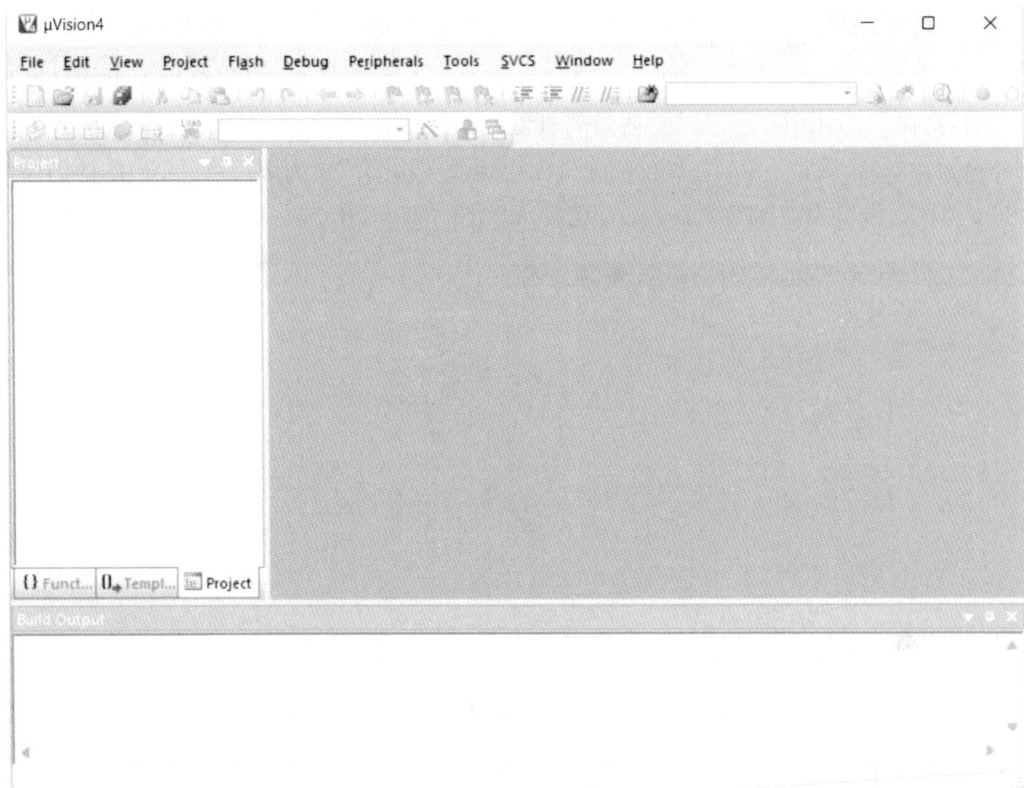

图 2.1.2　Keil-C 编程软件的界面窗口

## 2.1.2　创建工程和 C 程序

### 一、创建文件夹

创建和管理好工程文件夹，可培养良好的工程管理习惯。现在 D 盘中创建"单片机控制技术+班级+姓名+日期"统一格式的文件夹。

### 二、创建工程

在所创建文件夹下，点击如图 2.1.3 所示菜单命令 Project/New μVision Project，创建工程。

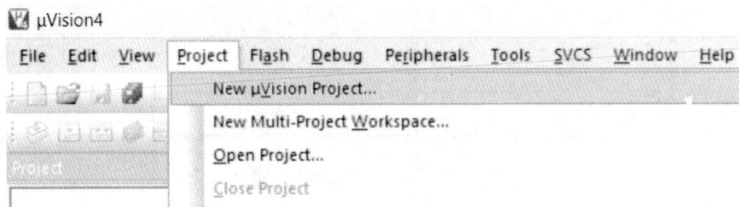

图 2.1.3　创建新工程操作方法

## 三、选择器件

在自动弹出的图2.1.4(a)所示的器件选择窗口中选择器件。也可通过点击魔杖图标 📌 进行选择，在弹出图2.1.4(b)所示的目标选择窗口选择"Device"选项卡，然后在器件选择窗口中选择器件。Keil-C软件的元件库中集成了很多厂家的单片机，我们所使用的单片机是STC，可以添加STC元件库，或选择ATMEL的89C51\52，或89S51\52来替代。

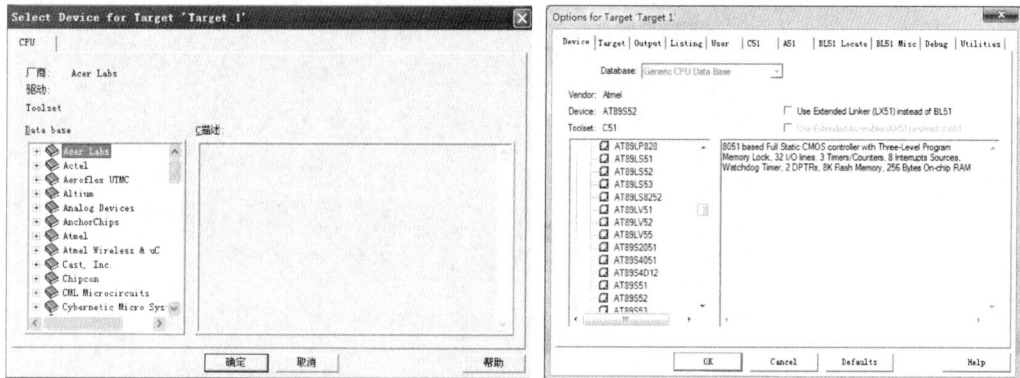

(a)　　　　　　　　　　　　(b)

图2.1.4　自动弹出和点击魔杖打开的器件选择窗口

## 四、设置输出选项

在图2.1.4(b)所示目标选择窗口中点击第三项"Output"，在"Output"选项卡中勾选"Create HEX File"，如图2.1.5所示，否则程序编译后，不能生成下载到单片机中的"HEX"文件。

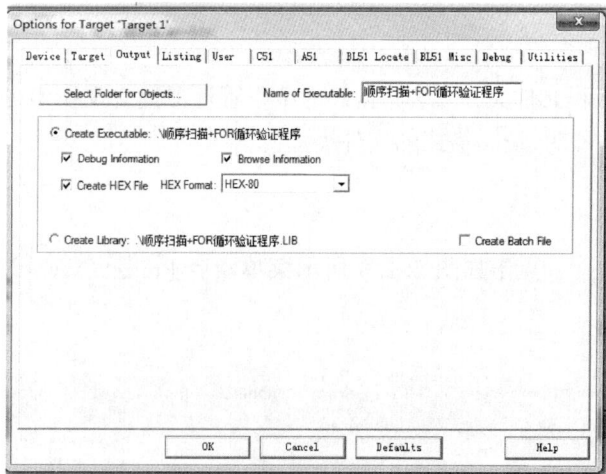

图2.1.5　"Output"设置

## 五、创建 C 文件

在工程窗口点击"新建工程📄"命令，创建新工程。建议所创建工程与项目同名，保存时，切记文件名后加".c"，如图 2.1.6 所示。特别强调：所创建工程为文本文件，没有保存为.c 文件，编写的程序中的关键字、数字等都是黑色字。

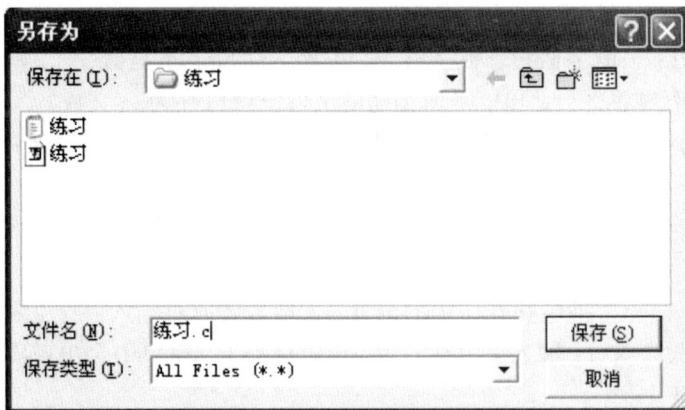

图 2.1.6　保存为.c 文件

## 六、添加工程

右键点击 📁 Target 1／Source Group 1，弹出工程项目组选择窗口，如图 2.1.7 所示。在窗口中选择 Add Files to Group 'Source Group 1'...，打开添加文件的窗口，双击窗口中的.c 文件或选择.c 文件再点击"Add"，即将文件添加到工程项目组中，然后点击"Close"关闭窗口即可。此时可以看到工程中的项目组中已经包含了刚才选择的.c 文件：

```
☐ ☰ Target 1
   ☐ ☰ Source Group 1
        ⬚ STARTUP.A51○
        ☐ 练习.c
```

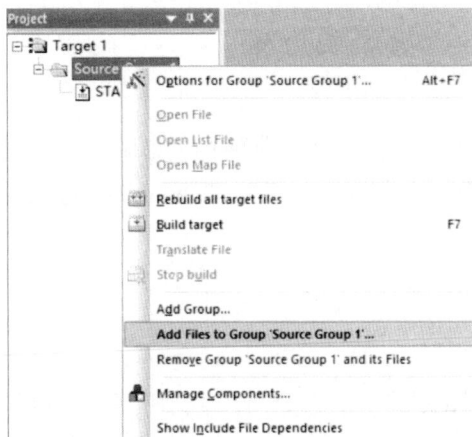

图 2.1.7　工程项目组选择窗口

## 2.1.3　输入和编译例程、生成 HEX 文件

### 一、输入例程

输入图 2.1.1 所示例程,输入程序过程中,注意以下技巧,可以及时帮助编程者发现程序语法或输入操作错误。

(1)字母颜色:关键字蓝色、数字红色(变量下标数字不是数字),输入程序过程中,假如输入内容没有颜色区分,可能是所创建的文件没有保存为.c 文件。

(2)变量大小写:表示单片机端口的"P"必须大写,自己定义的大小写变量是两个不同的变量。

(3)分号、逗号:宏定义后面不能带分号。分号表示一段程序结束,逗号连接的前后程序为一段程序。

(4)大括号:注意大括号在程序中的位置,大括号要成对输入,避免漏输;成对的大括号要同级对齐、低级退后;输入完大括号后,可以点击下,窗口中会出现成对提示光标,假如不成对,要补齐。

(5)小括号:注意小括号的位置,比较大括号和小括号的区别。

(6)区分字母 o、l 与数字 0、1。

(7)巧用复制粘贴:主程序中调用子函数时,可采用复制粘贴。

### 二、编译和生成 HEX 文件

#### 1.编译程序

编译就是编程软件检查和发现 C 程序中的语法错误,提示编程人员修改,再把语法正确的 C 程序翻译成 HEX 文件。编译工具的图标为 🔽🔳🔳 。三个编译箭头工具的意义分别是:第一个下行箭头图标 🔽 是编译当前 C 程序;第二个下行箭头图标 🔳 是编译当前文件;第三个下行箭头图标 🔳 是编译所有文件。

#### 2.生成 HEX 文件

语法正确的程序,编译后生成 HEX 文件的信息如图 2.1.8(a)所示。如果编译结果出现如图 2.1.8(b)所示的警告提示(0 Error(s),2 Warning(s)),由于无语法错误,也不影响生成 HEX 文件。

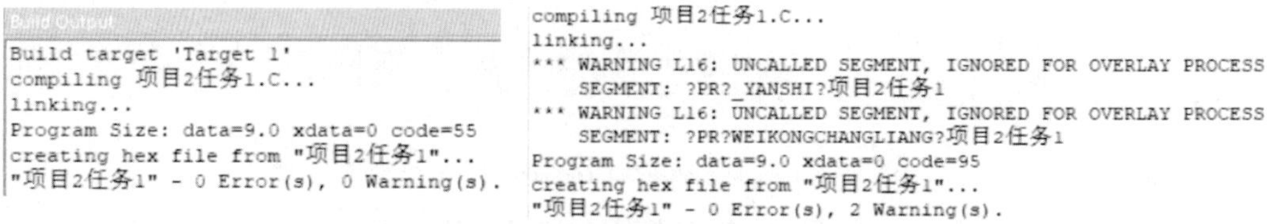

```
Build Output
Build target 'Target 1'
compiling 项目2任务1.C...
linking...
Program Size: data=9.0 xdata=0 code=55
creating hex file from "项目2任务1"...
"项目2任务1" - 0 Error(s), 0 Warning(s).
```

(a)

```
compiling 项目2任务1.C...
linking...
*** WARNING L16: UNCALLED SEGMENT, IGNORED FOR OVERLAY PROCESS
    SEGMENT: ?PR?_YANSHI?项目2任务1
*** WARNING L16: UNCALLED SEGMENT, IGNORED FOR OVERLAY PROCESS
    SEGMENT: ?PR?WEIKONGCHANGLIANG?项目2任务1
Program Size: data=9.0 xdata=0 code=95
creating hex file from "项目2任务1"...
"项目2任务1" - 0 Error(s), 2 Warning(s).
```

(b)

**图 2.1.8　无语法错误的编译结果输出窗口**

图 2.1.8 中的编译结果如果没有错误提示，但又没有生成 HEX 文件，是由于没有勾选"Output"选项卡中的"☐ Create HEX File"造成的。

## 三、修改程序语法错误

语法不正确，在编译输出窗口会输出图 2.1.9 所示错误提示，包括错误出现在第几行、错误代码、具体错误信息。根据提示修改错误的方法是：从第一个错误提示改起，双击错误提示，在程序对应的错误处会出现蓝色箭头，根据程序语法查找该行程序中的错误，改一个错误，编译保存一次，直至生成 HEX 文件。

```
Build Output
Build target 'Target 1'
assembling STARTUP.A51...
compiling 项目2任务1.C...
项目2任务1.C(11): error C202: 'usigned': undefined identifier
项目2任务1.C(11): error C141: syntax error near 'char'
项目2任务1.C(11): error C202: 'j': undefined identifier
Target not created
```

```
项目2任务1.C
03   #include<reg52.h>
04   #define uchar usigned char
05   #define uint unsigned int
06
07   sbit led1=P2^0;sbit led2=P2^1;sbit led3=P2^2;sbit led4=P2^3;
08   sbit led5=P2^4;sbit led6=P2^5;sbit led7=P2^6;sbit led8=P2^7;
09
10   void yanshi(uint x)//延时子程序
11       {uint i; uchar j; for(i=x;i>0;i--)for(j=0;j<110;j++);}
```

**图 2.1.9    编译结果错误提示**

查找和修改程序中的语法错误，非常重要，本书总结了以下编译技巧和常见语法错误，用来帮助大家提高修改程序语法错误的能力。

### 1. 编译技巧

（1）边输入程序边编译：输入一部分程序，马上编译，以便及时发现语法错误。

（2）边修改边编译：按照编译错误提示顺序修改程序，修改一处错误，编译一次程序。

（3）到错误提示行的前几行中去找相关错误或修改错误：有时错误不在提示行中，在确认所提示的错误行没有语法错误后，可到提示行的前几行去找错误。

### 2. 常见语法错误与错误提示编号

（1）关键字输错：reg52. h、#include、#define、unsigned、char、int、sbit、bit、void、main、while 等，如图 2.1.10～图 2.1.12 所示。

```
Build Output
Build target 'Target 1'
compiling 项目2任务1.C...
项目2任务1.C(2): warning C315: unknown #directive 'includ'
项目2任务1.C(6): error C202: 'P2': undefined identifier
项目2任务1.C(6): error C202: 'P2': undefined identifier
项目2任务1.C(6): error C202: 'P2': undefined identifier
项目2任务1.C(6): error C202: 'P2': undefined identifier
项目2任务1.C(7): error C202: 'P2': undefined identifier
项目2任务1.C(7): error C202: 'P2': undefined identifier
项目2任务1.C(7): error C202: 'P2': undefined identifier
项目2任务1.C(7): error C202: 'P2': undefined identifier
项目2任务1.C(13): error C202: 'P2': undefined identifier
项目2任务1.C(13): error C202: 'P2': undefined identifier
Target not created
```

```
项目2任务1.C
01   /***********LED常亮和闪烁程序***********/
02   #includ <reg52.h>
03   #define uchar unsigned char
04   #define uint unsigned int
05
06   sbit led1=P2^0;sbit led2=P2^1;sbit led3=P2^2;sbit led4=P2^3;
07   sbit led5=P2^4;sbit led6=P2^5;sbit led7=P2^6;sbit led8=P2^7;
08
09   void yanshi(uint x)//延时子程序
10       {uint i; uchar j; for(i=x;i>0;i--)for(j=0;j<110;j++);}
11
12   void zongkongshanshao1()// 总线控制闪烁
13       {P2=0;yanshi(5000);P2=0xff;yanshi(5000);}
```

**图 2.1.10    关键字#include 输入错误**

**图 2.1.11　关键字 reg52 输入错误**

**图 2.1.12　关键字 sbit 输入错误**

（2）"先声明后使用"错误：变量和子程序声明与使用不同（含字母符号大小写的区分、1 与 l 和 0 与 o 的区分），如图 2.1.13 所示。

**图 2.1.13　变量声明与变量使用不一致错误**

（3）单片机端口 P 没大写：单片机端口 P 必须大写，否则报错，如图 2.1.14 所示。

**图 2.1.14　单片机端口 P 小写错误**

（4）掉"；"：除包含头文件、宏定义部分每段程序结束不要写分号外，其他部分每段程序结束必须写"；"，如图 2.1.15 所示。

```
Build Output
Build target 'Target 1'
compiling 项目2任务1.C...
项目2任务1.C(7): error C141: syntax error near 'sbit', expected ';'
Target not created
    04  #define uint unsigned int
    05  sbit led1=P2^0;sbit led2=P2^1;sbit led3=P2^2;sbit led4=P2^3
 ⇒ 06  sbit led5=P2^4;sbit led6=P2^5;sbit led7=P2^6;sbit led8=P2^7;
    07  void yanshi(uint x)//延时子程序
```

**图 2.1.15　一段程序结束漏掉"；"错误**

（5）( ) 与 {} 错误：函数后面必须带( )，如图 2.1.16 所示，函数体必须写在 {} 中，写函数时( )与 {} 必须完整。函数体中有多个 {} 时，必须一一对应。

```
Build Output
Build target 'Target 1'
compiling 项目2任务1.C...
项目2任务1.C(10): error C141: syntax error near '{', expected ')'
项目2任务1.C(10): error C141: syntax error near 'for'
项目2任务1.C(10): error C141: syntax error near '=', expected ')'
项目2任务1.C(10): error C129: missing ';' before '<'
Target not created
    07  void yanshi█uint x//延时子程序
    08  {uint i;  uchar j; for(i=x;i>0;i--)for(j=0;j<110;j++);}
    09  void weikongchangliang()//位控常亮
    10  {led1=0;led2=0;led3=0;led4=0;led5=0;led6=0;led7=0;led8=0;}
```

**图 2.1.16　漏写一边"( )"错误**

## 2.1.4　下载 HEX 文件和仿真调试程序

### 一、下载 HEX 文件

例程仿真电路如图 2.1.17 所示，双击单片机 U1，将 HEX 文件下载到单片机中，即可开始仿真运行程序。

### 二、仿真调试程序

在主程序中调用不同子程序，选择 ▶ ▶ ❚❚ ■ 交互按键，仿真运行、调试、修改、优化程序，同时观察、思考：（1）P2、P3 口 LED 电路结构；（2）LED 点亮、熄灭、闪烁的控制数据；（3）LED 位控、总线控制的优缺点；（4）各子程序的功能；（5）子程序与主程序的调用关系及功能演示。

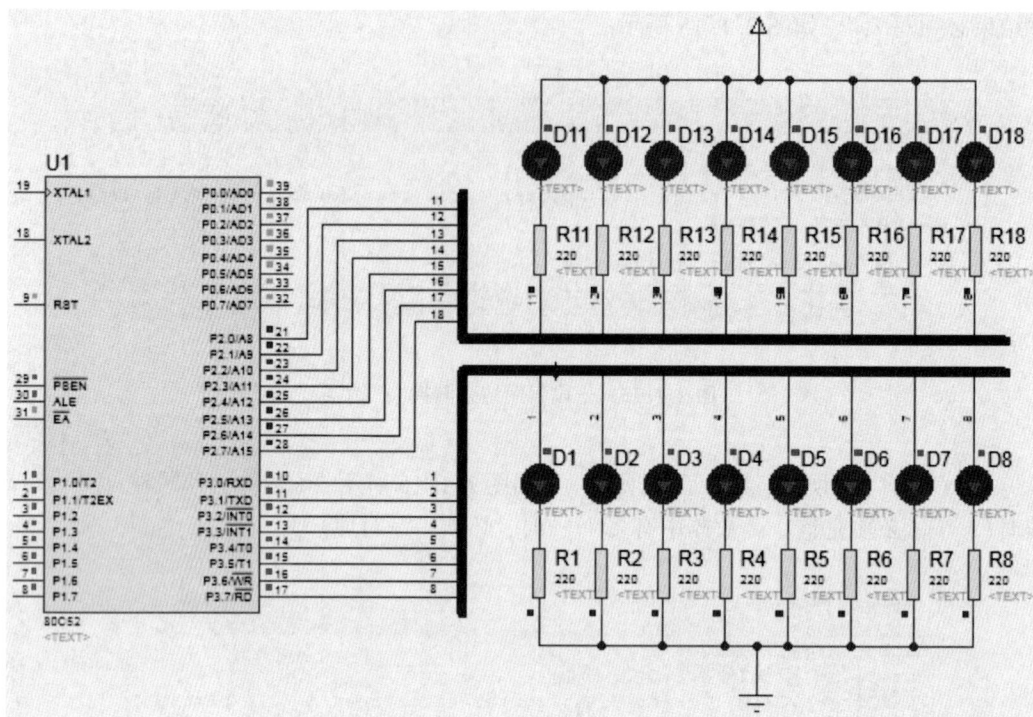

图 2.1.17　例程仿真电路

## 2.1.5　任务实操

### 一、实操目的

通过创建例程工程和 C 程序，输入、编译和仿真调试程序，掌握 Keil-C 编程软件的基本操作方法。

### 二、实操过程

(1)在电脑 D 盘中创建文件夹：单片机控制技术+班级+姓名+日期。

(2)应用 Keil-C 软件，在上述文件夹中创建工程。

(3)选择器件。

(4)设置输出选项。

(5)创建 C 文件，并以.c 格式保存在项目文件夹中。

(6)添加.c 文件。

(7)输入图 2.1.1 所示例程。

(8)编译和修改程序，生成 HEX 文件。

**注意**：初学者很难写出语法正确的程序，可根据编译提示修改程序。

（9）下载和仿真调试程序。

（10）完成实习报告。

## 2.1.6　任务作业

1. 单片机有哪两种编程语言？有什么特点？

2. Keil 公司与 ARM 公司有什么关系？Keil-C μVision 编程软件现有多少版本？各有什么特点？

3. 写出应用 Keil μVision4 创建工程、编写 C 文件和下载调试 C 程序的步骤。在创建工程过程中，没有将新建工程保存为 .c 文件和没有将 .c 文件添加到工程组中，会有什么错误？

4. Keil-C 编程软件中魔杖工具有什么作用？在"Output"选项卡设置中没有勾选"Create HEX File"会产生什么问题？

5. 编译有什么作用？如何根据编译错误提示修改程序语法错误？写出常见编译错误提示。

6. Keil-C 编程软件中各编译按键有什么作用？

7. Protues 仿真运行交互按键各有什么功能？

8. C 文件、HEX 文件各有什么特点和作用？

# 任务2　C 程序基本结构与基本语法的学习

## 🔊 任务实施目标

通过任务实操和讲解，体验式学习和掌握 C 程序的：

1. 基本框架结构：5 个组成部分，包含头文件、宏定义及变量和函数声明、注释、子函数（子程序）、主函数（主程序）。

2. 基本语法：5 个基本语法——颜色标注、数制表示、I/O 端口符号、符号指令、参数。

微课二维码

## 🔊 任务背景

编写单片机 C 程序，类似于写文章，文章有基本框架结构，有基本语法，单片机 C 程序也有。通过模仿编程，可快速掌握其基本框架结构和语法，学会编程。

## 🔊 任务探索

现以图 2.1.1 所示例程为例进行介绍，请大家学习体会。

## 2.2.1 C 程序的基本框架结构

C 程序由五部分组成,包含头文件、宏定义及变量和函数声明、子程序(函数)、主程序(函数)、注释。

### 一、包含头文件部分

该部分在程序最前面。

#### 1. 包含单片机资源的头文件

#include<reg52. h>中的#include 是包含头文件的指令,其意义是把编写好的 reg52. h 头文件包含到当前的 C 程序中。reg52. h 中编写了关于单片机资源的程序,如端口、定时器等,必须包含到当前程序中,才可供当前文件使用。

#### 2. 包含库函数

厂家还提供了多个库函数头文件,比如:math. h、intrins. h、stdio. h、string. h 和 stdlib. h,单片机 C 程序也可以像包含 reg52. h 头文件一样将它们包含进当前程序中,使用这些库函数的功能,比如:

#include<reg52. h>//jiesubuyongxiefenhao

#include<intrins. h>//jiesubuyongxiefenhao

**注意**:这部分后面不要写分号和逗号,关键字必须熟背。

#### 3*. 编写头文件

自己也可以编写头文件,然后像包含系统头文件一样包含进 C 程序。头文件的创建过程与 C 文件创建过程一样,只是在保存时,保存为". h"文件即可。现把图 2.1.1 所示例程改写为头文件,通过仿真运行来演示自己编写头文件的功能效果。例程改写后的头文件如图 2.2.1 所示。

### 二、宏定义及变量和函数声明部分

该部分写在包含头文件部分之后。

#### 1. 宏定义

#define uchar unsigned char
#define uint unsigned int 为宏定义。

#define 是宏定义指令,宏定义的意义是字符串的替换,如 #define uchar unsigned char 和#define uint unsigned int。由于 unsigned char 和 unsigned int 组成的字母比较多,用组成字母数比较少的 uchar 和 uint 来代替它们,可以减少编程中书写它们的工作量。又如 #define SQ(y) y * y 的含义就是 SQ(y)= y * y。

```
01  /*********LED常亮和闪烁程序*********/
02  #include<xm221.h>
03
04       /*主程序分别调用各种子程序*/
05  void main()
06       {while(1){zongkongshanshao2();}}
07
```

```
02  #define uchar unsigned char
03  #define uint unsigned int
04  sbit led1=P2^0;sbit led2=P2^1;sbit led3=P2^2;sbit led4=P2^3;
05  sbit led5=P2^4;sbit led6=P2^5;sbit led7=P2^6;sbit led8=P2^7;
06
07  void yanshi(uint x)//延时子程序
08       {uint i;  uchar j; for(i=x;i>0;i--)for(j=0;j<110;j++);}
09
10  void weikongchangliang()//位控常亮
11       {led1=0;led2=0;led3=0;led4=0;led5=0;led6=0;led7=0;led8=0;}
12
13  void zongkongchangliang()//总线常亮
14       {P2=0;}
15
16  void weikongshanshuo()//位控闪烁
17       {led1=0;led2=0;led3=0;led4=0;led5=0;led6=0;led7=0;led8=0;
18        yanshi(500);
19        led1=1;led2=1;led3=1;led4=1;led5=1;led6=1;led7=1;led8=1;
20        yanshi(500);}
21
22  void zongkongshanshao1()// 总线控制闪烁
23       {P2=0;yanshi(5000);P2=0xff;yanshi(5000);}
24
25  void zongkongshanshao2()// 总线控制闪烁
26       {uint x=50000;P2=0;while(x--);x=50000;P2=0xff;while(x--);}
```

图 2.2.1　例程改写后的头文件

宏定义的仿真演示程序：

```
#include<reg52.h>
#define uint unsigned int
#define on 0
#define off 0xff
void zongkongshanshuo()
     {uint x=50000;P2=off;while(x--);
          x=50000;P2=on;while(x--);}
void main(){while(1){zongkongshanshuo();}}
```

### 2．变量和函数声明部分

单片机编程的关键工作就是编写控制数据，控制数据必须用变量来定义和储存。单片机程序又称单片机函数，用户在使用变量和子程序前，必须先声明定义变量、子函数的名称和类型，这就是变量和函数的声明，如"sbit led1=P2^2; uchar bb=0x01;"是变量声明；"void delay (uchar);"是函数声明。

子函数只要写在调用函数的前面,可以不声明,如图 2.2.2 中的延时子程序 yanshi (uint x){while(x--);}写在显示子程序 xianshi()的前面,可以不声明。

```
void yanshi (uint x){ while (x--);
void xianshi ()
        {uchar i,led[4];
        led[0]=dm[n1%100/10];led[1]=dm[n1%10];
        led[2]=dm[n3%100/10];led[3]=dm[n3%10];
        for(i=0;i<4;i++){P2=~led[i];P3=~wm[i];yanshi(10);
                        P2=0x00;P3=0xff;}
```

**图 2.2.2　延时子程序写在调用程序的前面**

### 三、子程序(函数)部分

子程序(函数)部分一般写在变量和子程序声明后、主程序之前,正因为写在主程序之前,这些子程序(函数)名称可以不声明。

子程序是功能函数,单片机可以直接进入主程序,但必须通过主程序调用子程序才能运行子程序。为把主程序写得条理清晰、简单明了,一般采用结构模块化编程,即将一个功能尽量模块化,编写成一个子程序,再在主程序中调用。这样既简化了主程序,也增加了程序的可读性、可修改性和可移植性。

子程序有不带形参和带形参、带返回值和不带返回值 4 种形式,现分别通过对比仿真演示来讲解它们之间的区别。

#### 1.不带和带形参延时子程序的仿真演示

void yanshi(){uchar i,j;for(i=0;i<110;i++)for(j=0;j<110;j++);}

void yanshi1(uchar x) {uchar i,j;for(i=0;i<x;i++)for(j=0;j<110;j++);}

不带形参的延时子程序延时时间固定,不能改动。带形参的延时子程序可以通过赋不同的时间值来改变延时时间。

#### 2.不带和带返回值按键子程序的仿真演示

void ajjc(){if(! kj){k++;if(k==255)k=0;while(! kj);}}

uchar ajjc1(){if(! kj){k++;if(k==255)k=0;while(! kj);} return k;}

void main(){while(1){ajjc();P2=k;P3=ajjc1();}}

两个按键子程序都是对按键按下次数计数,不带返回值的按键子程序是空函数,通过调用按键检测子程序将记录按键次数值 k 赋给 P2 来显示。带返回值的按键子程序不是空函数,而是 uchar 数据类型的函数,通过 return 指令直接将 k 值返回给函数本身,将该函数本身赋值给 P3,可以直接将 k 值显示出来。

子程序中还有一类特殊子程序,那就是中断响应子程序,其意义和编写方法将在后续项目中介绍。

## 四、主程序(函数)部分

主程序 main 是单片机执行 C 程序的入口,每个 C 程序必须有也只能有一个主程序;主程序可以调用子函数,但子函数不能调用主函数。

## 五、注释部分

C 程序可用注释对整个程序、某段程序或某个算式进行说明,程序不会执行。注释有两种类型:/*　　*/——长注释,可换行;//——短注释,不可换行。它们字体颜色缺省时,分别为绿色和浅蓝色。使用方法见例程。

**注意**:一个 C 程序不一定必须包含这 5 大部分,但必须有包含头文件、主程序部分。各部分的相对位置也不一定是固定不变的。

# 2.2.2　C 程序的基本语法

## 一、颜色标注

缺省状态下,关键字为蓝色,数字量为红色,注释为绿色或浅蓝色。关注关键字、字符颜色,可以帮助我们及时发现程序输入的错误。

## 二、数制表示

十六进制用 0x 表示,数字裸写十进制。

## 三、I/O 端口符号

如 P0 组总线写作 P0, P0 组 0 位写作 P0^0。

## 四、符号指令

### 1. #、,、; 指令

"#"为预处理指令,比如:#include、#define。

","表示一段程序之间的分隔,不能表示本段程序结束。

";"表示一段程序结束。","与";"很容易混淆,应用举例如下:

uchar code wm[ ] = {0x01,0x02,0x04,0x08,0x10,0x20,0x40,0x80};中数据间只能用",",这一段程序结束必须用";"。

uint n0;uint n2;可以改写成:uint n0,n2;。

uchar n1;uchar n3;可以改写成:uchar n1,n3;。

### 2. ( ) 指令

( )在 C 语言中,必须成对使用,主要用在 3 个地方:

(1)在程序名后,构成函数

如:void yanshi (uint x){while (x--);}。

程序又称函数，与数学函数的功能类似，就是通过计算来赋值，因此它与数学函数的格式类似，要带（），如：yanshi（500）、y=f（x）。

（2）在条件和循环指令后面表示条件

如：if（x>0）{}、while（x--）{}。

（3）在运算式中表示运算符

如：y=（x+4）*2。

**3.{}指令**

{}用来包含主、子程序或条件和循环语句的程序体，必须成对使用，如：

```
void delay(uchar xmas)
    {uchar i,j;
        for(i=xmas;i>0;i--)
            for(j=110;i>0;j)}
```

{}还成对用来给数组赋值，如：weima[8]={0x01,0x02,0x04,0x08,0x10,0x20,0x40,0x80};。

**4.""指令**

必须成对使用，表示定义一组字符串，如：led[13]="I love China"。

**5.''指令**

必须成对使用，表示字符，如：a='a'。

## 五、参数

### 1.参数分类

（1）常量参数与变量参数

常量参数和变量参数是根据其保存的数据是变量还是常量进行分类的，如：uint n0；uint n2；nchar n1；uchar n3；中的 n0，n1，n2，n3 是变量参数。

uchar code wm[]={0x01,0x02,0x04,0x08,0x10,0x20,0x40,0x80}；中的 wm 是常量参数，特别是用 code 定义保存在 ROM 中的参数，是不能改变的常量参数。

（2）全局参数（变量）与局部参数（变量）

全局变量和局部变量是根据变量参数的应用范围进行分类的，全局变量是在整个工程文件中使用的参数，它永久占用 RAM 存储器。局部变量只在当前子程序中使用，退出该程序时，保存它的 RAM 就会被清除。单片机内部只有 128B 或 256B 的 RAM，全局变量永久占用 RAM 资源，不需要永久保存的中间变量尽量定义为局部变量。还可以用变量声明的位置来区分全局变量与局部变量：在所有子程序以外定义的参数为全局变量，在子程序中定义的参数为局部变量。

（3）参数类型

根据参数的数据类型，参数分为整型、字符型、位变量等类型，各类参数的关键字、所占位数和表示范围如表 2.2.1 所示。

表 2.2.1 参数的类型

| 类型 | 符号 | 关键字 | 所占位数 | 表示范围 |
|---|---|---|---|---|
| 整型 | 有 | (signed) int | 16 | −32768~32767 |
| | | (signed) short | 16 | −32768~32767 |
| | | (signed) long | 32 | −2147483648~2147483647 |
| | 无 | unsigned int | 16 | 0~65535 |
| | | unsigned short int | 16 | 0~65535 |
| | | unsigned long int | 32 | 0~4294967295 |
| 字符型 | 有 | char | 8 | −128~127 |
| | 无 | unsigned char | 8 | 0~255 |
| 位变量 | 无 | bit—普通 | 1 | 0~1 |
| | 无 | sbit—系统 | 1 | 0~1 |

(4)RAM 参数与 ROM 参数

保存在 RAM 中的为 RAM 参数,当常量参数用 code 定义时,其会被保存在 ROM 中,称为 ROM 参数,它占用了程序代码存储资源。当程序代码超出单片机 ROM 容量时,编译会报错,可把 code 删除释放 ROM 容量。

**2.参数声明**

编程使用参数前,必须遵守"先声明、后使用"原则,参数声明的格式为:

存储类型(可省略) 数据类型 const/code(常量参数)参数名称=常量值或初值

如:uchar i,led[4]; uint n0,n2; uchar n1,n3; uchar code wm[ ]={0x01,0x02,0x04, 0x08,0x10,0x20,0x40,0x80};。

参数声明时,要注意:用拼音或英文字母定义参数名称,一般要能通过拼音或英文字母看懂该参数的意义;禁用关键字作参数名称;定义参数名称的字母大小写有区别。

## 2.2.3　任务作业

1.仔细阅读图 2.2.3 所示作业程序,完成以下作业:

(1)说明程序由哪几部分组成,各部分的作用。

(2)找出程序中的长、短注释,比较它们的区别。

(3)程序中的 delay( )是什么程序?在被调用程序的前面还是后面?有什么声明要求?

(4)找出程序中的库函数头文件,程序中的哪个函数是用它定义的?

(5)如图 2.2.3 所示,找出程序中的关键字,反复默写。

```
        / * * * * * baohanwenjian\hongdingyi\bianliangshengming * * * */
#include <reg52. h>//jiesubuyongxiefenhao
#include <intrins. h>//jiesubuyongxiefenhao
#define uchar unsigned char//jiesubuyongxiefenhao
uchar aa = 0xfe;//jiesuyaoxiefenhao
uchar bb = 0x01;
uchar n = 0,m = 0;//zhongjiankeyongdouhao
void delay(uchar);
        / * * * * * baohanwenjian\hongdingyi\bianliangshengming * * * */
                / * * * * * * * zhuchengxu * * * * * */
void main( )
        {while(1)
                {P1 = aa;
                P2 = ~ bb;
                delay(1000);
                aa = _crol_(aa,1);
                bb = bb<<1;
                if(++n = = 8){bb = 0x01;n = 0;}}}
                / * * * * * * * zhuchengxu * * * * */
                / * * * * * * * yanshizichengxu * * * * * */
void delay(uchar xmas)
        {uchar i,j;
                for(i = xmas;i>0;i--)
                        for(j = 110;j>0;j--);}
                / * * * * * * * * yanshizichengxu * * * * * */
```

**图 2. 2. 3　作业程序**

2. 说明程序

uchar aa = 0xfe; //jiesu

uchar bb = 0x01;

uchar n = 0,m = 0; //zhong

void delay(uchar)

中",''和";''的意义及所定义变量的类型。

3. 找出

void main( )

　　　　{while(1)

　　　　　　{P1 = aa;

　　　　　　P2 = ~ bb;

```
                delay(1000);
                aa=_crol_(aa,1);
                bb=bb<<1;
                if(++n==8){bb=0x01;n=0;}}}
```

程序中所有的( )、{ }、、、; ，并说明它们的作用。

4. 找出

```
void delay(uchar xmas)
        {uchar i,j;
            for(i=xmas;i>0;i--)
                for(j=110;j>0;j--),}
```

程序中所有的( )、{ }、、、; ，并说明它们的作用。

5. 什么是头文件？列举一些常用头文件名称，并说明其功能。

6. 如何创建和使用自编头文件？

7. 举例说明宏定义的功能。

8. 举例说明带和不带形参、带和不带返回值函数的异同点。

9. 什么是子函数和主函数？它们之间有什么关系？

10. 什么是结构模块化编程方法？有什么好处？

11. 参数有哪些分类标准和类别？各有什么特点？

12. 参数和函数都遵循什么使用原则？如何遵守？

# 任务3　单片机C语言运算指令的学习

## 🔊 任务实施目标

通过任务实操和讲解，体验式学习和掌握C程序7类运算指令的：

1. 分类：赋值运算、算术运算、关系运算、逻辑运算、位运算、复合赋值运算和指针及取地址运算。

2. 运算符号、运算功能和应用方法。

微课二维码

## 🔊 任务背景

单片机编程的关键是编写实现各种控制功能的控制数据，这就必然要应用各种运算指令来构成各种运算表达式，用于处理和计算这些控制数据。本任务介绍7类运算指令：赋值运算、算术运算、关系运算、逻辑运算、位运算、复合赋值运算和指针与取地址运算。

**任务探索**

运算指令的功能都比较抽象，如何把抽象的指令功能形象地展示出来呢？

本任务将采用图 2.3.1 所示的仿真电路和各种运算指令应用举例的程序，来形象直观地讲解这些运算指令。

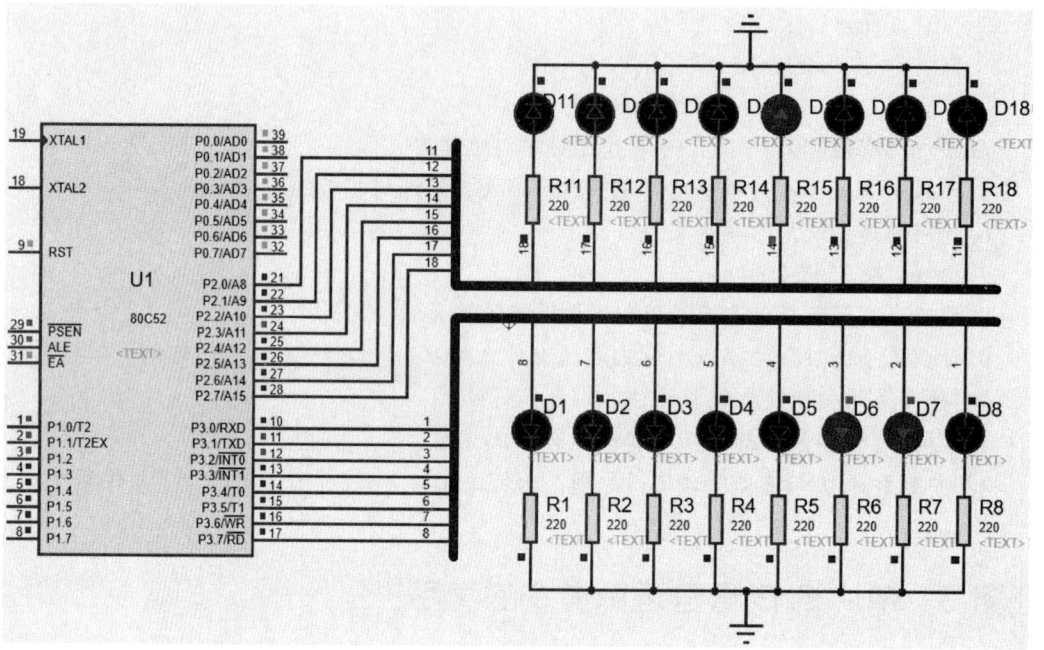

图 2.3.1　各运算指令仿真电路

## 2.3.1　赋值运算指令讲解与功能仿真演示

### 一、指令讲解

指令符号：=。指令功能：将指令右边的常量或变量的值赋给左边的变量或单片机端口。

### 二、指令应用举例与功能仿真演示

如图 2.3.2 中的 fuzhi( ) 所示，"P3 = 4；x1 = 9；P2 = x1；"，下载程序，仿真演示，观看仿真演示结果。

```
#include<reg52. h>
#define uchar unsigned char
#define uint unsigned int
uchar x1,x2,x3,x4,y1,y2;uint m=786;
void yanshi(uint x){while(x--);}
void fuzhi(){P3=4;x1=9;P2=x1;}
void jiajian(){x1=8;x2=4;y1=x1+x2;
              y2=x1-x2;P2=y1;P3=y2;}
void cheng(){x1=8;x2=4;x3=7;P2=x1*x2;P3=(x1+x2)*x3;}
void zijia1(){P2=x1++;if(x1==255)x1=0; P3=++x2;
              if(x2==255)x2=0;yanshi(60000);
              yanshi(60000);yanshi(60000);}
void chu(){x1=32;x2=5;P2=x1/x2;P3=x1%x2;}
void fenshu(){P1=m/100;P2=m%100/10;P3=m%10;}
void main(){P2=P3=0;while(1){fenshu();}}
            //fuzhi();cheng();jiajian();zijia1();chu();
```

图 2.3.2    赋值与算术运算指令仿真演示程序

## 2.3.2    算术运算指令讲解与功能仿真演示

算术运算指令包括+(加)、-(减)、*(乘)、/(整除)、%(余除)、++(自增1)、--(自减1)。

### 一、+、-、*指令讲解与功能仿真演示

#### 1.指令讲解

+、-、*指令运算与数学中算术运算方法一样，也可以加括号提高优先级，这里就不详细讲解。

#### 2. +、-指令应用举例与功能仿真演示

如图2.3.2中的jiajian()所示，"x1=8;x2=4;y1=x1+x2;y2=x1-x2;P2=y1;P3=y2;"，下载程序，仿真演示，观察仿真演示结果。

#### 3. *指令应用举例与功能仿真演示

如图2.3.2中的cheng()所示，"x1=8;x2=4;x3=7;P2=x1*x2;P3=(x1+x2)*x3;"，下载程序，仿真演示，观察仿真演示结果。

### 二、++、--指令讲解与功能仿真演示

#### 1.指令讲解

++：自增1指令；--：自减1指令。例如：++x1或者x1++相当于x1=x1+1，运算结果是相同的。但y1=++x1与y2=x2++运算结果不同。y1=++x1的运算结果是：现y1=前x1+1，现x1=前x1+1=现y1。y2=x2++运算结果是：现y2=前x2，现x2=前x2+1=现y2+1。--指令与++指令运算法则相同。

**2. 指令应用举例与功能仿真演示**

如图 2.3.2 中的 zijia1( ) 所示，"P2 = x1 + + ; if( x1 = = 255 ) x1 = 0 ; P3 = + + x2 ; if( x2 = = 255 ) x2 = 0 ; yanshi( 60000 ) ; yanshi( 60000 ) ; yanshi( 60000 ) ;"，下载程序，仿真演示，观察仿真演示结果。

### 三、/、% 指令讲解与功能仿真演示

**1. 指令讲解**

/：整除指令；%：余除指令。如：z = x/y，z 是 x 除 y 商的整数部分；z = x%y，z 是 x 除 y 商的余数部分。

**2. 指令应用举例与功能仿真演示**

如图 2.3.2 中的 chu( ) 所示，"x1 = 32 ; x2 = 5 ; P2 = x1/x2 ; P3 = x1%x2 ;"，下载程序，仿真演示，观察仿真演示结果。

如图 2.3.2 中的 fenshu( ) 所示，"P1 = m/100 ; P2 = m%100/10 ; P3 = m%10 ;"，下载程序，仿真演示，观察仿真演示结果。

总结巩固：用/和%取出 a = 3786、43595 时的各位数值，并仿真验证和总结出取数规律。

## 2.3.3 关系运算指令讲解与功能仿真演示

### 一、指令讲解

关系运算指令用来比较指令左右两边参数的大小关系，主要用在条件判断语句中，包括 >(大于)、> =(大于或等于)、<(小于)、< =(小于或等于)、= =(等于)、! =(不等于)等指令。

### 二、指令应用举例与功能仿真演示

关系运算指令应用举例程序如图 2.3.3 所示，下载程序，仿真演示，观看仿真演示结果。

```
#include<reg52. h>
#define uchar unsigned char
uchar x1 = 2,x2 = 5;
sbit led1 = P3. 0;sbit led2 = P3. 1;sbit led3 = P3. 2;
void main( ) {P2 = P3 = 0;
          while(1){if(x1<x2)led1 = 1,led2 = led3 = 0;
                   if(x1 = x2)led2 = 1,led1 = led3 = 0;
                   if(x1>x2)led3 = 1,led1 = led2 = 0; }}
```

**图 2.3.3　关系运算指令应用举例程序**

**注意**：= = 与 = 的区别，a = = b 与 a = b 区别很大，前面是比较 a 与 b 是否相等；后面是将 b 的值赋给 a，让 a = b。

## 2.3.4　逻辑运算指令讲解和功能仿真演示

### 一、指令讲解

逻辑运算指令包括 &&（逻辑与）、||（逻辑或）、!（逻辑非）。

逻辑运算特点：运算项作为整体参与运算，运算结果非 0 即 1。

**1. &&**

全 1 出 1、有 0 出 0，所有条件都满足，事情才会发生，相当于乘法运算。

例题 1：a=2022315，b=0，c=7，求 a&&b、a&&c、b&&c、a&&b&&c。

解：a&&b=0，a&&c=1，b&&c=0，a&&b&&c=0。

**2. ||**

全 0 出 0、有 1 出 1，只要有一个条件满足，事件就会发生，相当于加法运算。

例题 2：a=2022315，b=0，c=0，求 a||b，a||c，b||c，a||b||c。

解：a||b=1，a||c=1，b||c=0，a||b||c=1。

**3. !**

非 0 出 0、是 0 出 1，又称逻辑取反。

例题 3：if((a==3)&&(b!=7)){}：a==3 和 b!=7 两个条件都满足，执行条件语句。

例题 4：while(a==3||b!=7){}：a==3 和 b!=7 只要有一个条件满足，执行循环语句。

例题 5：a=2022315，b=0，求 !a，!b。

解：!a=0，!b=1。

### 二、指令应用举例与功能仿真演示

逻辑运算与位运算指令应用举例程序如图 2.3.4 中的 yuweiyu()、huoweihuo()、feiweifan()所示，下载程序，仿真演示，观察仿真演示结果。

```
#include<reg52.h>
#define uchar unsigned char
#define uint unsigned int
uchar x1=7,x2=13,x3=1,x4=0x80,n=3;
void yuweiyu(){P2=x1&&x2,P3=x1&x2;}
void huoweihuo(){P2=x1||x2,P3=x1|x2;}
void feiweifan(){P2=!x1,P3=~x1;}
void zuoyouyi(){P2=x3<<n,P3=x4>>n;}
void main(){P2=P3=0;while(1){yuweiyu();}}
        // huoweihuo();feiweifan();zuoyouyi();
```

**图 2.3.4　逻辑运算与位运算指令应用举例程序**

## 2.3.5 位运算指令讲解和功能仿真演示

### 一、指令讲解

位运算指令包括 &(按位与)、|(按位或)、~(按位取反)、^(按位异或)、>>(位右移)、<<(位左移)。

逻辑运算特点是逐位逻辑运算。

#### 1. &、|、~指令

例题6：a=10100101，b=01110001，a&b=? a|b=111101? ~a=? ~b=?

解：方法——用竖式进行运算

|  |  |  |
|---|---|---|
| a=10100101 | a=10100101 | ~a=01011010 |
| b=01110001 | b=01110001 | ~b=10001110 |
| a&b=00100001 | a|b=11110101 |  |

#### 2. >>、<<指令

>>、<<指令分别为逐位右移和逐位左移指令，方法是：右移n位时，先抹除n个低位，高位补n个0后，8位移入；左移n位时，先抹除n个高位，低位补n个0后，8位移入。

例题7：已知a=10100101，分别求a<<2、a>>2。

解：a<<2：a左移2位。先抹除2个高位10，再低位补2个0，得a=10010100。

| 1 | 0 | 0 | 1 | 0 | 1 | 0 | 0 | ⇐ | 0 | 1 | 0 | 0 | 1 | 0 | 1 | 0 | ⇐ | 1 | 0 | 1 | 0 | 0 | 1 | 0 | 1 |

a>>2：a右移2位。先抹除2个低位01，再高位补2个0，得a=00101001。

| 1 | 0 | 1 | 0 | 0 | 1 | 0 | 1 | ⇒ | 0 | 1 | 0 | 1 | 0 | 0 | 1 | 0 | ⇒ | 0 | 0 | 1 | 0 | 1 | 0 | 0 | 1 |

### 二、指令应用举例与功能仿真演示

逻辑运算与位运算指令应用举例程序如图2.3.4中的feiweifan( )、zuoyouyi( )所示，下载程序，仿真演示，观察仿真演示结果。

## 2.3.6 复合赋值运算指令讲解与功能仿真演示

### 一、指令讲解

常用复合赋值运算指令有 +=、-=、*=、/=、&=、|=、<<=、>>=，其运算规则是左右两边的变量进行运算，把运算结果赋给左边变量。

例题8：分别写出 a+=b 和 a<<=4 的运算过程。

解：a+=b 先进行 a+b 的运算，再将运算结果赋给 a；a<<=4 先进行 a 左移4位的运算，再将运算结果赋给 a。

例题9：写出该段程序"uchar a;a&=0xf0,a|=0xf0；"的运算结果。

解：          a= \* \* \* \* \* \* \* \*         a= \* \* \* \* \* \* \* \*

               0xf0 = 11110000          0xf0 = 11110000

            a&0xf0 = \* \* \* \*0000      a|0xf0 = 1111 \* \* \* \*

a& = 0xf0：让 a 高四位不变，低四位逐位为 0。

a| = 0xf0：让 a 高四位逐位置 1，低四位不变。

## 二、指令应用举例与功能仿真演示

复合赋值运算指令应用举例程序如图 2.3.5 所示，下载程序，观察仿真演示结果。

例题 10：求 a+=a-=a \* =a 的值，并仿真验证结果。

解：根据运算规则，其运算过程是由右到左进行的，第 1 步：a \* =a，a \* a=$a^2$，$a^2$→a；第 2 步：a-=a，a-a$\xrightarrow{a=a^2}a^2-a^2=0$，0→a；第 3 步：a+=a，a+a$\xrightarrow{a=0}$0，0→a。仿真验证该运算，结果显示错误。

```
#include<reg52.h>
#define uchar unsigned char
#define uint unsigned int
uchar a=7,b=173;
void main()//{P2=P3=0;while(1){a=7,P2=a<<=4;P3=a;}}
        //{P2=P3=0;P2=a<<=4;P3=a;while(1);}
        //{P2=P3=0;P2=a<<4;P3=a;while(1);}
        //{P2=P3=0;while(1){a=7,a+=b;P2=a;}}
        //{P2=P3=0;a+=b;P2=a;while(1);}
        //{P2=P3=0;P2=a&=0xf0;P3=a|=0xf0;while(1);}
        //{P2=P3=0;a * =a;a-=a;a+=a;P2=a;while(1);}
        {P2=P3=0;P2=a+=a-=a * =a;while(1);}
```

图 2.3.5　复合赋值运算指令应用举例程序

## 2.3.7　指针与取地址运算指令讲解与功能仿真演示

### 一、指令讲解

\*：指针指令。在定义指针变量时，\*指令是指定变量的地址，如 uchar \* p，其功能含义是定义了指向 p 的地址变量。在指针运算时，\*指令是指取指针变量中的值，如 a = \*p，其功能含义是将地址变量 p 中保存的值取出来，并赋值给 b。

&：取地址指令。单片机利用变量保存数据和处理数据，储存变量的地址是动态变化的，可以通过 & 取出变量的地址，如：uchar \* p=&a;b= \* p，其功能含义就是将储存变量 a 的地址取出来，赋给指针地址变量 p，再将地址变量 p 中的值赋给 b。

## 二、指令应用举例与功能仿真演示

指针与取地址运算指令应用举例程序如图 2.3.6 所示，下载程序，仿真演示，观察仿真演示结果。

```
#include<reg52. h>
#define uchar unsigned char
#define uint unsigned int
uchar sz[16]={0,1,2,3,4,5,6,7,8,9,10,11,12,13,14,15};
uchar a, * p, * p1;// * p=&a, * p1=sz
void yanshi(uint x){while(--x);}
void main(){p=&a;p1=sz;//p=a 语法错误
        while(1){P3= * p1;p1++;//P3=p1[a];
    if(a++==16)a=0;
    P2= * p;yanshi(50000);
    yanshi(50000);yanshi(50000);}}
```

图 2.3.6  指针与取地址运算指令应用举例程序

# 2.3.8  任务作业

1. 单片机 C 语言有哪七类运算指令？各有什么功能？

2. 赋值指令与等于关系指令的运算符号有什么不同？

3. y=++x 与 y=x++ 运算结果有什么不同？

4. /与%各是什么除法？写出将 m=2024 分解成千、百、十、个位的表达式。

5. 写出 a * b 与 * p 表达式中 * 指令的含义。

6. 写出 a&&b、a&b 与 &a 表达式中 & 指令的含义。

7. 比较下列运算指令：=和==；&&和&；||和|；~和!。

8. a=10100101，求出以下表达式的值：a<<2 和 a>>2。

9. 写出以下复合赋值运算结果：(1)uchar a;a&=0xf0；(2)uchar a;a|=0xf0。

✦ 【课外读物】晶圆为什么是圆形的？

晶圆(wafer)是一块薄薄的、圆形的高纯硅晶片，是硅半导体集成电路制作所用的硅芯片，是生产集成电路(integrated circuit, IC)所用的载体，如图 2.3.7 所示。

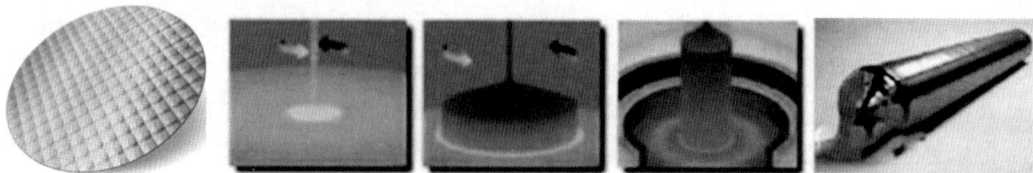

图 2.3.7  晶圆照片和单晶直拉法图示

晶圆主要成分就是单晶硅。而硅在地球上的存量十分丰富，我们随手在地上抓一把砂子，其里面的主要成分就是二氧化硅。氧化硅经由提炼、盐酸氯化、蒸馏流程，可制成纯度高达 99.999999999% 的高纯度多晶硅。

晶圆为什么是圆形的呢？这是由其制作工艺决定的。采用单晶直拉法，才能把多晶硅生产为单晶硅，具体过程是：把多晶硅消融后放入一个坩埚中，再将子晶放入坩埚中匀速转动并向上提拉，则熔融的硅会沿着子晶方向长成一个圆柱体的硅锭，如图 2.3.8 所示。硅锭再通过金刚线切割成圆形硅片，所以晶圆是圆形的。

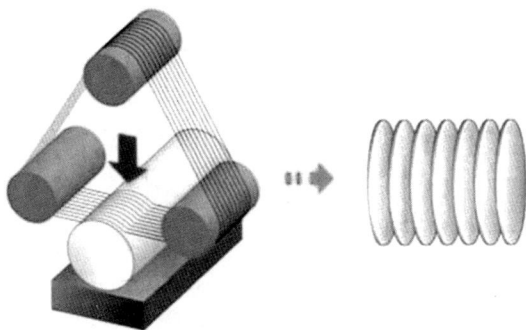

**图 2.3.8　硅锭切割成晶圆的示意图**

以晶圆的直径表示它的尺寸，现在一般为 8 英寸（200 mm）和 12 英寸（300 mm），尺寸越大的晶圆越难生产，这是因为单晶直拉法类似于边拉边旋转制作棉花糖的方法。

# 项目 3
# LED 亮灭与闪烁控制程序的设计与仿真

## 任务 1　LED 亮灭控制程序的设计与仿真

### 🔊 任务实施目标

通过任务实操和讲解,体验式学习和掌握:

1. 8 位 LED 共阴极(CC)和共阳极(CA)控制的电路结构、控制原理和控制数据;

2. 应用位和 8 位总线控制方式控制 LED 点亮与熄灭的优缺点;

3. 学会用程序框架结构构建和编写程序的思路、步骤、方法;

4. 程序调试中 // 的应用技巧和改变子程序调用顺序的不同效果;

5. 子程序结构模块化编程法的概念和优点;

6. 单片机顺序扫描工作原理,及应用其分析和构建程序的方法。

微课二维码

### 🔊 任务背景

单片机编程入门难,再难也有方法和技巧。单片机编程关键就是分析出电路实现控制功能的端口电平,写出端口位控制或 8 位总线控制的控制数据。学习单片机编程要遵循由简单到复杂的学习规律,先理解背记程序的基本框架结构和基本语法、一些典型的程序,然后修改和模仿编程,一步一个脚印,坚持 3~6 个月,一般都能学会独立分析和编写程序。LED 点亮和熄灭是单片机端口电平控制的入门案例,学习单片机编程首先从该案例开始。

### 🔊 任务探索

单片机是如何来控制 LED 点亮和熄灭的呢? 首先要分析电路,确定控制电平,再通过编程编写控制数据,实现 LED 控制。

## 3.1.1　电路结构说明与程序控制要求

### 一、电路结构说明

图 3.1.1 中的 8 位 LED 有共阴极和共阳极两种电路结构，它们的控制电平相反。

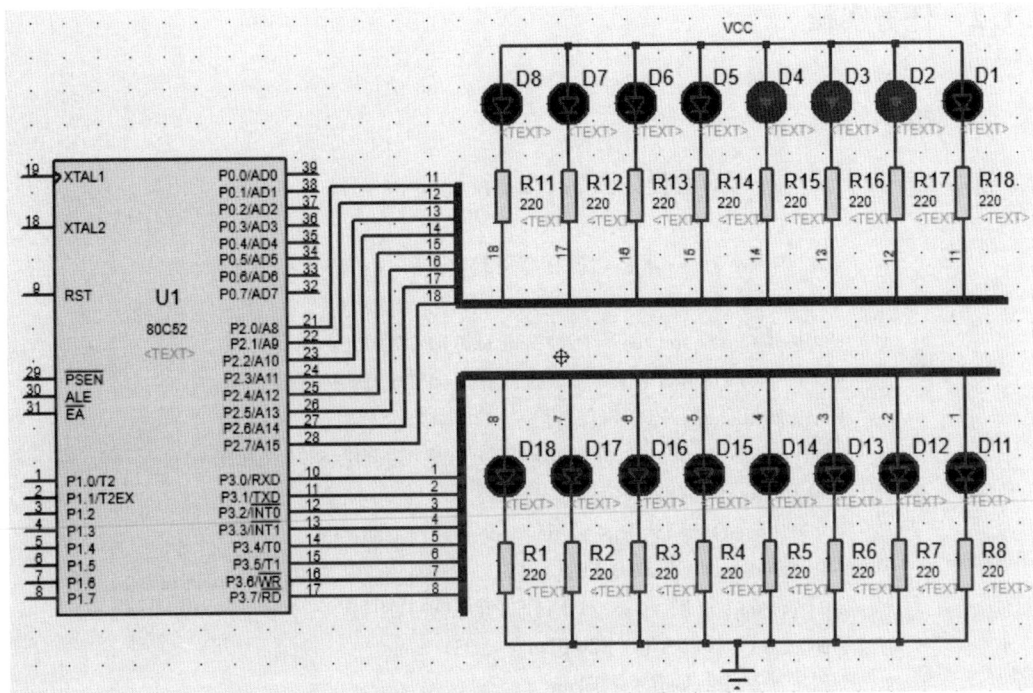

图 3.1.1　LED 亮灭仿真电路

### 1. P2 口 LED 共阳极(CA)电路

共阳极电路结构特点：发光二极管 D1～D8 正极为公共端(COM)，接+5 V(共阳极)；负极为控制端，接单片机 P2 口，低电平点亮。

采用位控制方式时，位控信号 P2.0～P2.7 为 0(低电平 0 V)，或采用总线控制方式时，端口总线控制数据 P2 为 0x00(8 位全 0 V)时，8 位 LED 点亮。位控信号 P2.0～P2.7 为 1(高电平 5 V)，或采用总线控制方式时，端口总线控制数据 P2 为 0xFF(8 位全 5 V)时，8 位 LED 熄灭。

### 2. P3 口 LED 共阴极(CC)电路

共阴极电路结构特点：发光二极管 D11～D18 负极为公共端(COM)，接地(共阴极)，正极为控制端，接单片机 P3 口，高电平点亮。

采用位控制方式时，其位控信号 P2.0～P2.7 为 1，或采用总线控制方式时，端口总线控制数据 P2 为 0xFF 时，8 位 LED 点亮。位控信号 P2.0～P2.7 为 0，或采用总线控制方式时,端口总线控制数据 P2 为 0x00(P2=0)时,8 位 LED 熄灭。

### 二、程序控制要求

(1)写出控制 P2 与 P3 口两组 8 位 LED 点亮与熄灭子程序。

(2)P2 口 LED 采用位控制,P3 口 LED 采用 8 位总线控制,便于分析比较 P2 口共阳极位控制与 P3 口共阴极总线控制的关系,以及位控制与总线控制的优缺点。

## 3.1.2  任务实操

### 一、例程

按照程序控制要求编写的例程如图 3.1.2 所示。

```
/***********LED亮灭程序*************/
#include<reg52. h>
sbit led1=P2^0;sbit led2=P2^1;sbit led3=P2^2;sbit led4=P2^3;
sbit led5=P2^4;sbit led6=P2^5;sbit led7=P2^6;sbit led8=P2^7;
void P2wkliang()//P2 口位控亮---共阳极
{led1=0;led2=0;led3=0;led4=0;led5=0;led6=0;led7=0;led8=0;}
void P2wkan()//P2 口位控暗---共阳极
  {led1=led2=led3=led4=led5=led6=led7=led8=1;}
void P3zkliang(){P3=0xFF;}//P3 口总控亮---共阴极
void P3zkan(){P3=0;}//P3 口总控暗---共阴极
void main(){while(1){P2wkliang();P3zkliang();}}
        //P2wkan();P3zkan();
```

图 3.1.2  例程

### 二、编程和仿真调试实操

#### 1.分析电路

图 3.1.1 所示控制电路中,P2 口为共阳极 8 位 LED 电路,低电平点亮、高电平熄灭;P3 口为共阴极 8 位 LED 电路,高电平点亮、低电平熄灭。可以总结的口诀为"共阳极低亮高灭、共阴极高亮低灭"。

#### 2.编程和生成 HEX 文件

按照项目 2 的方法步骤,编写或输入图 3.1.2 所示例程,根据编译错误提示修改,生成 HEX 文件。

#### 3.调试程序

程序能不能实现控制功能,参数合不合适,是否需要优化,可通过调试程序来实现,掌握调试程序的方法技巧很有必要。

　　本任务设计了6个调试内容,帮助同学们通过观察比较程序仿真运行结果,感性认识和掌握共阳极与共阴极LED控制数据的关系、位控与总线控制程序的优缺点、主程序的作用、直接写控制数据与调用子程序的优缺点、相关指令和操作的意义及应用技巧。

　　(1)主程序中不调用和调用P2与P3口亮、灭子程序,观察程序运行结果,理解主程序的作用。

　　(2)主程序中直接写P2口控制数据,实现LED点亮,同时调用P3口LED熄火子程序。观察程序运行结果,比较主程序两种写法的优缺点,理解子程序结构模块化编程法的优点。

　　(3)用//注释主程序中调用的P2与P3口亮、灭子程序,观察程序运行结果,理解注释的作用和应用技巧。

　　(4)主程序中调用P2口位控与P3口总线控制点亮子程序,比较位控与总线控制的效果与优缺点。

　　(5)主程序中调用P2口与P3口亮、灭子程序,比较共阳极与共阴极控制数据的区别。

　　(6)同时调用P2、P3口点亮与熄灭子程序,并更改点亮、熄灭子程序调用顺序,观察程序运行结果,理解单片机顺序扫描的意义,逐步树立单片机顺序扫描分析和构建程序的思维方式。

## 3.1.3　任务讲解

　　通过上面的任务,对编程和各种仿真调试实操有了感性的认识,下面进行具体讲解。

### 一、主程序与子程序及结构模块化编程方法

　　仿真调试步骤(1)和(2),主要就是演示主程序和子程序的相关知识。

　　主程序main()是单片机运行程序的入口,所有程序功能必须被主程序调用,或直接写在主程序中,才能被运行。为让主程序控制流程清晰、可读性强,建议控制功能子程序化,尽量少在主程序中直接写控制程序。

　　子程序是能完成某种操作功能,可减少重复编程的工作量,能被其他程序调用的程序段。子程序本身不能直接运行,必须在主程序中调用后才能运行。

　　把一个功能写成一个子程序,在主程序调用子程序这种编程方法称为子程序结构模块化编程法。用该方法编写的程序思路清晰、可读性和可移植性强,也非常容易查找程序错误、方便调试程序。为提高程序可读性和共享性,程序名称(含变量名称)要求能表示程序功能,如:void yanshi (uint x){while (x--);}。

### 二、//注释的意义与应用技巧

　　仿真调试步骤(3),在主程序中的某段程序前,或子程序前,采用//进行注释,可以屏蔽该段程序,使它不运行或不被调用。灵活应用//,可以给调式程序带来很多方便,提高调试效率。

### 三、位和总线控制

在仿真调试步骤(4)通过分别调用 P2 口位控和 P3 口总线控制 LED 点亮子程序,观察到两种控制方式都能实现 LED 点亮,但发现以十六进制作为端口控制数据的 8 位总线控制方式,比位控方式的程序代码少、书写方便,但要求对一个字节高低四位十六进制数的计算非常熟练。建议编程时,尽量采用用十六进制数编写端口控制数据的 8 位总线控制方式,用十六进制数编写端口控制数据。

### 四、共阳极与共阴极 LED 亮灭控制原理和编程思路

仿真调试步骤(5)形象直观地展示了共阳极与共阴极控制数据正好相反的区别。

#### 1. 共阳极与共阴极 LED 亮灭控制原理

共阴极:控制电平 = 1( +5 V),点亮;控制电平 = 0(0 V),熄灭。

共阳极:控制电平 = 0(0 V),点亮;控制电平 = 1( +5 V),熄灭。

#### 2. 编程思路

图 3.1.1 中,D1～D8 LED 负极接地(共阴极),位控信号为 P3.0～P3.7,总线控制端口为 P3。通过编程使 P3.0 = P3.1 = P3.2 = P3.3 = P3.4 = P3.5 = P3.6 = P3.7 = 1( +5 V)或 P3 = 0xFF(8 个端口全为 +5 V),相应灯点亮,反之熄灭。

D11～D18 LED 正极接 +5 V(共阳极),位控信号为 P2.0～P2.7,总线控制端口为 P2。通过编程使 P2.0 = P2.1 = P2.2 = P2.3 = P2.4 = P2.5 = P2.6 = P2.7 = 0(0 V)或 P2 = 0x00(8 个端口全为 0 V),相应灯点亮,反之熄灭。

### 五、单片机顺序扫描工作方式

仿真调试步骤(6)形象直观地演示了单片机顺序扫描的工作方式,单片机按照从上到下、从左到右的方式执行程序。当把 P2 口和 P3 口熄灭子程序放在点亮子程序的前面时,就会先执行熄灭程序,后执行点亮程序,LED 保持最后执行的点亮状态。反过来就保持最后执行的熄灭状态。

## 3.1.4  任务拓展

用总线控制方式编写程序,分别实现:D11～D18 高 4 位点亮、低 4 位熄灭;D1～D8 奇数位点亮,偶数位熄灭。

参考程序:

void lianxil( ) //D1～D8 高 4 位点亮、低 4 位熄灭;

　　　　　　//D11～D18 奇数位点亮、偶数位熄灭。

　　{P3 = 0xf0; P2 = 0x55;}

## 3.1.5  任务作业

1.说明共阳极和共阴极跑马灯电路的结构特点和控制电平。

2. 主、子程序有什么关系？调试程序时//有什么应用技巧？

3. 位控制方式与总线控制方式各有什么优缺点？

4. 什么是单片机顺序扫描工作原理？请举例说明单片机顺序扫描工作场景。

# 任务2   LED 闪烁控制程序的设计与仿真

## 🔊 任务实施目标

微课二维码

通过任务实操和讲解，体验式学习和掌握：

1. LED 闪烁的视觉原理，以及分别用赋值法、取反或逐位取反指令法，编写控制数据，实现 LED 闪烁功能的方法；

2. 延时子程序的定义、原理和应用方法；

3. for 循环、while 循环语句结构和编写延时子程序的方法。

## 🔊 任务背景

LED 点亮与熄灭的电平状态是静态的，LED 闪烁控制电平状态是动态的。LED 周期性的点亮和熄灭，其控制原理是：LED 点亮—延时保持—LED 熄灭—延时保持—LED 点亮—延时保持—LED 熄灭—延时保持……

因此实现 LED 闪烁的关键在于编写输出 LED 点亮与熄灭两种状态的控制数据及保持这两种状态的延时程序。单片机控制程序运行速度非常快，在 LED 点亮和熄灭两种状态间，必须用延时子程序来保持其点亮和熄灭状态。延时子程序的延时时间决定了 LED 的闪烁速度。

## 🔊 任务探索

LED 闪烁控制的本质是控制亮灭两种状态的交替变化，关键是实现亮灭状态的保持。单片机顺序扫描速度快，如何保持亮灭状态？用延时子程序可保持这两种状态。

## 3.2.1   电路结构说明与程序控制要求

### 一、电路结构说明

图 3.2.1 与图 3.1.1 相同，同样的电路可以通过不同的控制程序，实现不同的功能，这就是单片机编程控制的一大特点。

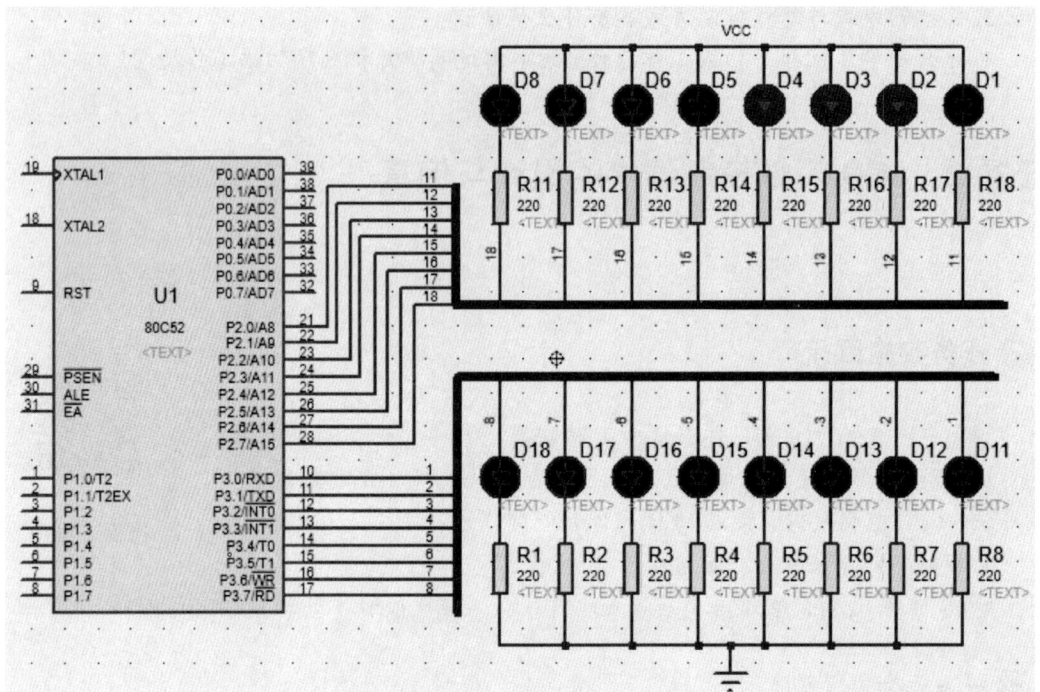

图 3.2.1　LED 闪烁仿真电路

## 二、程序控制要求

(1)采用总线控制方式,分别用直接赋值和～指令,编写两组 8 位 LED 闪烁控制程序。

(2)用 for 循环和 while 循环,分别写出固定和可变两种形式延时子程序,延时时间自定。

(3)采用子程序模块化结构,实现 P2、P3 LED 同步、异步、接力闪烁功能。

## 3.2.2　任务实操

### 一、例程

LED 闪烁例程如图 3.2.2 所示。

```
/＊＊＊＊＊＊＊＊＊＊＊LED 闪烁程序＊＊＊＊＊＊＊＊＊＊＊＊＊＊/
#include<reg52. h>
#define uchar unsigned char
#define uint unsigned int
void yanshi1( )//for 循环固定延时子程序
    {uint i;   uchar j; for(i=500;i>0;i--)for(j=0;j<110;j++);}
void yanshi2( uint x)//for 循环可变延时子程序,带形参
    {uint i;   uchar j; for(i=0;i<x;i++)for(j=110;j>0;j--);}
```

```
void yanshi4( ){uint x = 5000;while(x--);}//while 循环固定延时
void yanshi3( uint x){while(x--);}//可变延时,带形参
void P2liang( ){P2 = 0;}//P2 亮
void P2an( )  {P2 = 0xff;}//P2 暗
void P2shanshuo( ){P2 = 0;yanshi2(5000);//P2 闪烁,~逐位取反
                   P2 = ~P2;yanshi2(5000);}//位控时,可用!
void P3liang( ){P3 = 0xff;}//P3 亮
void P3an( )  {P3 = 0;}//P3 暗或{P3 = 0x00;}
void P3shanshuo( ){P3 = 0xff;yanshi2(5000);
                   P3 = ~P3;yanshi2(5000);}//P3 闪烁
               /*主程序分别调用各种子程序*/
void main( )  {P3an( );while(1){P2shanshuo( );P3shanshuo( );}}
```

图 3.2.2　例程

### 二、编程和仿真调试实操

本书每个任务的电路和编程仿真调试步骤基本一致,只是实施目标和调试要求不同,以后各任务只重点介绍新电路和调试要求。

本任务有以下几个调试步骤和要求。

仿真调试 1:分别运行 void main( ){ while(1){P2shanshuo( );}} 和 void main( ) {P2shanshuo( );while(1);},观察运行结果,直观感受 while(1)死循环的作用和单片机顺序扫描工作方式。

仿真调试 2:分别运行 while(1){P2liang( );P3liang( );yanshi1( );P2an( );P3an( ); yanshi1( );}、while(1){P2liang( );P3an( );yanshi1( );P2an( );P3liang( );yanshi1( );} 与 while(1){P2shanshuo( );P3shanshuo( );},观察和比较 P2 和 P3 口 LED 同步、异步、接力闪烁的运行效果,理解逐位取反指令的功能效果,分析产生的原因。

仿真调试 3:将 4 个延时子程序互相替换,观察运行结果,比较 for 循环和 while 循环固定和可变延时子程序的作用、调用方法及优缺点。

## 3.2.3　任务讲解

### 一、LED 闪烁编程思路

控制共阳极与共阴极 LED 闪烁编程思路是一样的,现以控制共阳极 LED 闪烁编程思路为例进行说明:D1~D8 LED 接在 P2 组端口上,首先让 P2 = 0x00,LED 点亮——调用延时子程序,LED 保持点亮——P2 = 0xff,LED 熄灭——调用延时子程序,LED 保持熄灭……

课堂练习:编写程序,分别实现 D11~D18 高 4 位和低 4 位交替闪烁;D1~D8 奇数位和偶数位交替闪烁。

参考程序：

```
void lianxi2( )//D1~D8 和 D11~D18 交替闪烁
    {P3=0xf0;P2=0x55;yanshi(2000);P3=0x0f;P2=0xaa;yanshi(2000);}
```

## 二、while(1)死循环

仿真调试 1 形象直观地展示了 while(1)的死循环特性和单片机顺序扫描工作方式。P2shanshuo( )在 while(1)死循环的里面时，可以反复执行，P2led 反复闪烁。P2shanshuo( )在 while(1)死循环的前面时，P2led 闪烁一次后，进入死循环空程序，不再闪烁。

## 三、P2 与 P3 口 LED 的同步、异步、接力闪烁

仿真调试 2 通过三种子程序的组合调用，得到了同步、异步、接力三种闪烁效果，形象直观地展示了子程序结构模块化编程方法的优点和单片机顺序扫描工作原理。

### 1.同步闪烁控制

while(1){P2liang( )；P3liang( )；yanshi1( )；P2an( )；P3an( )；yanshi1( )；}中 P2liang( )和 P3liang( )分别给 P2 和 P3 口赋点亮 LED 的控制数据，点亮 LED ——yanshi1( )延时——P2an( )和 P3an( )子程序分别给 P2 和 P3 口赋熄灭 LED 的控制数据，熄灭 LED ——yanshi1( )延时……呈现出 P2 和 P3 口 LED 同时点亮与熄灭的效果。

### 2.异步闪烁控制

while(1){P2liang( )；P3an( )；yanshi1( )；P2an( )；P3liang( )；yanshi1( )；}中 P2liang( )和 P3an( )分别点亮 P2 口和熄灭 P3 口的 LED ——yanshi1( )延时——P2an( )和 P3liang( )子程序分别熄灭 P2 口和点亮 P3 口的 LED ——yanshi1( )延时……呈现出 P2 和 P3 口 LED 交替点亮与熄灭的效果。

### 3.接力闪烁控制

while(1){P2shanshuo( )；P3shanshuo( )；}，首先执行 P2shanshuo( )，实现 P2 口 LED 闪烁功能，再执行 P3shanshuo( )，实现 P3 口 LED 闪烁功能，整体效果就是 P3 口 LED 接着 P2 口 LED 的闪烁。

## 四、延时子程序的控制原理和编程思路

单片机运行速度很快，假如其端口输出状态存在变化，则需要保持一段时间，才能被人眼观察到状态变化，这时需要用到延时子程序，常用 for 循环和 while 循环两种延时子程序。while 循环延时程序更简单，建议使用该延时程序。

### 1.延时原理

单片机执行每一条指令都需要时间，循环语句可使程序反复执行某些指令或语句，实现延时功能。

### 2.for 循环语句构成的延时子程序

```
void yanshi (uint x) //延时子程序
    {uint i;unchar j; for (i=x;i>0;i--) for (j=0;j<110;j++);}
```

（1）for循环语句的结构和循环原理

语句格式：for(表达式1;表达式2;表达式3){循环体;}

表达式1：循环变量赋初值；表达式2：循环条件，满足条件执行循环体，不满足条件退出循环；表达式3：循环变量增量。

循环原理：首先通过表达式1给循环变量赋初值——判定表达式2循环条件是否满足——满足执行循环体，不满足退出循环——每次执行一次循环，表达式3中的循环变量增加一个增量——判定表达式2循环条件是否满足——满足执行循环体，不满足退出循环——每次执行一次循环，表达式3中的循环变量增加一个增量——……

（2）for循环延时子程序分析

①两级嵌套的延时分析

例程中的for循环延时子程序是个两级嵌套的延时子程序。

for (i=x;i>0;i--)为外循环，可循环x次，每循环1次，i自减1。因为x是变量，循环值此时不确定，为变值循环。

for (j=0;j<110;j++)为内循环，固定循环110次，延时时间是固定的，为定值循环。该内循环是外循环的循环体，外循环每循环1次，内循环循环110次，外循环循环x次，总共循环110*x次。内循环循环体是空的，所以是空转延时。改变x值，就可以改变延时时间，实现不同时间的延时功能。同时可以发现采用两级嵌套，能延长延时时间。

②定值与变值延时程序

```
void yanshi1( ) //for循环定值延时子程序
    {unit i;uchar j; for (i=500;i>0;i--) for (j=0;j<110;j++);}
void yanshi2(uint x) //for循环变值延时子程序
    {unit i;uchar j; for (i=x;i>0;i--) for (j=0;j<110;j++);}
```

例程中yanshi1( )子程序的外循环参数i=500，设定了常量初值，没有设定形参，循环次数是500*110，延时时间固定，是定值延时。调用该程序时，延时时间固定不变，会给程序调试带来不便。

yanshi2( )子程序的i=x，i的初值是通过形参设定的变量，所以该延时程序是变值延时。yanshi2( )要设置形参x，在调用变值延时子程序时，可根据电路实际需求输入时间参数，使控制效果更佳优化，给程序调试带来灵活便利性。

（3）for循环指令举例

请应用for循环指令求s=1+2+3+…+99。

参考程序：

```
void lianxi3( ) //求 s=1+2+3+…+99
    {uchar j;for (j=1;j<100;j++) {s=s+j;}}。
```

分析：for (j=1;j<100;j++) {s=s+j;}

for (j=1;j<100;j++) 循环99次，j=1,2,3,4,…,99。

{s=s+j;} 循环体，s=s+j:s=0+1=1,s=1+2=3,s=3+3,…,s=s+99。

## 3. while循环延时子程序

在while(1)死循环中已经讲解过了while循环指令，现详细介绍while循环延时程序。

（1）while 循环语句的结构和循环原理

结构：while（表达式）{循环体；}

循环原理：表达式为循环条件，当条件满足，执行循环体，否则退出循环体。

（2）while(1)语法原理分析

分析 void main（）{P3shanshuo（）;while（1）{P2shanshuo（）;P3shanshuo（）;}}的程序工作原理。

分析：while(1)表示循环条件永远满足，是死循环，其意义是让循环体中的子程序 P2shanshuo（）反复执行，其外前面的程序 P3shanshuo（）只执行一次，其后 P3shanshuo（）不再执行。在单片机控制装置技能竞赛中，设备运行前，都要求进行一次设备初始化或自检，常把这些程序写在 while(1)外面的前面，来实现设备初始化和自检功能。

（3）while 延时子程序分析

void yanshi3（uint x）{while（x--）;}　//while 循环变值延时子程序

void yanshi4（）{uint x=5000;while（x--）;}　//while 循环定值延时子程序

while(1)中的 1 是常量，实际上也可以是变量，当变量条件满足，执行循环；不满足时，退出循环。

yanshi3（uint x）和 yanshi4（）分析：yanshi3（uint x）是带形参的可变延时程序，调用时必须给形参赋值，如 yanshi3（5000）相当于给 x 赋值 5000。进入 while（x--）循环程序，每循环一次，x 自减 1，执行一次空循环体，只要 x>0，就继续循环，直到 x=0，退出循环，实现延时功能。改变 x 值可以改变延时时间。yanshi4（）是定值延时子程序。

应用举例：图 3.2.3 中的 K1 为一按键开关，分析程序 void main（）{while（k1==0）{P2shanshuo（）;}}的运行效果。

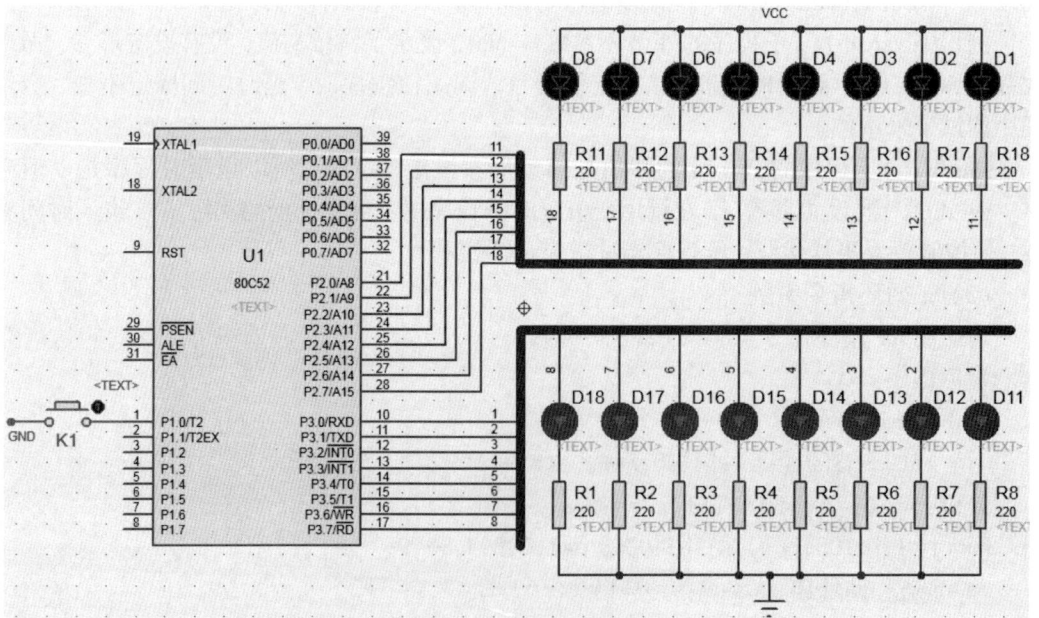

图 3.2.3　K1 检测原理图

分析：＝＝是相等的关系指令，k1＝＝1，P1.0＝1，表示按键开关K1松开，不满足循环条件，P2口LED不闪烁；如果k1＝＝0，表示按键开关K1按下，P1.0＝0，满足循环条件，P2口LED闪烁。在单片机控制装置技能竞赛中，一般会设置调试与运行两大任务。可以借鉴按键开关K1控制程序的思路，分别定义一个控制调试和运行的变量ts和yx。在while(ts){…}写调试程序，在while(yx){…}中写运行程序。当调试成功后，让ts＝0，yx＝1，即可实现题目要求。

### 五、逐位取反指令~和逻辑非指令！的应用

仿真调试3演示了~指令的功能和应用方法。~指令很容易与！指令混淆。！指令是逻辑指令，其运算口诀是"非零为0、是零为1"，如：！（10011101）＝0、！0＝1，是整体逻辑运算。~指令是位运算指令，二进制数逐位取反运算很容易，8位总线控制数据逐位取反不简单。本书总结了一个简单的计算公式：设两位十六进制数＝0xmn，~（0xmn）＝0x(15-m)(15-n)，如：~（0x9d）＝0x(15-9)(15-d)＝0x62。

## 3.2.4　任务拓展：LED点亮控制程序的设计与仿真

编程实现表3.2.1中D1~D8 LED的亮灭状态：D1点亮——→D1D2点亮——→D1D2D3点亮——→…——→D1D2D3D4D5D6D7D8点亮——→所有灯全部熄灭，点亮与熄灭时间自定，然后进入新一轮循环。

表3.2.1　控制数据真值表

| LED 亮灭状态 | | | | | | | | P3 二进制位控制数据 | | | | | | | | P3 8 位总线控制数据 |
|---|---|---|---|---|---|---|---|---|---|---|---|---|---|---|---|---|
| D8 | D7 | D6 | D5 | D4 | D3 | D2 | D1 | 3.7 | 3.6 | 3.5 | 3.4 | 3.3 | 3.2 | 3.1 | 3.0 | P3 |
| 灭 | 灭 | 灭 | 灭 | 灭 | 灭 | 灭 | 亮 | 0 | 0 | 0 | 0 | 0 | 0 | 0 | 1 | 0x01 |
| 灭 | 灭 | 灭 | 灭 | 灭 | 灭 | 亮 | 亮 | 0 | 0 | 0 | 0 | 0 | 0 | 1 | 1 | 0x03 |
| 灭 | 灭 | 灭 | 灭 | 灭 | 亮 | 亮 | 亮 | 0 | 0 | 0 | 0 | 0 | 1 | 1 | 1 | 0x07 |
| 灭 | 灭 | 灭 | 灭 | 亮 | 亮 | 亮 | 亮 | 0 | 0 | 0 | 0 | 1 | 1 | 1 | 1 | 0x0F |
| 灭 | 灭 | 灭 | 亮 | 亮 | 亮 | 亮 | 亮 | 0 | 0 | 0 | 1 | 1 | 1 | 1 | 1 | 0x1F |
| 灭 | 灭 | 亮 | 亮 | 亮 | 亮 | 亮 | 亮 | 0 | 0 | 1 | 1 | 1 | 1 | 1 | 1 | 0x3F |
| 灭 | 亮 | 亮 | 亮 | 亮 | 亮 | 亮 | 亮 | 0 | 1 | 1 | 1 | 1 | 1 | 1 | 1 | 0x7F |
| 亮 | 亮 | 亮 | 亮 | 亮 | 亮 | 亮 | 亮 | 1 | 1 | 1 | 1 | 1 | 1 | 1 | 1 | 0xFF |

参考程序：

```
void tuozhan1( ) //D1~D8 控制
    {P3=0x01;yanshi（5000）; P3=0x03;yanshi（5000）;
    P3=0x07;yanshi（5000）; P3=0x0f;yanshi（5000）;
    P3=0x1f;yanshi（5000）; P3=0x3f;yanshi（5000）;
    P3=0x7f;yanshi（5000）; P3=0xff;yanshi（5000）;}
```

## 3.2.5　任务作业

1. 写出 LED 闪烁的控制原理和编程思路。

2. 延时程序有什么功能？其延时原理是什么？比较固定和可变延时程序的应用特点。

3. 写出 for 和 while 循环的语句结构，及其各部分的含义和执行过程中的作用。

4. 分析 void main( ){ while(1){P2shanshuo( );}}和 void main( ){P2shanshuo( );while(1);}运行结果，说明运行结果不同的原因，总结 while(1)循环体内、外前后程序运行情况及其在设备初始化、自检、调试和运行中的应用技巧。

5. 按键开关 K 接在单片机端口上，分析 K 按下与松开时 while(k)程序执行情况，并比较 while(k==0)与 while(！k)、while(k==1)与 while(k)的功能、意义。

6. 分析比较下列延时程序运行结果。

```
void yanshi3(uint x) {while（x--）;}
void yanshi4( ){uint x=5000; while（x--）;}
```

7. 分析比较下列延时程序运行结果：

```
void yanshi1( ) //for 循环定值延时子程序
    {unit i;uchar j; for（i=500;i>0;i--) for（j=0;j<110;j++）;}
void yanshi2(uint x) //for 循环变值延时子程序
    {unit i;uchar j; for（i=x;i>0;i--) for（j=0;j<110;j++）;}
```

8. 比较~和！指令的区别，写出 8 位总线数据逐位取反的公式。

### ◆【课外读物】国产光刻机的发展和希望

面对美国强力打压，我国芯片产业及与之相关的高科技产业是不是前景一片黯淡，成为任人宰割的羔羊？答案绝非如此。相反，我国上了生动的一课，那就是关键技术是买不来的，只能牢牢地掌握在自己手里。

为此我国提出了一系列解决芯片卡脖子工程的战略，特别是作为国家队的中国科学院，作为世界最先进的高科技企业华为，都加入其中，鼓舞了业界，带来了希望。

我国光刻机研发和生产并非毫无基础，起步并不晚，早在 1977 年中国就已经开始并研制了国内第一台光刻机了。80 年代初期，国内半导体蓬勃发展，只是在 80 年代中后期，国内半导体开始逐渐掉队，与此同时开始有了"造不如租、租不如买"的思想。

光刻机主要可分为前道、后道和面板光刻机三类。目前市场规模最大的前道光刻机主要用于芯片制造；后道光刻机则主要用于芯片的封装，也就是把芯片用陶瓷或者树脂等封装起来。

　　目前在前道光刻机领域，主要被荷兰 ASML、日本佳能和尼康所垄断，三家厂商合计占据了约 99% 的市场份额。目前，全球最尖端的光刻机就是 ASML 的 EUV 光刻机，它可以生产小于 5 nm 的芯片晶圆。

　　而上海微电子装备集团仅能够量产 90 nm 光刻机，相差近 20 倍。也就是说，在前道制造方面，我国与海外先进工艺还存在着很大差距。但正是有上海微电子装备集团，我国才成为全球有能力生产光刻机的少数国家之一。上海微电子装备集团在后道光刻机上，技术水平已迈入国际第一梯队。

# 项目 4
# 按键开关检测控制程序的设计与仿真

## 任务 1　按键开关控制 LED 的程序设计与仿真

### 🔊 任务实施目标

通过任务实操与讲解,体验式学习和掌握:

1. 单片机 P0 口上拉电阻与 LED 限流电阻的作用;
2. 按键开关检测程序与控制程序的编程方法;
3. 按键开关去抖相关知识及编程方法;
4. 单任务和多任务按键开关控制程序的编程方法;
5. if 条件语句语法结构与应用方法。

微课二维码

### 🔊 任务背景

开关是控制系统的指令器件,是自动控制设备中的重要器件,用来实现设备启动、停止等功能。本项目将以独立和矩阵两种形式的按键开关为例,讲解其检测与控制的编程原理和方法。其他开关(包括传感器开关)的检测与控制原理和程序编写思路方法与按键开关相同,不作专门介绍。

一个开关只实现一个单一控制,称为单任务控制开关。一个开关实现多个控制,称为多任务控制开关。

开关控制分成开关检测和开关控制两个过程。当开关按下时,单片机相应端口检测到低电平,判定出哪个按键动作,接收按键指令,此过程为开关检测。单片机接收到该开关指令后,通过启动其控制程序,实现其控制功能,此过程称为开关控制过程。

开关控制程序比较复杂,将开关检测程序与控制程序分开写,可让编程思路更清晰,提高可读性和可编辑性。按键开关不能自锁,可点动控制和长动控制,长动控制需要用标志位或中间变量记忆开关检测结果,再用其代替开关指令实现控制功能。

## 任务探索

控制开关如何与单片机连接？单片机如何检测开关状态？单片机如何实现点动、长动、单任务和多任务开关控制功能？

### 4.1.1　电路结构说明与程序控制要求

#### 一、电路结构说明

按键开关 LED 控制电路如图 4.1.1 所示。

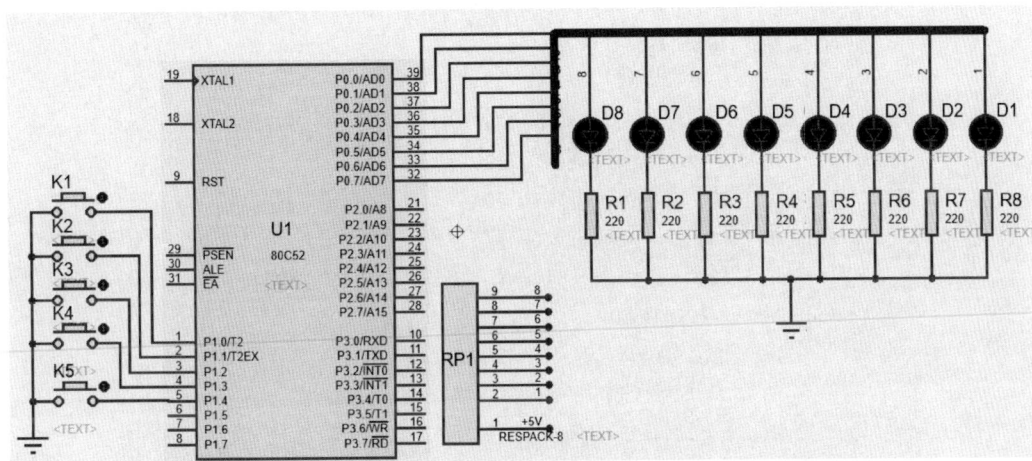

图 4.1.1　按键开关 LED 控制电路

**1. P0 组端口**

P0 外接了 D1~D8 八个共阴极的 LED，LED 高电平点亮。P0 口还外接×8 的排阻 RP1，排阻的公共端外接了+5 V 电源，这就是 P0 的上拉电阻和外接电源。

**2. P1 组端口**

P1 外接了 K1~K5 五个按键开关，开关的公共端接地，检测端依次接在 P1.0~P1.4 上。

#### 二、程序控制要求

（1）上电后，D1~D8 熄灭。

（2）按下 K1，D1 点亮；松开 K1，D1 熄灭，实现 K1 点动功能。

（3）按下 K2，D2 保持常亮；按下 K3，D2 熄灭，实现 K2、K3 长动和停止单任务功能。

（4）按下 K4，D4 保持常亮；再次按下 K4，D4 熄灭，实现按键开关 K4 多任务功能。

（5）第一次按下 K5，D5 保持常亮；第二次按下 K5，D5 熄灭，D6 保持常亮；第三次按下 K5，D7 保持常亮，D6 熄灭；第四次按下 K5，D7 熄灭，D8 保持常亮；第五次按下 K5，D8 熄灭，D5 保持常亮。

## 4.1.2 任务实操

### 一、例程

本任务例程如图 4.1.2 所示。

```
#include<reg52.h>
#define uchar unsigned char
sbit k1=P1^0;sbit k2=P1^1;sbit k3=P1^2;sbit k4=P1^3;sbit k5=P1^4;
sbit led1=P0^0;sbit led2=P0^1;sbit led3=P0^2;sbit led4=P0^3;
sbit led5=P0^4;sbit led6=P0^5;sbit led7=P0^6;sbit led8=P0^7;
bit f2,f4;    uchar cs;
void ajjc()//按键检测
    {if(k1==0){led1=1;}else led1=0;
     if(k2==0){f2=1;while(!k2);}
     if(!k3){f2=0;while(k3==0);}
     if(!k4){f4=!f4;while(!k4);}
     if(!k5){if(++cs==5)cs=0,led8=0;while(!k5);}}
void ajkz()//按键控制
    {led2=f2;led4=f4;
     if(cs==1)led5=1;
     if(cs==2){led5=0;led6=1;}
     if(cs==3)led6=0,led7=1;
     if(cs==4){led7=0;led8=1;} }
void main()
    {P0=0;while(1){ajjc();ajkz();}}
```

**图 4.1.2 例程**

### 二、编程和仿真调试实操

本任务的仿真调试内容主要有以下几点。

仿真调试1：比较 P0 接和不接排阻公共端+5 V 电源、改大 R1~R8 阻值的仿真结果，感性认识上拉电阻电路和限流电阻的作用。

仿真调试2：比较 if(cs==1)led5=1、if(cs==2){led5=0;led6=1;}和 if(cs==3)led6=0,led7=1 的不同写法。

仿真调试3：比较 if(k1==0){led1=1;}else led1=0;和 if(k2==0){f2=1;while(!k2);}程序运行结果，思考标志位与中间变量在按键检测程序中的作用。

仿真调试4：比较以下程序运行结果，学会多任务按键应用方法，理解 while(k1==

0)在按键检测程序中的作用：

（1）if(k1==0){led1=1;while(k1==0);}else led1=0;和 if(k1==0){led1=1;}else led1=0;

（2）if(! k4){f4=! f4;while(! k4);}和 if(! k4){f4=! f4;}

（3）if(! k5){if(++cs==5)cs=0,led8=0;while(! k5);}和 if(! k5){if（++cs==5)cs=0,led8=0;}

## 4.1.3　任务讲解

### 一、P0 口的上拉电阻与限流电阻的仿真讲解

#### 1. P0 口的上拉电阻的仿真讲解

仿真演示：将 RP1 的 1 脚上的外接电源 VCC 去除，观察到 D1~D8 不能点亮。

分析讲解：P0 口带负载能力小，点亮二极管，需要 5~10 mA 电流，但是 P0 口输出电流不到 1 mA，无法直接点亮，必须外接上拉电阻和外接电源，这就是 P0 口的上拉电阻。

#### 2. D1~D8 的限流电阻的仿真讲解

仿真演示：将 R1~R8 阻值改成 10 kΩ，相应的 LED 不能点亮。

分析讲解：R1~R8 为限流电阻，流过 LED 的电流小于 5 mA，LED 不能点亮。

### 二、按键开关检测程序的仿真讲解

按键开关检测程序如图 4.1.3 所示。

```
void ajjc( )//按键检测
    {if(k1==0){led1=1;}else led1=0;
     if(k2==0){f2=1;while(! k2);}
     if(! k3){f2=0;while(k3==0);}
     if(! k4){f4=! f4;while(! k4);}
     if(! k5){if(++cs==5)cs=0,led8=0;while(! k5);}}
```

图 4.1.3　按键开关检测程序

#### 1. if 条件语句的讲解

K1~K5 一端接地，为接地公共端，另一端接单片机 I/O 端口。所接端口平时为高电平，当按键按下时，单片机端口电平变为低电平，单片机会接收到按键指令。按键开关检测程序采用 if 条件语句编写：按下按键开关，单片机端口检测到低电平，用 if(k==0) 或 if(! k) 判定出来。

if 语句有 if 和 if-else 两种形式。

（1）if 条件语句

基本格式：if(条件语句){语句1;语句2;…;}。

语句功能:如果条件语句中的条件满足时,执行｛语句1;语句2;…;｝。

仿真演示和举例讲解1:图4.1.3中if(k2==0)｛f2=1;while(！k2);｝和if(！k3)｛f2=0;while(k3==0);｝说明:与while(k3==0)可以写成while(！k3)一样,if(k1==0)也可以写成if(！k1)的形式,两种写法都可以。

仿真演示和举例讲解2:仿真调试2演示了if语句的不同写法。if(cs==1)led5=1;去除了｛｝。if(cs==2)｛led5=0;led6=1;｝写成了if(cs==2)led5=0,led6=1;,去除了｛｝,并把led5=0;led6=1;中间采用的";"改成了",",表示led5=0和led6=1是一段程序,所以可以去除｛｝。

(2)if-else条件语句

if-else条件语句有下面两种形式。

①if(条件语句)｛语句1;语句2;…;｝

else｛语句a1;语句a2;…;｝

其功能含义是:如果条件语句满足,执行｛语句1;语句2;…;｝;否则执行｛语句a1;语句a2;…;｝。

仿真演示和举例讲解:如图4.1.3中的if(k1==0)｛led1=1;｝else led1=0;。

②if(条件语句1)｛语句1;语句2;…;｝

else if(条件语句2)｛语句a1;语句a2;…;｝

else if(条件语句3)｛语句b1;语句b2;…;｝

else｛语句c1 语句c2;…;｝

其功能含义是:如果条件语句1满足,执行｛语句1;语句2;…;｝;否则如果条件语句2满足,执行｛语句a1;语句a2;…;｝;否则如果条件语句3满足,执行｛语句b1;语句b2;…;｝;否则执行｛语句c1;语句c2;…;｝

**2.点动和长动按键检测程序的仿真讲解**

仿真调试3:比较if(k1==0)｛led1=1;｝else led1=0;和if(k2==0)｛f2=1;while(！k2);｝,演示按键开关的点动和长动控制。

仿真讲解1:if(k1==0)｛led1=1;｝else led1=0;是检测按键开关K1后,直接控制led1的,实现点动控制——按键按下时,led1点亮,否则熄灭。

注意:①一直强调要尽量把按键检测与控制程序分开写,K1是点动开关,是K1直接控制led1的,所以K1的检测和控制程序是无法分开写的。②这个演示程序｛｝中为什么没有while(！k1)?

仿真讲解2:if(k2==0)｛f2=1;while(！k2);｝采用标志位f2记忆K2指令,再用其在K2释放后进行控制,称为长动控制。K2不能自锁,必须用标志位或中间变量,把检测到的开关状态与指令信息保存起来,才能在按键开关松开后实现控制。图4.1.3中的f4、cs也是标志位和中间变量。请思考下:该演示程序｛｝中的while(！k2)是否可以不写?

K5是多任务按键,if(++cs==5)cs=0,led8=0;,每按一次,让中间变量cs自加1,再通过cs的计数值,控制led5~led8的点亮与熄灭,并用if语句在K5按下5次后,使cs=0和led8=0。

注意:这段程序采用不同的语法,程序体由两段程序构成,中间采用",",而非";",if语句后程序体去除了｛｝。

## 3. 单任务和多任务按键检测程序的仿真讲解

仿真调试 4 中的 K1 是一个单任务按键。K4 和 K5 是多任务按键，K4 每按一次 f4 取反，实现 led 亮灭控制。K5 每按一次 cs 自加 1，根据 cs 值实现不同控制功能。

## 4. while(k==0) 或 while(！k) 按键去抖的仿真讲解

仿真调试 4 演示了 while(！k) 的作用，实际上这是按键开关去抖程序，实现开关按下时的 while 循环，直到按键松开，程序才会继续往下执行。

按键开关为什么要去抖？开关控制是指令控制，要确保其灵敏性、可靠性和准确性。单片机开关检测的工作原理是：开关按下后，通过检测相应端口的低电平实现检测功能的。而开关是机械构件，在按下时会发生抖动，造成按下 1 次开关时，检测到多次低电平，这是绝不允许的，因此开关检测编程的重点和难点就在防抖而造成的多次检测的处理。

除了 while 去抖程序，还有种延时去抖程序，如图 4.1.4 所示。

```
if (！k2){yanshi (5000);if (！k2) fangxiang=0;}
if (！k3){yanshi (5000);if (！k3) fangxiang=1;}
```

**图 4.1.4　延时去抖程序**

其去抖原理是：第一次检测到 K2、K3 按下去后，通过延时 5~10 ms，等按键稳定之后，再一次检测 K2、K3 是不是仍保持按下状态，假如还是保持按下状态，再处理按键指令。

上述两种方法各有优缺点，可以根据自己的个人喜好选用，建议大家选用 while 去抖程序，更简单可靠些。

## 三、按键开关控制程序

按键开关控制程序如图 4.1.5 所示。

```
void ajkz()//按键开关控制
    {led2=f2;led4=f4;
    if(cs==1)led5=1;
    if(cs==2){led5=0;led6=1;}
    if(cs==3)led6=0,led7=1;
    if(cs==4){led7=0;led8=1;}  }
```

**图 4.1.5　按键开关控制程序**

图 4.1.5 所示按键开关控制程序是利用按键开关检测程序中的标志位(如 f2 和 f4)，或中间变量(如 cs)，实现 led2 和 led4~led8 的控制功能的。通过该例程，大家好好学习和体会：采用标志位和中间变量，将按键开关检测与按键开关控制两大功能写成两个子程序的方法和好处。

## 4.1.4　任务拓展：打地鼠游戏控制程序的设计与仿真

### 一、原理图

打地鼠游戏电路原理图如图 4.1.6 所示。

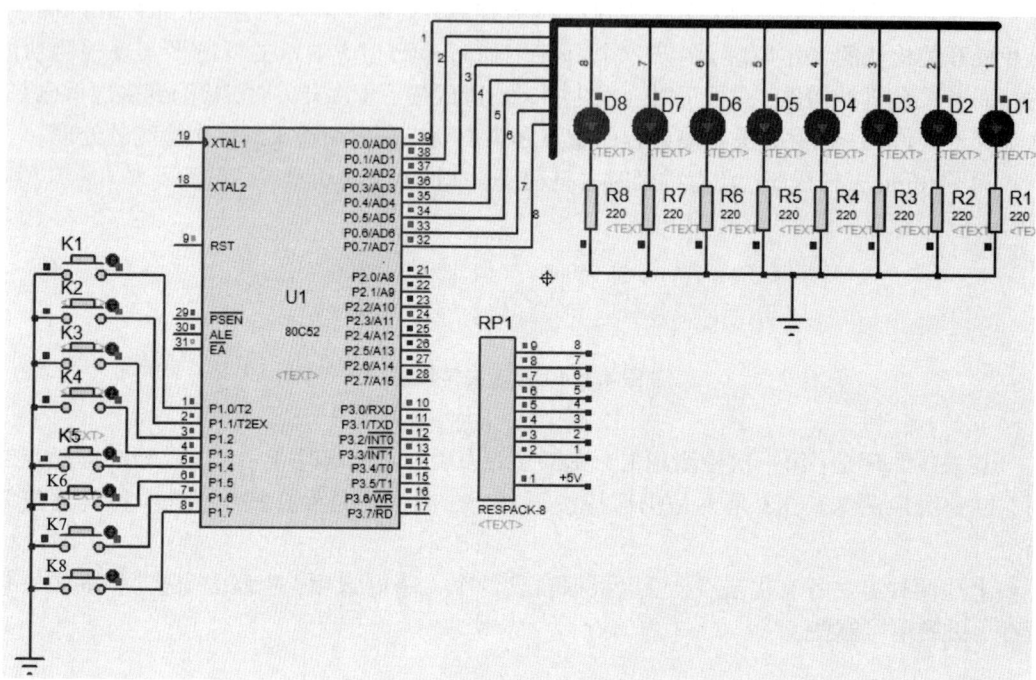

图 4.1.6　打地鼠游戏电路原理图

### 二、程序控制要求

（1）上电后，D1~D6 随机点亮一个，模拟地鼠。

（2）地鼠点亮时间可调，用 K7 和 K8 控制，K7 加速、K8 减速。

（3）用 K1~K6 模拟打地鼠，如果按下的按键数码与 D1~D6 的编码对应，表示打中地鼠，D8 点亮；否则表示没打中，D7 点亮。

### 三、例程

打地鼠游戏例程如图 4.1.7 所示。

```
#include<reg51.h>   #include<stdlib.h>
#define uchar unsigned char
#define ulint unsigned long int
sbit k1=P1^0;sbit k2=P1^1;sbit k3=P1^2;sbit k4=P1^3;
```

```
sbit k5=P1^4;sbit k6=P1^5;sbit k7=P1^6;sbit k8=P1^7;
sbit led1=P0^0;sbit led2=P0^1;sbit led3=P0^2;sbit led4=P0^3;
sbit led5=P0^4;sbit led6=P0^5;sbit led7=P0^6;sbit led8=P0^7;
uchar sh;ulint sd=10000,sd1;
void ds()//地鼠
    {sh=rand()%7;
    if(sh==1)led1=1;else led1=0; if(sh==2)led2=1;else led2=0;
    if(sh==3)led3=1;else led3=0; if(sh==4)led4=1;else led4=0;
    if(sh==5)led5=1;else led5=0; if(sh==6)led6=1;else led6=0;}
void ts()//调速度
    {if(!k7){sd=sd 1000;if(sd<1000)sd=10000;while(!k7);}
    if(!k8){sd=sd+1000;if(sd>10000)sd=1000;while(!k8);}}
void dds()//打地鼠
    {if(!k1){if(sh==1)led8=1,led7=0;
            else led8=0,led7=1;while(!k1);led8=led7=0,sd1=0;}
    if(!k2){if(sh==2)led8=1,led7=0;
            else led8=0,led7=1;while(!k2);led8=led7=0,sd1=0;}
    if(!k3){if(sh==3)led8=1,led7=0;
            else led8=0,led7=1;while(!k3);led8=led7=0,sd1=0;}
    if(!k4){if(sh==4)led8=1,led7=0;
            else led8=0,led7=1;while(!k4);led8=led7=0,sd1=0;}
    if(!k5){if(sh==5)led8=1,led7=0;
            else led8=0,led7=1;while(!k5);led8=led7=0,sd1=0;}
    if(!k6){if(sh==6)led8=1,led7=0;
            else led8=0,led7=1;while(!k6);led8=led7=0,sd1=0;}}
void yanshi(ulint x){while(--x)dds();}
void main(){P0=0;while(1){ds();ts();sd1=sd;yanshi(sd1);}}
```

图4.1.7　打地鼠游戏例程

## 4.1.5　任务作业

1. 开关有什么作用？什么是单任务和多任务开关？
2. 按键开关如何实现长动控制？
3. 写出 if、if-else 条件语句结构、各部分意义和功能。
4. 按键去抖有什么作用？写出 while 和延时去抖程序。
5. 在按键开关控制程序中，while(!k)有什么作用？在什么按键开关控制情况下，必须写该段程序？
6. rand()是什么函数？有什么功能？包含在什么头文件中？
7. 比较下列程序写法的区别：
if(cs==2){led5=0;led6=1;}、if(cs==3)led6=0,led7=1;和 if(cs==4){led7=0;led8=1;}。

## 任务 2　矩阵开关 LED 控制程序的设计与仿真

### 🔊 任务实施目标

通过任务实操与讲解,体验式学习和掌握:

1. 矩阵开关原理图和接线方法技巧。
2. 矩阵开关行列编码方法及检测原理。
3. 根据矩阵开关行列编码和检测原理,编写检测码和检测程序的方法技巧。
4. 根据检测的键值,编写矩阵开关控制程序的方法技巧。
5. 将按键数字构成一组数值或字符串,并左移或删除的编程方法和技巧。

微课二维码

### 🔊 任务背景

独立开关是一个开关接一个单片机端口,P3 端口为 8 位,最多接 8 个独立开关。图 4.2.1 采用矩阵开关,8 个端口分成 4 行×4 列,可以接 16 个开关,所以矩阵开关的端口利用率高于独立开关,在需要多个开关控制的任务中,采用矩阵开关,可节约端口资源。

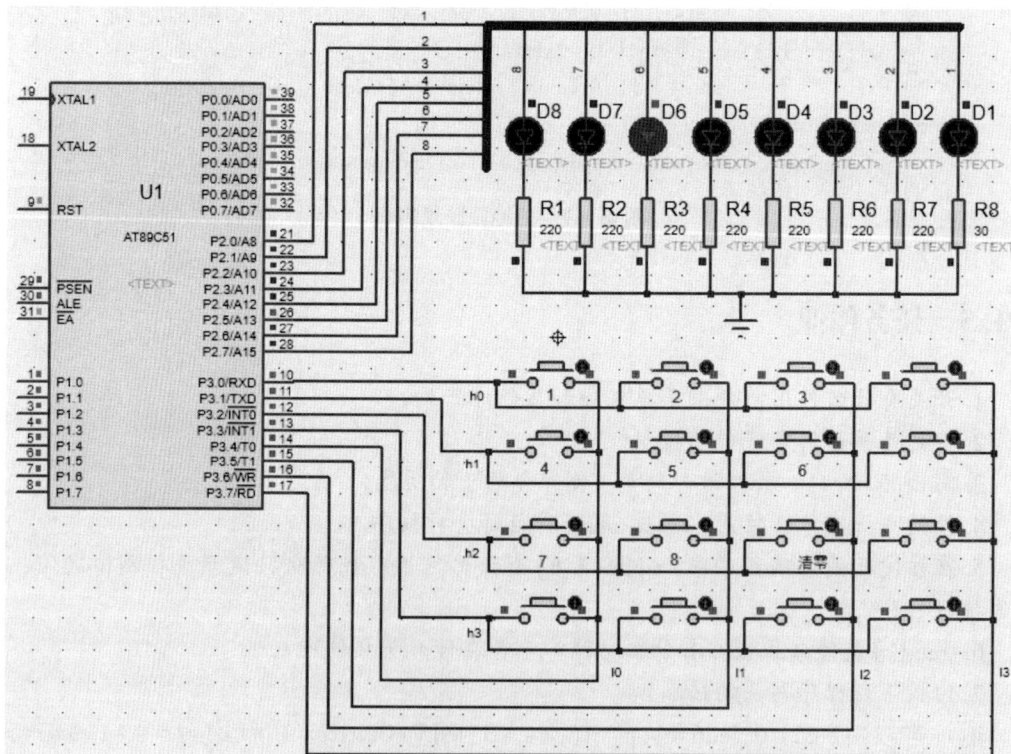

图 4.2.1　矩阵开关 LED 控制电路

## 🔊 任务探索

独立开关是一端接地、另一端接单片机端口的，单片机靠检测端口电平检测开关指令。矩阵开关一端接在单片机行线端口上，另一端接在列线端口上，开关两端都是接在单片机端口上，如何被单片机检测？

## 4.2.1 电路结构说明与程序控制要求

### 一、电路结构说明

#### 1. P2 组端口

P2 组端口连接了 D1~D8 八个共阴极的 LED，LED 高电平点亮。

#### 2. P3 组端口

P3 组端口连接了 16 个按键开关，这 16 个开关排成 4×4 矩阵（h0~h3：4 行，l0~l3：4 列），所以称为矩阵开关。

### 二、程序控制要求

本程序的控制要求如下：

（1）编写 3×3 共 9 个矩阵开关 LED 控制程序。

（2）9 个按键开关分别是 h0~h2、l0~l2 交会的按键开关，其编号如图 4.2.1 中的"1~8、清零"所示。

（3）按下 1~8 号按键，D1~D8 LED 依次点亮，按下"清零"按键，LED 熄灭。

## 4.2.2 任务实操

### 一、例程

矩阵开关 LED 控制例程如图 4.2.2 所示。

```
#include<reg52.h>
#define uchar unsigned char
sbit h0=P3^0;sbit h1=P3^1;sbit h2=P3^2;sbit h3=P3^3;
sbit l0=P3^4;sbit l1=P3^5;sbit l2=P3^6;sbit l3=P3^7;
uchar ajjc()//按键检测
    {uchar k;h0=h1=h2=l0=l1=l2=1;
    h0=0;if(l0==0)k=1;else if(l1==0)k=2;else if(l2==0)k=3;
    h0=1;h1=0;if(l0==0)k=4;else if(l1==0)k=5;else if(l2==0)k=6;
    h1=1;h2=0;if(l0==0)k=7;else if(l1==0)k=8;else if(l2==0)k=9;
```

```
        h0=h1=h2=l0=l1=l2=1;return k;}
void ajkz()//按键控制
    {if(ajjc()==1)P0=0x01;else if(ajjc()==2)P0=0x02;
    else if(ajjc()==3)P0=0x04;else if(ajjc()==4)P0=0x08;
    else if(ajjc()==5)P0=0x10;else if(ajjc()==6)P0=0x20;
    else if(ajjc()==7)P0=0x40;else if(ajjc()==8)P0=0x80;
    else if(ajjc()==9)P0=0x00;}
void main(){P0=0;while(1){ajjc();ajkz();}}
```

**图 4.2.2　矩阵开关 LED 控制例程**

图 4.2.2 所示矩阵开关 LED 控制例程同样分成按键检测 ajjc() 与按键控制 ajkz() 两个子程序，ajjc() 使用变量 k 记录所判定出的按键编码，再使用 if 语句判定所检测出的 k 值编写按键控制程序 ajkz()。

## 二、编程和仿真调试实操

本任务的重难点是设计矩阵开关电路和编写检测程序，所以本仿真调试实操的主要内容是如何设计、分析矩阵开关电路和编写其检测程序。

### 1. 设计仿真电路

设计图 4.2.1 所示矩阵开关仿真电路时，重点关注其行列线的画法：4 行 h0~h3 分别接 P3.0~P3.3；4 列 l0~l3 分别接 P3.4~P3.7。

### 2. 矩阵开关检测原理

矩阵开关两端都接在单片机端口上，其检测方法是：拉低开关一端的电平，同时检测开关另一端的电平是否为低电平，有"逐行拉低电平逐列检测"或"逐列拉低电平逐行检测"两种方式。弄懂矩阵开关检测原理，对理解和编写矩阵开关检测程序非常重要。要弄懂图 4.2.3 所示矩阵开关检测原理，第一就要根据单片机端口，分析出行列线。第二就是

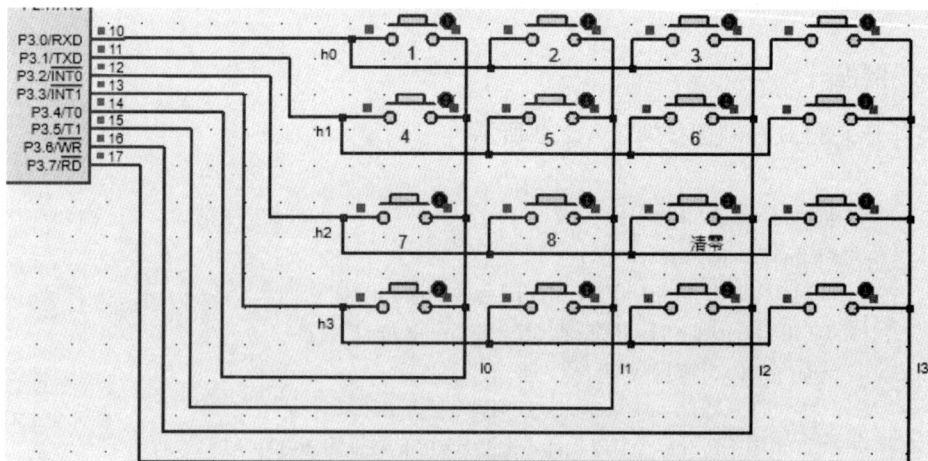

**图 4.2.3　矩阵开关检测原理**

要弄懂"逐行拉低电平逐列检测或逐列拉低电平逐行检测"两种检测方法。第三就是要理解矩阵开关"位于行列低电平交会处的按键开关状态是被按下的"的检测原理。

### 3. 矩阵开关检测程序

矩阵开关检测原理相同，但程序有多种写法，有的程序很复杂很长，让很多初学者很难理解和接受。本任务矩阵开关检测程序是位控矩阵开关检测程序，非常容易被理解和接受，如图 4.2.4 所示。

```
uchar ajjc()//按键检测
   {uchar k;h0=h1=h2=l0=l1=l2=1;
    h0=0;if(l0==0)k=1;else if(l1==0)k=2;else if(l2==0)k=3;
    h0=1;h1=0;if(l0==0)k=4;else if(l1==0)k=5;else if(l2==0)k=6;
    h1=1;h2=0;if(l0==0)k=7;else if(l1==0)k=8;else if(l2==0)k=9;
    h0=h1=h2=l0=l1=l2=1;return k; }
```

**图 4.2.4　矩阵开关检测程序**

注意这是个定义了 uchar 数据类型的实函数，非空函数。函数中的 k 值通过程序中"return k;"返回给了函数，在控制程序中可直接调用其函数值，如"if(ajjc()==1) P2=0x01;"。

大家在编写检测程序时，请重点思考：如何根据所定义的行列端口线和"逐行拉低电平逐列检测"的检测原理，编写检测按键码的开关检测程序 ajjc()？

### 4. 仿真调试

仿真调试 1：逐行拉低电平时，观察 h0~h2 低电平蓝色点扫描移动的效果，以及某列检测到低电平时的低电平行列交会处开关的状态，并分析开关检测与判定原理。

仿真调试 2：将本例程带返回值的实函数改成空函数，通过对比仿真，观察运行效果，感性直观地理解带返回值实函数的特点和应用方法。

仿真调试 3：仿真运行矩阵开关的简化程序，通过观察对比仿真效果，感性直观理解简化程序结构和书写方法。

## 4.2.3　任务讲解

### 一、矩阵开关检测程序的仿真讲解

#### 1. 仿真调试 1 的讲解

通过仿真调试 1 观察到该按键检测程序 ajjc() 采用了"逐行拉低 h0~h2 电平、逐列检测 l0~l2 列线"的方法，具体检测步骤是：先将所有行线置高电平"h0=h1=h2=1;"。再拉低 h0 行线"h0=0;"，同时用 if 语句逐列检测"if(l0==0)k=1;else if(l1==0)k=2;else if(l2==0)k=3;"，当某列端口为低电平时，行列交会处的按键开关处于按下状态，如"h0=0;if(l0==0)k=1;"。再拉高 h0 电平，拉低 h1 电平"h0=1;h1=0;"，跟上次一样逐列检测……

该按键检测程序是带返回值的实函数,通过"return k;"返回所判定出的键值 k。详细的编程思路是:

先定义了行列端口、uchar 数据类型的带返回值的实函数:

sbit h0=P3^0;sbit h1=P3^1;sbit h2=P3^2;sbit h3=P3^3;

sbit l0=P3^4;sbit l1=P3^5;sbit l2=P3^6;sbit l3=P3^7;

然后在函数内部定义了一个局部变量 k,用 k 来记录所检测到的按键开关码。

uchar ajjc( ) //按键检测

{uchar k;h0=h1=h2=l0=l1=l2=1;

课堂练习 1:请采用"逐列拉低电平逐行检测"方法,编写 3×3 矩阵开关检测程序,并仿真运行。

课堂练习 2:将 l0~l3 接到 P1.0~P1.3,编写(h2~h3)×(l1~l2)的 2×2 矩阵开关检测程序,并仿真运行"逐列拉低电平逐行检测"的程序,做到举一反三、灵活应用。

**2.仿真调试 2 的讲解**

由 ajjc( )实函数改成的 ajjc1( )空函数如图 4.2.5 所示。

```
void ajjc1( )//按键检测空函数
    {h0=h1=h2=l0=l1=l2=1;
    h0=0;if(l0==0)k1=1;else if(l1==0)k1=2;else if(l2==0)k1=3;
    h0=1;h1=0;if(l0==0)k1=4;else if(l1==0)k1=5;else if(l2==0)k1=6;
    h1=1;h2=0;if(l0==0)k1=7;else if(l1==0)k1=8;else if(l2==0)k1=9;
    h0=h1=h2=l0=l1=l2=1;}
```

图 4.2.5 由 ajjc( )实函数改成的 ajjc1( )空函数

仿真调试 2 演示了按键检测实函数与空函数的区别和相同之处,修改的关键是:将检测程序定义为空函数,将中间变量 k 定义为全局变量 k1,用 k1 代替 ajjc( )。

**3. ajjc( )的简化程序**

ajjc( )的优点是编程思路非常直观、清晰、简单,容易理解和记忆,把它写成图 4.2.6 所示简化形式,程序代码还少一些。

```
uchar key_get ( ) {uchar k;
l0=l1=l2=l3=h0=h1=h2=h3=1;
h0=0; k=l0==0? 7:l1==0? 8:l2==0? 9:l3==0? 0xf:k; h0=1;
h1=0; k=l0==0? 4:l1==0? 5:l2==0? 6:l3==0? 0xe:k; h1=1;
h2=0; k=l0==0? 1:l1==0? 2:l2==0? 3:l3==0? 0xd:k; h2=1;
h3=0; k=l0==0? 0xa:l1==0? 0:l2==0? 0xb:l3==0? 0xc:k; h3=1;
return k;    }
```

图 4.2.6 位控矩阵开关检测简化程序

这个程序与 ajjc( ) 的区别就是逐列检测的写法：ajjc( ) 用 if 语句判定，该程序用"k = l0 = =0? 7:l1 = =0? 8:l2 = =0? 9:l3 = =0? 0xf:k;"语句判定，功能与 if 语句相同。

上述判定语句初看不符合语法，不能理解。这么去阅读程序，就很容易理解：k 可能等于 7、8、9、0xf，当列线 l0~l3 电平分别等于 0 时，k 等于相应键值 7、8、9、0xf，最后用 k 结束该判定语句。

### 三、矩阵开关控制程序与主程序

矩阵开关控制程序与主程序如图 4.2.7 所示。

```
void ajkz( )//按键控制
    {if( ajjc( ) = =1)P0=0x01;else if( ajjc( ) = =2)P0=0x02;
    else if( ajjc( ) = =3)P0=0x04;else if( ajjc( ) = =4)P0=0x08;
    else if( ajjc( ) = =5)P0=0x10;else if( ajjc( ) = =6)P0=0x20;
    else if( ajjc( ) = =7)P0=0x40;else if( ajjc( ) = =8)P0=0x80;
    else if( ajjc( ) = =9)P0=0x00;}
void main( ){P0=0;while(1){ajjc( );ajkz( );}}
```

**图 4.2.7　矩阵开关控制程序与主程序**

本例程中的按键控制程序是调用了带返回值的按键检测程序 ajjc( )，根据其返回的 k 值控制 P0 端口的 LED。P0 端口采用总线控制方式。主程序调用非常简单，就不再分析。

## 4.2.4　任务拓展：简易密码锁控制程序的设计与仿真

### 一、原理图

简易密码锁仿真电路原理图如图 4.2.8 所示。

### 二、程序控制要求

(1)上电时，P0~P2 所有端口为低电平。

(2)采用 3×4 矩阵开关，分别表示输入 0~9 个数码、取消和确认按键：按数码按键时，输入密码，每输入一位数码后，原数码向高位移一位；按取消键时，删除最近输入的数码；按确认键时，判断输入密码与原始密码是否相等。

(3)本密码最多输入 6 位数码。

(4)P0~P2 每组端口分成高低 4 位，每 4 位用 8421 码控制 LED，用 LED 来显示已经输入密码的值。

(5)P0~P2 端口的 LED 依次显示了高位至低位的密码。

(6)当输入密码与初始密码相等时，P0~P2 所有 LED 点亮，表示开锁成功。

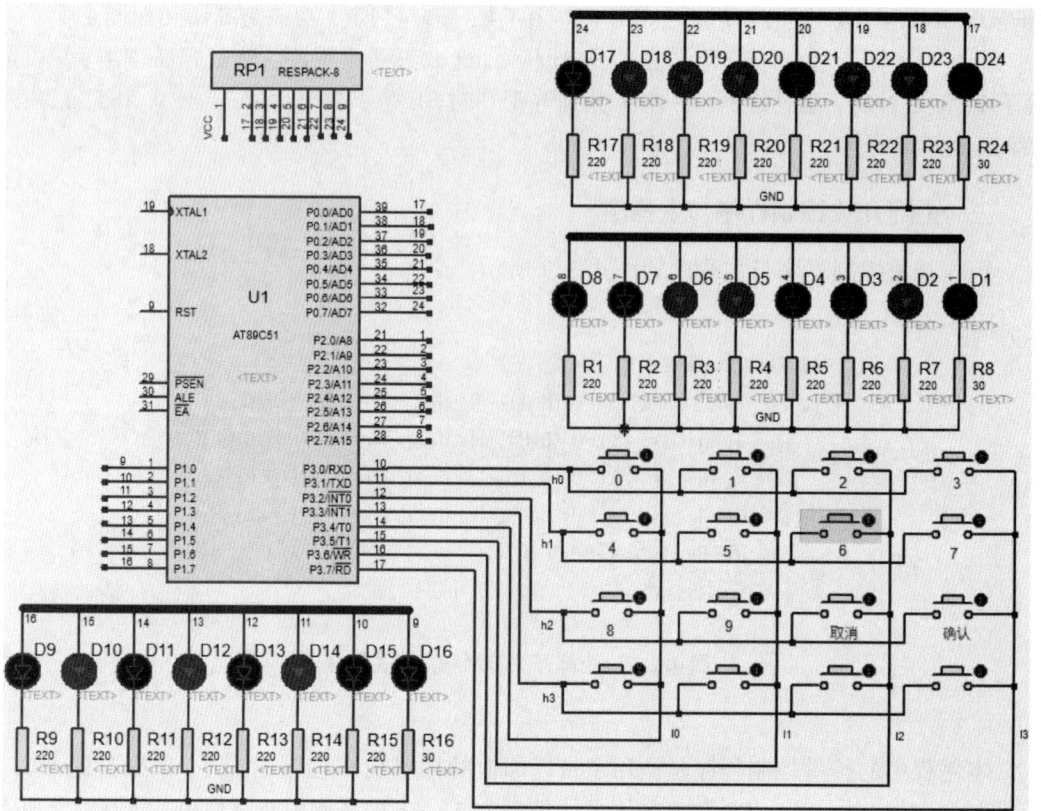

图 4.2.8 简易密码锁仿真电路原理图

## 三、例程

简易密码锁控制例程如图 4.2.9 所示。

```
#include<reg52. h>
#define uchar unsigned char
#define ulint unsigned long int
sbit h0＝P3^0;sbit h1＝P3^1;sbit h2＝P3^2;sbit h3＝P3^3;
sbit l0＝P3^4;sbit l1＝P3^5;sbit l2＝P3^6;sbit l3＝P3^7;
uchar k＝16,a5,a4,a3,a2,a1,a0;   ulint n,mima＝123456,srmima;
void ajjc( )//按键检测
{h0＝h1＝h2＝l0＝l1＝l2＝l3＝1;
h0＝0; if(！l0)k＝0;else if(！l1)k＝1;else if(！l2)k＝2;else if(！l3)k＝3;
h0＝1;h1＝0;if(！l0)k＝4;else if(！l1)k＝5;else if(！l2)k＝6;else if(！l3)k＝7;
h1＝1;h2＝0;if(！l0)k＝8;else if(！l1)k＝9;else if(！l2)k＝10;else if(！l3)k＝11;h0＝h1＝h2＝l0＝
l1＝l2＝l3＝1;}
```

```
void ajkz( )//按键控制
  {if(k! = 16){if((k>=0)&&(k<=9)){a5=a4;a4=a3;a3=a2;a2=a1;a1=a0;a0=k;
    //k=0~9：输入数码，送数顺序不能反，也不能错误
                    P1=a1*16+a0;P2=a2+a3*16;P0=a4+a5*16;}
        if(k==10){a0=a1,a1=a2,a2=a3,a3=a4,a4=a5,a5=0;
                    P1=a1*16+a0;P2=a2+a3*16;P0=a4+a5*16;}
    //k=10：删除数码，送数顺序不能反，也不能错误
        if(k==11){srmima=a5*100000+a4*10000+a3*1000+a2*100+a1*10+a0;
            a5=a4=a3=a2=a1=a0=0;P0=P1=P2=0;}//k=11：确认密码
            n=60000;while(--n);k=16;}
        if(srmima==mima)P0=P1=P2=0xff;}
void main( ){P0=P1=P2=0;while(1){ajjc( );ajkz( );}}
```

**图 4.2.9　简易密码锁控制例程**

## 四、例程讲解

该例程有以下几个新的知识技能点。

### 1. 无符号的长整数

无符号长整数为 32 位 $0\sim(2^{32}-1)$ 的整数，用 unsigned long int 表示，例程中宏定义符号为 ulint。输入的密码 srmima、设置的密码 mima(123456)、延时参数 n 都超过了 16 位的无符号整数 65535，必须用无符号长整数来定义这些参数的类型。

### 2. 键码初值

该例程开关检测程序采用了空函数，用全局变量 k 记录开关检测结果。由于开关编码有 0，所以 k 的初值不能为 0，本例程 k 的初值为 16。

### 3. 输入和显示密码

按键 0~9 是输入 0~9 数码的按键开关，每输入一个数码，都需要通过 P1P2P0 上的 LED 显示出来。输入和显示密码程序如图 4.2.10 所示。

```
if(k! = 16){if((k>=0)&&(k<=9)){a5=a4;a4=a3;a3=a2;a2=a1;a1=a0;a0=k;
    //k=0~9：输入数码，送数顺序不能反，也不能错误
                    P1=a1*16+a0;P2=a3*16+a2;P0=a5*16+a4;}
```

**图 4.2.10　输入和显示密码程序**

这段程序讲解如下：if(k! = 16)表示有按键按下；if((k>=0)&&(k<=9))表示按下的按键是 0~9 号按键；用 a5a4a3a2a1a0 保存按键所输入的密码，每输入一个数码，需要把原数码往高位移一位，同时把新数码存入最低位"a5=a4;a4=a3;a3=a2;a2=a1;a1=a0;a0=k;"；然后分别把 a1a0、a3a2、a5a4 整合为一个整体数值，在 P1P2P0 上显示出来。

### 4.删除新输入数码

按下 10 号键(k=10)时,会删除新输入数码,先前输入的数码都会右移一位:

$$if(k==10)\{a0=a1,a1=a2,a2=a3,a3=a4,a4=a5,a5=0;$$
$$P1=a1*16+a0;P2=a2+a3*16;P0=a4+a5*16;\}$$

### 5.确认输入密码

按下 11 号键(k=11)时,是确认输入密码。密码锁能不能打开的关键就是输入密码必须等于设置密码,为了与设置密码进行比较,需把输入六个数码 a5a4a3a2a1a0 组合成一个完整的六位数。

$$if(k==11)\{srmima=a5*100000+a4*10000+a3*1000+a2*100+a1*10+a0;$$
$$a5=a4=a3=a2=a1=a0=0;P0=P1=P2=0;\}$$

### 6.开锁控制

当 srmima 与设置密码相等时,开锁。

$$if(srmima==mima)P0=P1=P2=0xff;\}$$

### 7.延时防抖与键值 k 复位

通过延时,可以确保每按一次按键开关,按键检测程序只执行一次。通过键值复位,也可确保每完成一次按键检测程序,k 能复位初值 16"n=60000;while(--n);k=16;"。

## 4.2.5 任务作业

1.单片机采用矩阵开关有什么优点?矩阵开关数量与矩阵端口行列线数有什么关系?

2.矩阵开关检测原理是什么?有几种检测方式?

3.画出用 P0.5~P0.7 和 P1.0~P1.1 分别控制列线 l0~l3 和行线 h0~h1 的 3×2 位控矩阵开关接线图。

4.比较带返回值的实函数与不带返回值的空函数之间的异同关系?如何实现它们之间的转换?

5.将"k=l0==0? 7:l1==0? 8:l2==0? 9:l3==0? 0xf:k;"语句转换成 if 语句。

6.无符号长整数有多少位?其符号和取值范围为多少?

7.简易密码锁控制例程中按键码参数 k 为什么要赋非 0 初值?相较本任务例程,为什么要用"n=60000;while(--n);k=16;"程序?

8.简易密码锁控制例程如何实现按键输入低位数字、原数码左移,及按键清除新输入数码、原数码右移?

9.简易密码锁控制例程如何将 2 个 BCD 码拼成高低四位 BCD 码?如何将 6 个单个数码拼成 6 位完整数值?

## ◆ 【课外读物】芯片的生产过程

芯片的生产过程分为 10 个阶段，如图 4.2.11~图 4.2.20 所示。

## 第一阶段

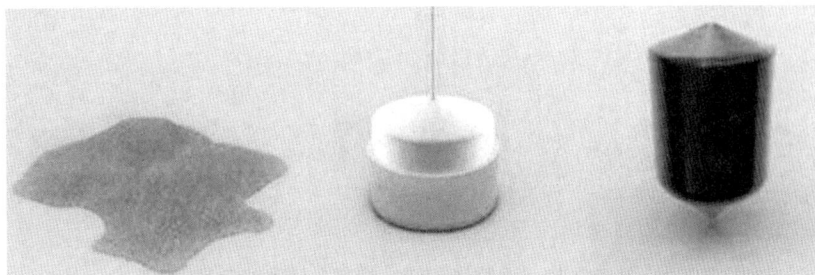

**图 4.2.11 沙子($SiO_2$)—硅熔炼—单晶硅锭**

单晶硅锭：整体基本呈圆柱形，重约 100 kg，硅纯度 99.9999%。

## 第二阶段

**图 4.2.12 硅锭切割—晶圆**

硅锭切割：硅锭横向切割成圆形的单个硅片，也就是我们常说的晶圆（wafer），晶圆为什么都是圆形的原因就在这。

## 第三阶段

**图 4.2.13 涂胶—光刻—晶体管**

涂胶：在晶圆旋转过程中，把光刻胶液体非常薄地平铺在晶圆上。

光刻：掩膜上印着预先设计好的电路图案，紫外线（UV）透过它投射到光刻胶上，使晶圆上得到电路图案。光刻对象是纳米级的晶体管，一块晶圆上可以切割出数百个处理器（一个针头上就能放下大约 3000 万个晶体管），现以其中一个晶体管为例讲解下面的步骤。

## 第四阶段

图 4.2.14　溶解光刻胶—蚀刻—清除光刻胶

溶解光刻胶：光刻过程中曝光在紫外线下的光刻胶被溶解掉，清除后留下的图案和掩膜上的一致。

蚀刻：使用化学物质溶解掉暴露出来的晶圆部分，而剩下的光刻胶保护着不应该蚀刻的部分。

清除光刻胶：蚀刻完成后，光刻胶的使命宣告完成，全部清除后就可以看到设计好的电路图案。

## 第五阶段

图 4.2.15　刻胶—离子注入—清除光刻胶

刻胶：再次浇上光刻胶，然后光刻，并洗掉曝光的部分，剩下的光刻胶还是用来保护不会离子注入的那部分材料。

离子注入（ion implantation）：在真空系统中，把经过电场加速（速度高达 30 万 km/h）的掺杂离子注入固体材料，改变被注入区域的导电性。

清除光刻胶：离子注入完成后，光刻胶被清除，而注入区域已掺杂，注入了不同的离子。

## 第六阶段

图 4.2.16 晶体管就绪—电镀—铜层就绪

晶体管就绪：至此，晶体管已经基本完成。在绝缘材料上蚀刻出三个孔洞，并填充铜，以便和其他晶体管互连。

电镀：在晶圆上电镀一层硫酸铜，将铜离子沉淀到晶体管上。铜离子会从正极(阳极)走向负极(阴极)。

铜层就绪：电镀后，铜离子沉积在晶圆表面，形成薄薄的铜层。

## 第七阶段

图 4.2.17 抛光—金属连接层

抛光：将多余的铜抛光掉，也就是磨光晶圆表面。

金属连接层：芯片表面看起来非常光滑，事实上可能包含20多层复杂的电路，形如多层高速公路系统。

## 第八阶段

图 4.2.18 晶圆测试—晶圆切片—丢弃瑕疵内核

晶圆测试：图4.2.18中是晶圆的局部，正在接受第一次功能性测试，使用参考电路图案和每一块芯片进行对比。

晶圆切片：晶圆级别，300 mm/12英寸。将晶圆切割成块，每一块就是一个处理器的内核。

丢弃瑕疵内核：测试过程中发现的有瑕疵的内核被抛弃，留下完好的准备进入下一步。

## 第九阶段

图4.2.19 切割单个内核—封装—产品(以 Core i7 内核为例)

封装：衬底、内核、散热片堆叠，形成图示处理器芯片。

## 第十阶段

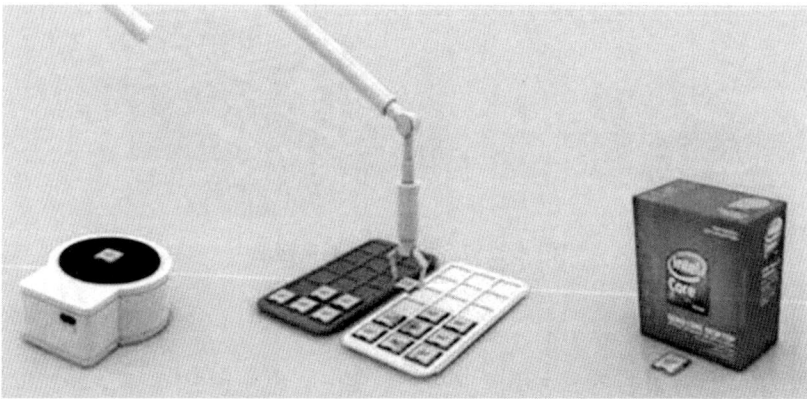

图4.2.20 等级测试—装箱—零售包装

等级测试：最后一次测试出每一颗处理器的关键特性，比如最高频率、功耗等，并决定处理器的等级。

装箱：根据等级测试结果将同样级别的处理器放在一起装运。

零售包装：制造、测试完毕的处理器要么批量交付给 OEM 厂商，要么放在包装盒里进入零售市场。

# 项目 5

# 跑马灯控制程序的设计与仿真

## 任务 1 　移位指令与循环函数控制跑马灯的程序设计与仿真

### 🔊 任务实施目标

通过任务实操和讲解，体验式学习和掌握：

1. 跑马灯的概念、控制原理，速度与方向设置参数；

2. 用位和 8 位总线控制方式编写跑马灯控制数据的编程思路和
方法；

微课二维码

3. 移位指令和循环函数的符号、功能，及在跑马灯控制等方面的应用方法和技巧；

4. 比较两种跑马灯控制程序的异同和优缺点。

### 🔊 任务背景

　　一组指示灯依次点亮和熄灭，呈现出跑动或流水的观感，把这一组指示灯称为跑马灯
又称流水灯。跑马灯程序是单片机顺序扫描工作方式的典型案例，深刻理解跑马灯编程思
路和编程方法，将为显示等复杂控制程序的分析和编写打下入门基础。

　　实现跑马灯功能的程序有很多。不管哪种方法，编程控制原理都是一样的：按照跑马
灯控制流程编写控制数据，程序运行时循环执行输出控制数据—延时—输出控制数据—延
时……

　　现要求应用已经掌握的位和 8 位总线控制方式，编写如图 5.1.1 所示电路的跑马灯控
制程序，控制要求如下：(1) 跑马灯方向：两组跑马灯方向都是低位—高位 (右—左)。
(2) 跑马灯速度：自定。(3) 控制方式：P0 组用位控制方式，P3 组用总线控制方式。

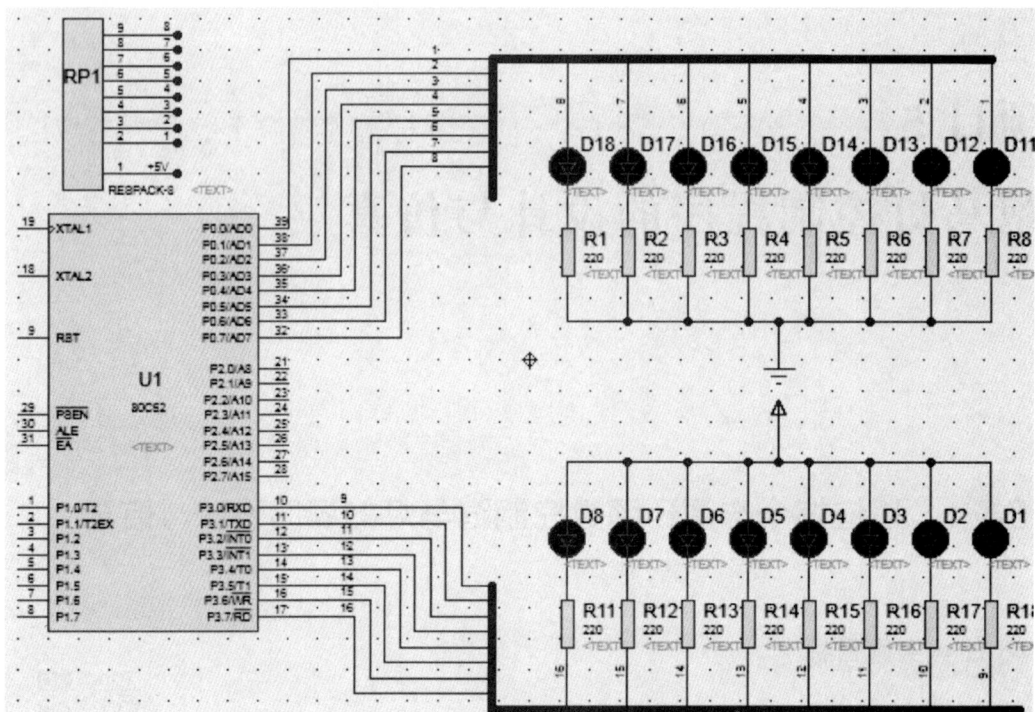

图 5.1.1　位和总线控制跑马灯电路

```
#include<reg52. h>
#define uchar unsigned char
#define uint unsigned int
sbit led1 = P0^0;sbit led2 = P0^1;sbit led3 = P0^2;sbit led4 = P0^3;
sbit led5 = P0^4;sbit led6 = P0^5;sbit led7 = P0^6;sbit led8 = P0^7;
void yanshi( uint x) {while( --x) ; }
void main( )
{while( 1 )
  {led1 = 1;led2 = led3 = led4 = led5 = led6 = led7 = led8 = 0;P3 = 0xfe;yanshi( 5000) ;
  led2 = 1;led1 = led3 = led4 = led5 = led6 = led7 = led8 = 0;P3 = 0xfd;yanshi( 5000) ;
  led3 = 1;led1 = led2 = led4 = led5 = led6 = led7 = led8 = 0;P3 = 0xfb;yanshi( 5000) ;
  led4 = 1;led1 = led2 = led3 = led5 = led6 = led7 = led8 = 0;P3 = 0xf7;yanshi( 5000) ;
  led5 = 1;led1 = led2 = led3 = led4 = led6 = led7 = led8 = 0;P3 = 0xef;yanshi( 5000) ;
  led6 = 1;led1 = led2 = led3 = led4 = led5 = led7 = led8 = 0;P3 = 0xdf;yanshi( 5000) ;
  led7 = 1;led1 = led2 = led3 = led4 = led5 = led6 = led8 = 0;P3 = 0xbf;yanshi( 5000) ;
  led8 = 1;led1 = led2 = led3 = led4 = led5 = led6 = led7 = 0;P3 = 0x7f;yanshi( 5000) }
  }
```

图 5.1.2　例程

## 📢 任务探索

如何应用移位指令和循环功能函数编写跑马灯控制程序？相较于用自己计算的控制数据编写跑马灯控制程序有什么优点？

## 5.1.1　电路结构说明与程序控制要求

### 一、电路结构说明

P0、P1、P2、P3 口共设计了四组跑马灯电路，如图 5.1.3 所示。

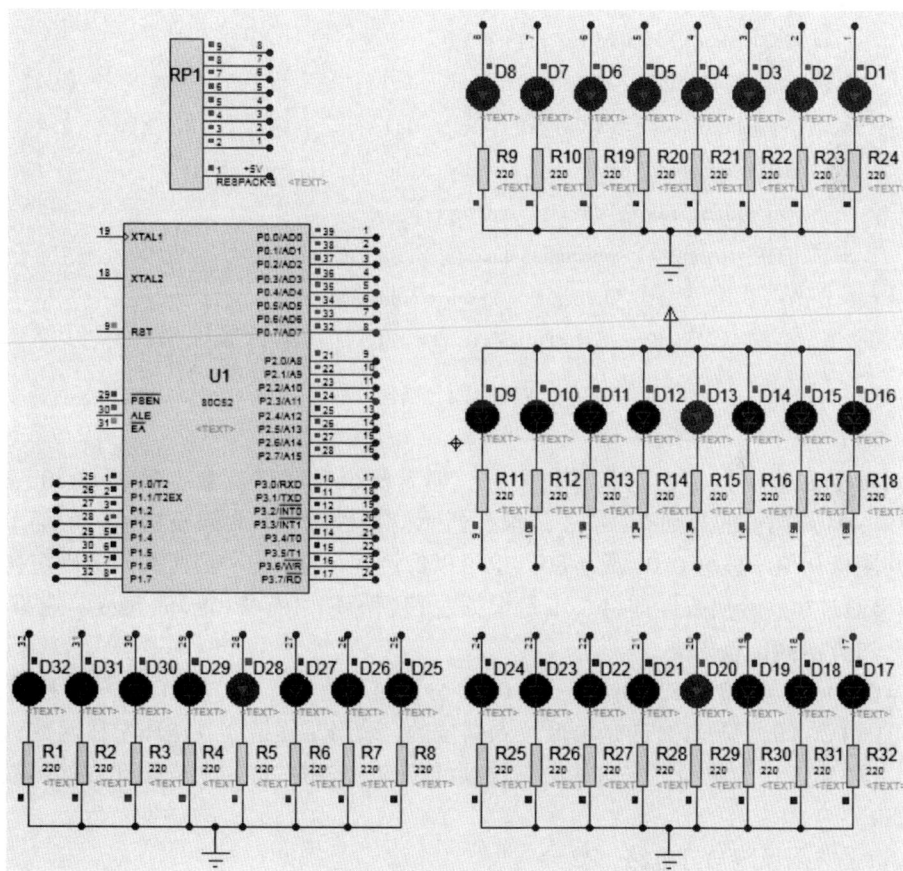

图 5.1.3　移位指令和循环函数控制跑马灯电路

### 二、程序控制要求

(1)用>>、<<指令和_cror_( )、_crol_( )库函数设计跑马灯程序。

(2)跑马灯方向：P0、P3 口由高位向低位，P1、P2 口由低位向高位。

(3)速度自定。

## 5.1.2　任务实操

### 一、例程

本任务例程如图 5.1.4 所示。

```
#include<reg52. h>
#include<intrins. h>
#define uchar unsigned char
#define uint unsigned int
uchar a0 = 0x80, a1 = 0x01, a2 = 0x01, a3 = 0x80, m;
void yanshi( uint x) {while( x-- ) ; }
void youxunhuanpmd( ) {P0 = a0 ; a0 = _cror_( a0 , 1) ; }
void zuoxunhuanpmd( ) {P1 = a1 ; a1 = _crol_( a1 , 1) ; }
void zuoyizhilingpmd( ) {P2 = ~ a2 ; a2 = a2<<1 ; }
void youyizhilingpmd( ) {P3 = a3 ; a3 = a3>>1 ; }
void main( ) {while( 1) {youxunhuanpmd( ) ; zuoxunhuanpmd( ) ;
                zuoyizhilingpmd( ) ; youyizhilingpmd( ) ;
                if( ++m = = 8) {m = 0 ; a2 = 0x01 ; a3 = 0x80 ; } yanshi( 60000) ; } }
```

图 5.1.4　例程

循环函数和移位指令控制跑马灯程序,都需要给保存移位数据的参数 a0、a1、a2、a3 赋初值,计算初值的规则有二:一是根据指示灯极性确定,共阳极初值一般为 0xFE 或 0x7F;共阴极初值一般为 0x01 或 0x80。也可以像例程一样,统一按照共阴极确定初值,如 P2 口,再通过"~"转换数据即可。二是根据左移(循环)、右移(循环)确定,左方向低位首先亮、右方向高位首先亮。

a0 = 0x80、a1 = 0x01、a2 = 0x01、a3 = 0x80 分别是 P0、P1、P2、P3 口跑马灯移动数据的初值。P1、P2 口的跑马灯方向是由低位到高位的,采用左移指令或循环左移函数,其初值为 0x01。P0、P3 口的跑马灯方向是由高位到低位的,采用右移指令或循环右移函数,其初值为 0x80。

P2 口是共阳极跑马灯电路,P2 = ~ a2。

### 二、编程与仿真调试

仿真调试 1:用//屏蔽#include<intrins. h>,编译程序会出现什么情况?观察 a0 = 0x80,a1 = 0x01 和 a0 = 0x01,a1 = 0x80 时,P0P1 口跑马灯仿真运行结果。

仿真调试 2:观察左、右移指令跑马灯程序和 void zuoyizhilingpmd( ) {P2 = ~ a2 ; a2 = a2<<1 ; }中 a2 前不写~指令的程序运行效果。

仿真调试 3：用//屏蔽了 if(++m==8){m=0;a2=0x01;a3=0x80;}，仿真运行程序会出现什么情况？

## 5.1.3　任务讲解

### 一、仿真调试 1 的讲解

#### 1.循环函数跑马灯的仿真讲解

仿真演示说明_cror_( )、_crol_( )是通过 #include<intrins.h> 包含进 C 程序的循环函数，不是指令。它们的功能特点是构成一个循环移数的闭环：_cror_( )是右循环函数，是将低位数据逐位移到高位，最高位数移到最低位；_crol_( )是左循环函数，是将高位数据逐位移到低位，最低位数移到最高位。

函数格式：_cror_(a,b)、_crol_(a,b)。

功能：函数中的 r 和 l 分别为英语单词右和左的首字母，两个循环函数分别为右循环和左循环函数。比如 a=(110101101)₂，b=3，_cror_(a,b)=(101110101)₂；_crol_(a,b)=(101101110)₂。

#### 2.a0a1 不同初值的仿真讲解

左右循环跑马灯程序如图 5.1.5 所示。

```
void youxunhuanpmd( ){P0=a0;a0=_cror_(a0,1);}
void zuoxunhuanpmd( ){P1=a1;a1=_crol_(a1,1);}
```

**图 5.1.5　左右循环跑马灯程序**

仿真演示：a0=0x80,a1=0x01 时，单片机启动运行，P0 口 LED 从最高位往右—最低位—最高位循环跑；P1 口 LED 从最低位往左—最高位—最低位循环跑。a0=0x01,a1=0x80 时，单片机启动运行，P0 口 LED 从最低位—最高位，往右—最低位循环跑；P1 口 LED 从最高位—最低位，往左—最高位循环跑。这样的运行效果就是循环函数的功能特征。循环函数的第二个功能特征就是不需要像移位指令每移 8 位那样，必须要重新给移位数据参数赋初值：if(++m==8){m=0;a2=0x01;a3=0x80;}。

### 二、仿真调试 2、3 的讲解

左右移指令跑马灯程序如图 5.1.6 所示。

```
void zuoyizhilingpmd( ){P2=~a2;a2=a2<<1;}
void youyizhilingpmd( ){P3=a3;a3=a3>>1;}
```

**图 5.1.6　左右移指令跑马灯程序**

### 1. 仿真调试 2 的讲解

程序运行效果就是 P2 左移、P3 右移。程序很简单，关键是理解左右移指令。

>>、<<是 C 语言的右移、左移指令，指令格式是 a>>b、a<<b，功能是将一个字节的数据 a 逐位右移或左移 b 位，其运算结果是：右移后的 b 个低位移出、b 个高位补零；左移后的 b 个高位移出、b 个低位补零，如：$(110101101)_2>>3=(000110101)_2$、$(110101101)_2<<3=(101101000)_2$。

### 2. 仿真调试 3 的讲解

$if(++m==8)\{m=0;a2=0x01;a3=0x80;\}$ 是 P2、P3 口每移 8 位数，给 a2、a3 重赋初值。屏蔽该程序，可观察到跑马灯跑完第一轮 8 位后，不能再跑，这是由左右移指令的移位数据高低位移出后补零的功能决定的。

### 三、两种跑马灯程序的对比

<<、>>指令跑马灯程序与_cror_( )、_crol_( )函数跑马灯程序对比：前者左右移 8 次后，移动数据会清零，需要重新赋初值；后者是循环移动，不需要重新赋初值。

与图 5.1.2 跑马灯程序比较，这两种编程方法的控制数据不是编程者自己计算的，而是通过左移右移指令或库函数计算出来的，因此程序代码少很多，还有个能分端口编写跑马灯子程序的优点。

## 5.1.4　任务拓展：32 位跑马灯的程序设计与仿真

### 一、设计要求

分析图 5.1.3 所示的 32 位跑马灯电路图，独立编写从 D1~D32 依次点亮的跑马灯程序，编程方法不限，跑马速度自定。

### 二、例程和分析

本拓展任务例程如图 5.1.7 所示。

```
#include<reg52.h>
#include<intrins.h>
#define uchar unsigned char
#define uint unsigned int
uchar a=0x01;
void yanshi(uint x){while(x--);}
void p0paomadeng(){P0=a;a=_crol_(a,1);}
void p2paomadeng(){P2=~a;a=a<<1;}
void p3paomadeng(){P3=a;a=a<<1;}
void p1paomadeng(){P1=a;a=_crol_(a,1);}
void main()
    {P1=P3=0x00;while(1)
```

```
{uchar m;
for(m=0;m<8;m++){p0paomadeng();yanshi(60000);}
a=0x01;P0=0x00;
for(m=0;m<8;m++){p2paomadeng();yanshi(60000);}
a=0x01;P2=0xFF;
for(m=0;m<8;m++){p3paomadeng();yanshi(60000);}
a=0x01;P3=0x00;
for(m=0;m<8;m++){p1paomadeng();yanshi(60000);}
a=0x01;P1=0x00;}}
```

**图 5.1.7　例程**

例程采用循环左移函数或左移指令，通过 4 组 for 循环，每次循环 8 次，依次控制 P0P2P3P1 口的 4 组跑马灯。每组端口跑马完后，需要熄灭该组端口 LED（P0=0x00、P2=0xFF、P3=0x00、P1=0x00），并给移位数据参数 a 赋初值 0x01。

课堂练习 1：用 while(++m<9) 或 while(m++<8) 循环代替 for 循环，实现该 32 位跑马灯功能。

课堂练习 2：用_crol_() 或<<和_cror_() 或>>实现图 5.1.3 中 D1～D32 的 32 位跑马灯的往返跑马功能。

## 5.1.5　任务作业

1. 什么是跑马灯或流水灯？说明其工作原理。
2. 循环函数是什么头文件中的程序？写出其名称、结构和功能。
3. 写出左右移指令符号、指令结构和功能。
4. 为什么左右移指令跑马灯程序移动设计次数后，要重新赋初值，而循环函数跑马灯程序不需要？
5. 比较直接赋值、循环函数和左右移指令跑马灯程序的特点。

# 任务 2　按键开关控制跑马灯的程序设计与仿真

### ◀◉ 任务实施目标

通过任务实操和讲解，体验式学习和掌握：
1. 应用按键开关控制跑马灯的编程方法和技巧。
2. 应用按键开关构建和编写较复杂程序的思路方法。

微课二维码

按键开关是人机交互中重要的指令开关，本任务采用 8 个按键开关，对跑马灯的启动/停止、工作方式、方向、速度等功能进行控制，希望通过按键开关实际控制应用场景和案例，帮助大家深入学习和进一步理解按键开关检测和控制编程原理、方法、技巧。

🔊 任务探索

如何编写按键开关控制跑马灯启停等程序？

## 5.2.1　电路结构说明与程序控制要求

### 一、电路结构说明

图 5.2.1 所示电路中有 K1~K8 按键，各按键的控制功能如下。

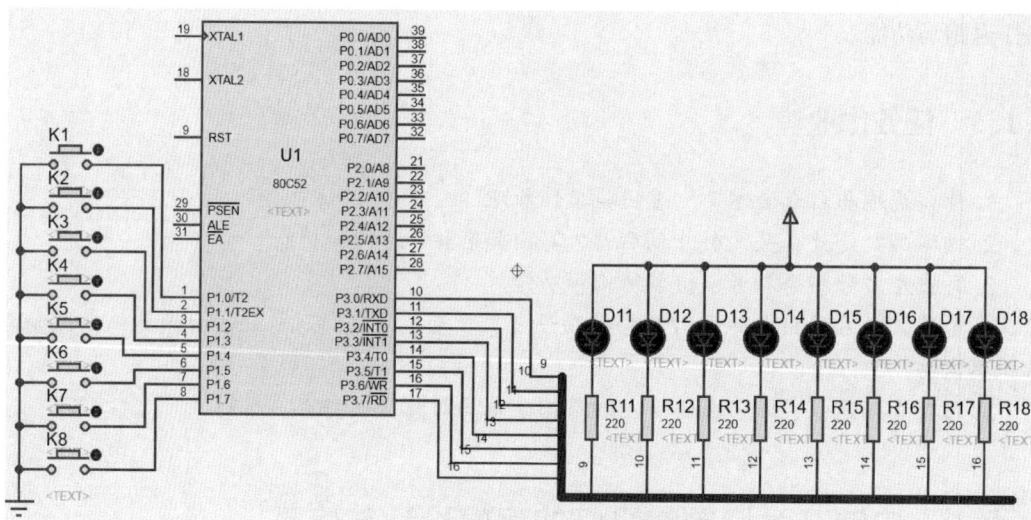

图 5.2.1　多任务按键控制跑马灯电路

#### 1. 工作方式选择控制 K1

单次按下 K1，工作方式标志位 fangshi = 1，为跑马灯控制方式，再次按下 K1，fangshi = 0，为计数指示灯控制方式(上电时默认方式)。

#### 2. 跑马灯右移控制 K2

按下 K2，跑马灯方向标志位 fangxiang = 0，跑马灯方向为 D11→D18，fangxiang 初始值为 0。

### 3. 跑马灯左移控制 K3

按下 K3，跑马灯方向标志位 fangxiang=1，跑马灯方向为 D18→D11。

### 4. 跑马灯启动/停止控制 K4

单次按下 K4，跑马灯启动/停止标志位 qiting=1，启动跑马灯，再次按下 K4，跑马灯启动/停止标志位 qiting=0，跑马灯暂停。

### 5. 跑马灯速度控制 K5

按下 K5，跑马灯速度控制参数 sudu=sudu-1000，当 sudu=0 时，sudu=10000。

### 6. 加 1 控制 K6

按下 K6，数据存储器 shuju+1，D11~D18 对应数量的 LED 点亮，指示数据 0~8 的计数值。当 shuju=9 时，shuju=0。

### 7. 减 1 控制 K7

按下 K7，数据存储器 shuju-1，D11~D18 对应的 LED 点亮，指示数据 1~8 的计数值。当计数 shuju=0 时，shuju=8；

### 8. 取消控制 K8

按下 K8，所有设置复位，D11~D18 熄灭。

## 二、程序控制要求

### 1. 工作方式设置

本任务有跑马灯和计数指示两种工作方式，通过 K1 设置。默认工作方式标志位 fangshi=0，为计数指示工作方式。按下 K1，让工作方式标志位 fangshi=1，为跑马灯工作方式。再次按下 K1，fangshi=0，恢复为计数指示工作方式。

### 2. 计数指示工作方式

按下 K6、K7，计数数据加 1 或减 1，P3 口点亮等于计数数据的 LED。

### 3. 跑马灯工作方式

按下启动/暂停开关 K4，可以实现启动/停止跑马灯功能。按下 K2、K3 可以改变跑马灯方向。按下 K5 可以对跑马灯进行调速。

### 4. 取消控制

按下 K8，可以取消所有工作，所有数据复位清零。

## 5.2.2 任务实操

### 一、例程

本任务例程如图 5.2.2 所示。

```
#include<reg52. h>
#include<intrins. h>
#define uchar unsigned char
#define uint unsigned int
bit fangshi,fangxiang,qiting;
sbit k1 = P1^0;sbit k2 = P1^1;sbit k3 = P1^2;sbit k4 = P1^3;
sbit k5 = P1^4;sbit k6 = P1^5;sbit k7 = P1^6;sbit k8 = P1^7;
uchar shuju,a0 = 0xfe,a1 = 0x7f;uint sudu = 10000;
void yanshi( uint x){while( x--);}
void ajjc()
    {if( k1 = = 0){fangshi = ~fangshi;while( ! k1);}
    if( k2 = = 0){fangxiang = 0;while( ! k2);}
    if( k3 = = 0){fangxiang = 1;while( ! k3);}
    if( k4 = = 0){qiting = ~ qiting;while( ! k4);}
    if( k5 = = 0){if( fangshi){sudu = sudu-1000;
                    if( sudu< = 0)sudu = 10000;}while( ! k5);}
    if( k6 = = 0){if( ! fangshi){if( ++shuju> = 9)shuju = 0;}while( ! k6);}
    if( k7 = = 0){if( ! fangshi){if( --shuju< = 0)shuju = 0;}while( ! k7);}
    if( k8 = = 0){fangshi = fangxiang = qiting = shuju = P3 = 0;
                    sudu = 10000;while( ! k8);}}
void youyi(){P3 = a0;a0 = _crol_( a0,1);yanshi( sudu);}
void zuoyi(){P3 = a1;a1 = _cror_( a1,1);yanshi( sudu);}
void jishuzhishi()
    {if( shuju = = 1)P3 = 0xfe;else if( shuju = = 2)P3 = 0xfc;
    else if( shuju = = 3)P3 = 0xf8;else if( shuju = = 4)P3 = 0xf0;
    else if( shuju = = 5)P3 = 0xe0;else if( shuju = = 6)P3 = 0xc0;
    else if( shuju = = 7)P3 = 0x80;else if( shuju = = 8)P3 = 0;else P3 = 0xff;}
void ajkz(){if( fangshi = = 1){if( qiting = = 1){if( fangxiang = = 0)youyi();
                                        else zuoyi();}}
        else jishuzhishi();}
void main(){P3 = 0;while(1){ajjc();ajkz();}}
```

**图 5.2.2    例程**

## 二、编程与仿真调试

仿真调试 1：按要求按下 K1～K5、K8，调试跑马灯和取消程序。
仿真调试 2：按要求按下 K1、K6、K7，调试计数指示程序。

## 5.2.3    任务讲解

### 一、仿真调试 1 的讲解

重点通过仿真讲解图 5.2.3 所示按键检测程序。

```
void ajjc( )
    {if(k1==0){fangshi=~fangshi;while(! k1);}
     if(k2==0){fangxiang=0;while(! k2);}
     if(k3==0){fangxiang=1;while(! k3);}
     if(k4==0){qiting=~qiting;while(! k4);}
     if(k5==0){if(fangshi){sudu=sudu-1000;
                if(sudu<=0)sudu=10000;}while(! k5);}
     if(k6==0){if(! fangshi){if(++shuju>=9)shuju=0;}while(! k6);}
     if(k7==0){if(! fangshi){if(--shuju<=0)shuju=0;}while(! k7);}
     if(k8==0){fangshi=fangxiang=qiting=shuju=P3=0;
                sudu=10000;while(! k8);}}
```

图 5.2.3 按键检测程序

K1、K4 分析：按下 K1 或 K4，则执行{fangshi=~fangshi;while(! k1);}或{qiting=~qiting;while(! k4);}，工作方式标志位 fangshi 或启动/停止标志位 qiting 取反，并等待按键 K1、K4 释放。K1 为工作方式控制按键，K4 为跑马灯启动/停止控制按键。fangshi=0 时为计数指示模式，fangshi=1 时为跑马灯模式。qiting=0 时停止跑马灯；qiting=1 时启动跑马灯。

**注意**：程序中"~"、"!"可以互换替代。

K2、K3 分析：按下 K2 或 K3，则执行{fangxiang=0;while(! k2);}或{fangxiang=1;while(! k3);}，跑马灯方向标志位 fangxiang=0 或 1，并等待按键 K2、K3 释放。K2、K3 为跑马灯方向控制按键，fangxiang=0 时为右跑；fangxiang=1 时为左跑。

K5 分析：按下 K5，则执行{if(fangshi){sudu=sudu-1000;if(sudu<=0)sudu=10000;}while(! k5);}，延时参数 sudu=sudu-1000，当 sudu<=0 时，重置数 10000，并等待按键 K5 释放。K5 为跑马灯速度控制按键，sudu 参数值越大，延时时间越长，跑马灯速度越慢。

K6、K7 分析：按下 K6 或 K7，则执行{if(! fangshi){if(++shuju>=9)shuju=0;}while(! k6);}或{if(! fangshi){if(--shuju<=0) shuju=0;}while(! k7);}。K6、K7 分别为计数数据自+1 和-1 按键，计数范围为 0~8。

K8 分析：按下 K8，则执行{fangshi=fangxiang=qiting=shuju=P3=0;sudu=10000;while(! k8);}，跑马灯、计数指示功能都被清除。

## 二、仿真调试 2 的讲解

仿真调试 2 主要仿真调试计数指示控制程序。计数指示控制程序如图 5.2.4 所示。

```
void jishuzhishi( )
    {if(shuju==1)P3=0xfe;else if(shuju==2)P3=0xfc;
     else if(shuju==3)P3=0xf8;else if(shuju==4)P3=0xf0;
     else if(shuju==5)P3=0xe0;else if(shuju==6)P3=0xc0;
     else if(shuju==7)P3=0x80;else if(shuju==8)P3=0;else P3=0xff;}
```

图 5.2.4 计数指示控制程序

该程序采用了"if(条件语句1)程序体1 else if(条件语句2)程序体2 else if(条件语句)程序体3…else 程序体n"的分条件列举语句,此例是根据计数值,给P3赋值,使相应数量的指示灯点亮。

## 5.2.4 任务拓展:按键手动控制跑马灯的程序设计与仿真

### 一、设计要求

依次按下图5.2.5中的按键K1~K8,手动实现跑马灯移动控制功能,跑马灯移动方向不限。

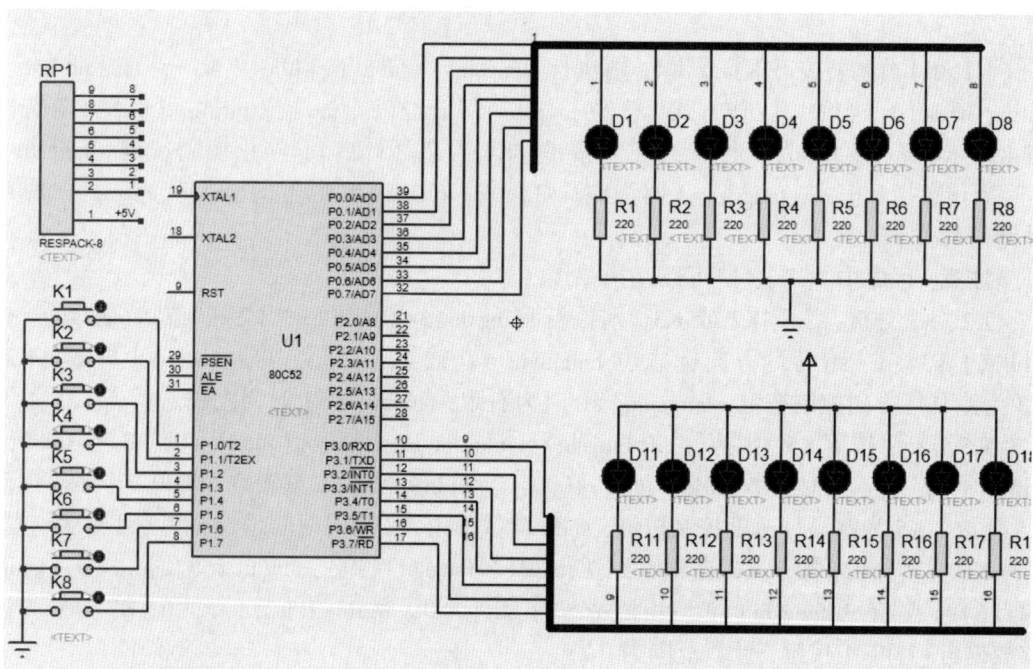

图5.2.5 仿真电路

### 二、例程和分析

本拓展任务例程如图5.2.6、图5.2.7所示。

```
#include<reg52.h>
#define uchar unsigned char
#define uint unsigned int
sbit k1=P1^0;sbit k2=P1^1;sbit k3=P1^2;sbit k4=P1^3;
sbit k5=P1^4;sbit k6=P1^5;sbit k7=P1^6;sbit k8=P1^7;
sbit led1=P0^0;sbit led2=P0^1;sbit led3=P0^2;sbit led4=P0^3;
sbit led5=P0^4;sbit led6=P0^5;sbit led7=P0^6;sbit led8=P0^7;
```

```
void main( )
  {while(1)
    {led1 = 1;led2 = led3 = led4 = led5 = led6 = led7 = led8 = 0;P3 = 0xfe;while(k1);
    led2 = 1;led1 = led3 = led4 = led5 = led6 = led7 = led8 = 0;P3 = 0xfd;while(k2);
    led3 = 1;led1 = led2 = led4 = led5 = led6 = led7 = led8 = 0;P3 = 0xfb;while(k3);
    led4 = 1;led1 = led2 = led3 = led5 = led6 = led7 = led8 = 0;P3 = 0xf7;while(k4);
    led5 = 1;led1 = led2 = led3 = led4 = led6 = led7 = led8 = 0;P3 = 0xef;while(k5);
    led6 = 1;led1 = led2 = led3 = led4 = led5 = led7 = led8 = 0;P3 = 0xdf;while(k6);
    led7 = 1;led1 = led2 = led3 = led4 = led5 = led6 = led8 = 0;P3 = 0xbf;while(k7);
    led8 = 1;led1 = led2 = led3 = led4 = led5 = led6 = led7 = 0;P3 = 0x7f;while(k8);}
  }
```

图 5.2.6　例程 1

```
#include<reg52. h>
#include<intrins. h>
#define uchar unsigned char
#define uint unsigned int
sbit k1 = P1^0;sbit k2 = P1^1;sbit k3 = P1^2;sbit k4 = P1^3;
sbit k5 = P1^4;sbit k6 = P1^5;sbit k7 = P1^6;sbit k8 = P1^7;
uchar a0 = 0x01,a1 = 0x80,m;
void yanshi(uint x){while(x--);}
void gongnenghanshupmd( ){P0 = a0;a0 = _crol_(a0,1);}
void youyizhilingpmd( ){P3 = a1;a1 = a1>>1;}
void main( )
  {while(1){gongnenghanshupmd( ); youyizhilingpmd( );
           m++;if(m == 1)while(k1);
           if(m == 2)while(k2);if(m == 3)while(k3);
           if(m == 4)while(k4);if(m == 5)while(k5);
           if(m == 6)while(k6);if(m == 7)while(k7);
           if(m == 8){m = 0;a1 = 0x80;while(k8);}}}
```

图 5.2.7　例程 2

分析：

(1)为什么例程 2 中要用 m 计数值来控制 while(k)？

(2)为什么用 while(k)而非 while(！k)？

(3)为什么例程 1 中的 P0、P3 口控制数据不能像例程 2 一样写成两个子程序？

## 5.2.5　任务作业

1.写出图 5.2.2 例程中各按键开关的功能,并分析该按键检测程序。

2.分析图 5.2.2 例程中跑马灯控制程序。

3. 分析图 5.2.2 例程中计数指示控制程序。

4. 分析和比较图 5.2.6 和图 5.2.7 例程中跑马灯控制程序。

# 任务 3　switch-case 控制跑马灯程序的设计与仿真

## 🔊 任务实施目标

通过任务实操和讲解，体验式学习和掌握单片机：

1. switch-case 条件语句的结构、功能和应用方法。

2. 应用 switch-case 条件语句编写跑马灯等控制程序的应用方法和技巧。

微课二维码

## 🔊 任务背景

switch-case 条件语句完全可以用 if 条件语句来替代，但这种条件语句也有其应用特点和优点，本任务通过应用其编写跑马灯控制程序的实际应用案例，帮助大家形象直观地学习该语句。

## 🔊 任务探索

switch-case 条件语句的结构、功能和应用方法如何？

## 5.3.1　电路结构说明与程序控制要求

### 一、电路结构说明

图 5.3.1 所示仿真电路，具有启动、停止、换向、调速功能。

### 二、程序控制要求

(1) k1：启动/停止按键，第一次按下启动跑马灯，第二次按下停止跑马灯；

(2) k2：正向/反向按键，第一次按下跑马灯左向跑动，第二次按下跑马灯右向跑动；

(3) k3：调速按键，可 10 级调速，调速精度自行设定；

(4) 用 switch-case 条件语句编写跑马灯控制数据。

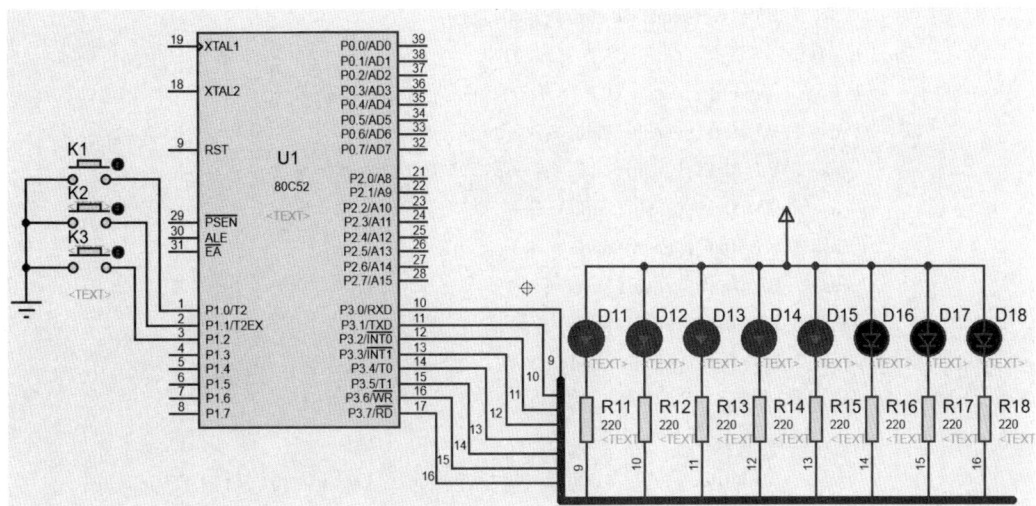

图 5.3.1　仿真电路

## 5.3.2　任务实操

### 一、例程

本任务例程如图 5.3.2 所示。

```
#include<reg52. h>
#define uchar unsigned char
#define uint unsigned int
bit qiting,fangxiang;
sbit k1 = P1^0;sbit k2 = P1^1;sbit k3 = P1^2;
uint sudu = 10000;
void yanshi(uint x){while(x--);}
void anjian()
    {if(k1 = = 0){qiting = ! qiting;P3 = 0xff;while(! k1);}
    if(k2 = = 0){fangxiang = ~ fangxiang;while(! k2);}
    if(k3 = = 0){sudu = sudu-1000;if(sudu<= 0)sudu = 10000;while(! k3);} }
void youyi()
    {uchar i;switch(i){case 0:P3 = 0xfe;yanshi(sudu);i++;
    case 1:P3 = 0xfd;yanshi(sudu);i++;
    case 2:P3 = 0xfb;yanshi(sudu);i++;
    case 3:P3 = 0xf7;yanshi(sudu);i++;
    case 4:P3 = 0xef;yanshi(sudu);i++;
    case 5:P3 = 0xdf;yanshi(sudu);i++;
```

```
        case 6:P3=0xbf;yanshi(sudu);i++;
        case 7:P3=0x7f;yanshi(sudu);i=0;}}
void zuoyi( )
    {uchar i;switch(i){case 0:P3=0x7f;yanshi(sudu);i++;
    case 1:P3=0xbf;yanshi(sudu);i++;
    case 2:P3=0xdf;yanshi(sudu);i++;
    case 3:P3=0xef;yanshi(sudu);i++;
    case 4:P3=0xf7;yanshi(sudu);i++;
    case 5:P3=0xfb;yanshi(sudu);i++;
    case 6:P3=0xfd;yanshi(sudu);i++;
    case 7:P3=0xfe;yanshi(sudu);i=0;}}
void main( )
    {while(1){anjian( );
            if(qiting==1){if(fangxiang==0)youyi( );else zuoyi( );}}}
```

**图 5.3.2　例程**

## 二、编程与仿真调试

仿真调试 1：按要求按下 K1~K3，启动/停止跑马灯程序，调试其方向和速度。

仿真调试 2：用 if-else 条件语句替换 switch-case 条件语句，编写跑马灯程序，并进行调试。

## 5.3.3　任务讲解

### 一、仿真调试 1 的讲解

仿真调试 1 重点讲解由 switch-case 条件语句编写的 youyi( ) 函数。

#### 1. switch-case 条件语句的讲解

switch-case 条件语句的结构：

switch(变量)

{case 常量 1：语句体 1；break；

　case 常量 2：语句体 2；break；

　case 常量 3：语句体 3；break；

　　⋮

　default：语句体；break；}

switch-case 条件语句的功能：判断 case 后面的常量值和 switch 后面( )中变量的值是否相等，相等就会执行该 case 后面的程序代码，而不执行其他 case 后面的语句，直到遇见 break。如果所有 case 语句的常量与 switch 后面( )中变量的值都不相等，就执行 default 语句中的语句并跳出 switch 语句。

**注意**：case 语句中的";"可用","代替，但必须用";"结束。

## 2. youyi( ) 的讲解

switch-case 编写的右移子程序如图 5.3.3 所示。

```
void youyi( )
{uchar i;switch(i){case 0:P3=0xfe;yanshi(sudu);i++;
              case 1:P3=0xfd;yanshi(sudu);i++;
              case 2:P3=0xfb;yanshi(sudu);i++;
              case 3:P3=0xf7;yanshi(sudu);i++;
              case 4:P3=0xef;yanshi(sudu);i++;
              case 5:P3=0xdf;yanshi(sudu);i++;
              case 6:P3=0xbf;yanshi(sudu);i++;
              case 7:P3=0x7f;yanshi(sudu);i=0;}}
```

**图 5.3.3　switch-case 编写的右移子程序**

该程序通过变量 i 构成了 switch-case 语句的选择条件,执行满足条件的 case 语句时,给 P3 赋所要点亮的 LED 的控制数据,并延时和 i+1。程序中的其他部分都非常简单,不再讲解。

思考:每个 case 语句后面没有用 break 结束,与用 break 结束有什么区别呢?

## 二、仿真调试 2 的讲解

仿真调试 2 验证了 switch-case 条件语句可以用 if-else 条件语句来替代,其替代程序如图 5.3.4 所示。

```
void youyi1( )
{uchar i;if(i==0)P3=0xfe;else if(i==1)P3=0xfd;
       else if(i==2)P3=0xfb;else if(i==3)P3=0xf7;
       else if(i==4)P3=0xef;else if(i==5)P3=0xdf;
       else if(i==6)P3=0xbf;else if(i==7)P3=0x7f;
       yanshi(sudu);if(++i==8)i=0;}//可以共用这段程序
```

**图 5.3.4　if-else 改写的右移子程序**

思考:在图 5.3.3 所示程序中,"yanshi(sudu);if(++i==8)i=0;"是否也可以共用?现按图 5.3.5 所示修改程序,并仿真验证。

```
void youyi0( ){uchar i;
switch(i){case 0:P3=0xfe;case 1:P3=0xfd;case 2:P3=0xfb;case 3:P3=0xf7;
           case 4:P3=0xef;case 5:P3=0xdf;case 6:P3=0xbf;case 7:P3=0x7f;}
           yanshi(sudu);if(++i==8)i=0;}
```

**图 5.3.5　改写的 switch-case 右移子程序**

仿真演示结果:"yanshi(sudu);if(++i==8)i=0;"在 switch-case 条件语句中不能像在 if-else 条件语句中一样共用。

## 5.3.4　任务拓展：手动设置洗衣机程序的设计与仿真

### 一、原理图

手动设置洗衣机仿真电路如图 5.3.6 所示。

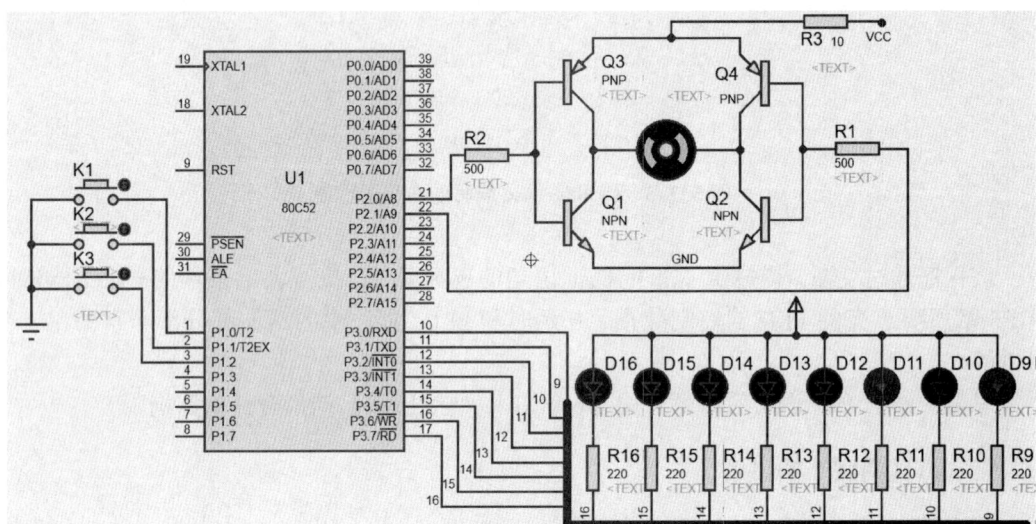

图 5.3.6　手动设置洗衣机仿真电路

洗衣机有手动和自动两种洗衣模式。K1 为启动/暂停开关，K2 为手动设置开关，K3 为洗衣模式选择开关。D11～D18 用来指示洗衣机运行状态，指示方式自定。P2.0、P2.1 可以控制电机正反转和停止。

### 二、程序控制要求

（1）电机有正转、反转、停止三种状态，用停止表示进水、放水；用反转表示甩水；用正转表示漂衣；用正转—停止—反转表示洗涤。

（2）按下 K3 可反复选择手动与自动洗衣模式。

（3）手洗模式时，用 K2 选择洗衣过程，有 6 个过程可选择，每按一次切换到下一步洗衣过程。

（4）自动洗衣模式有 9 个过程：进水、漂、放水、甩水、进水、洗涤、放水、甩水、自动洗完报警提示。在自动洗衣模式时，启动洗衣机，会自动完成上述洗衣过程。

（5）洗衣过程中按下 K1，电机可以暂停，LED 保持显示，再次按下 K1，接着前面的步骤继续洗衣。

### 三、例程与分析

手动设置洗衣机例程如图 5.3.7 所示。

```
#include<reg52. h>
#define uchar unsigned char
#define uint unsigned int
uchar buzhou,dangqianzhi;//buzhou：洗衣步骤；dangqianzhi：LED 显示值
sbit n1=P2^0;sbit n2=P2^1;sbit k1=P1^0;sbit k2=P1^1;sbit k3=P1^2;
bit qiting,szdong;//szdong：手动自动洗衣模式标志位
#define zzhuan {n1=0;n2=1;}//正转
#define fzhuan {n1=1;n2=0;}//反转
#define tzhi {n1=1;n2=1;}//停止
void yanshi(uint x){while(x--);}
void changys(uchar x){uchar i;for(i=0;i<x;i++)yanshi(50000);}
void shouxi()//手动洗衣
{switch(buzhou){case 0:zzhuan;P3=0xbe;break;case 1:tzhi;P3=0xee;break;
                case 2:fzhuan;P3=0xf6;break;case 3:tzhi;P3=0xee;break;
                case 4:zzhuan;P3=0xbe;changys(10);tzhi;
                       fzhuan;P3=0xf6;changys(10);tzhi;break;
                case 5:tzhi;P3=0xee;break;}}
void zidongxi()//自动洗衣
  {if(buzhou==0){tzhi;P3=0x01;changys(10);if(qiting)buzhou++;}//进水
   if(buzhou==1){zzhuan;P3=0x02;changys(10);if(qiting)buzhou++;}//漂
   if(buzhou==2){tzhi;P3=0x03;changys(10);if(qiting)buzhou++;}//放水
   if(buzhou==3){fzhuan;P3=0x04;changys(10);if(qiting)buzhou++;}//甩水
   if(buzhou==4){tzhi;P3=0x05;changys(10);if(qiting)buzhou++;}//进水
   if(buzhou==5){zzhuan;P3=0x06;changys(10);tzhi;
                 fzhuan;changys(10);tzhi;if(qiting)buzhou++;}//洗涤
   if(buzhou==6){tzhi;P3=0x07;changys(10);if(qiting)buzhou++;}//放水
   if(buzhou==7){fzhuan;P3=0x08;changys(10);if(qiting)buzhou++;}//甩水
   if(buzhou==8){tzhi;P3=0x00;changys(3);P3=0xff;changys(3);
                 P3=0x00;changys(3);P3=0xff;changys(3);
                 P3=0x00;changys(3);P3=0xff;changys(3);
                 qiting=buzhou=szdong=0;}}//自动洗完报警提示
void ajjc()
  {if(k1==0){qiting=! qiting;while(! k1);}
   if(k2==0){if(qiting&! szdong)if(++buzhou==6)buzhou=0;while(! k2);}
   if(k3==0){szdong=! szdong;while(! k3);}}
void main()
{while(1){ajjc();
          if(qiting){if(! szdong)shouxi();else zidongxi();
                     dangqianzhi=P3}
          else {tzhi;P3=dangqianzhi;}}}
```

**图 5.3.7　手动设置洗衣机例程**

分析：

（1）"#define zzhuan {n1=0;n2=1;}//正转"、"#define fzhuan {n1=1;n2=0;}//反转"和"#define tzhi {n1=1;n2=1;}//停止"三段程序的功能和编程原理。

（2）void zidongxi()的编程原理和变量 buzhou 的作用。

## 5.3.5 任务作业

1. 写出 switch-case 语句的格式和意义。

2. 比较 switch-case 语句与 if-else 语句之间的异同之处，并总结它们实现替换的方法技巧。

3. 分析图 3.3.8 所示直流电机正反转的控制原理和控制程序。

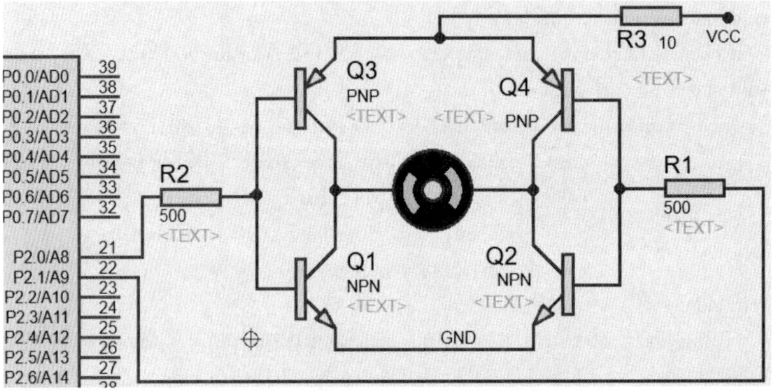

图 3.3.8　直流电机正反转的控制电路

4. 分析图 5.3.7 所示例程中的自动停止和暂停控制程序。

5. 分析图 5.3.9 所示矩阵开关检测程序。

```
void jz( ) {uchar i;
P3 = 0xff;P3 = 0xef;i = P3; i = i&0xf0;if (i! = 0xf0) {i = P3;
switch (i) {case 0xe7:jianzhi = 1;break;case 0xeb:jianzhi = 2;break;
        case 0xed:jianzhi = 3;break;case 0xeb:jianzhi = 4;break;}
while (i! = 0xf0) {xianshi( );xianshi( );xianshi( );xianshi( );xianshi( );i = 0xf0;}}
P3 = 0xff;P3 = 0xdf;i = P3;i = i&0xf0;if(i! = 0xf0) {i = P3;
switch (i) {case 0xd7:jianzhi = 5;break;case 0xdb:jianzhi = 6;break;
        case 0xdd:jianzhi = 7;break;case 0xde:jianzhi = 8;break;}
while (i! = 0xf0) {xianshi( );xianshi( );xianshi( );xianshi( );xianshi( );i = 0xf0;}}
P3 = 0xff;P3 = 0xbf;i = P3;i = i&0xf0;if (i! = 0xf0) {i = P3;
switch (i) {case 0xb7:jianzhi = 9;break;case 0xbb:jianzhi = 10;break;
        case 0xbd:jianzhi = 11;break;case 0xbe:jianzhi = 12;break;}
while (i! = 0xf0) {xianshi( );xianshi( );xianshi( );xianshi( );xianshi( );i = 0xf0;}}
P3 = 0xff;P3 = 0x7f;i = P3;i = i&0xf0;if(i! = 0xf0) {i = P3;
switch (i) {case 0x77:jianzhi = 13;break;case 0x7b:jianzhi = 14;break;
        case 0x7d:jianzhi = 15;break;case 0x7e:jianzhi = 16;break;}
while (i! = 0xf0) {xianshi( );xianshi( );xianshi( );xianshi( );xianshi( );i = 0xf0;}}}
```

图 5.3.9　矩阵开关检测程序

## 任务 4　一维数组和指针控制跑马灯的程序设计与仿真

### 🔊 任务实施目标

通过任务实操和讲解，体验式学习和掌握：
1. 数组的定义、分类，一维数组和二维数组构成和应用方法。
2. 应用一维数组和指针编写跑马灯控制程序的方法技巧。
3. 应用二维数组编写矩阵开关检测控制程序的方法技巧。

微课二维码

### 🔊 任务背景

　　数组是一组用相同名字引用一系列同类型数据的变量。比如：uchar code wm[8] = {0x01,0x02,0x04,0x08,0x10,0x20,0x40,0x80}；定义了一组 8 个 uchar 类型的数据，这 8 个数据都共用了一个变量名 wm，称之为数组，每个数据称作数组的元素。该举例数组是一维数组，还常用到二维数组。

　　通过举例可以看出：使用数组可以大大减少同一类型数据变量的定义、缩短程序代码和简化程序。数组与指针一起配合使用，可以让编程更灵活，让程序更简化优化。

　　本项目已经介绍了多种实现跑马灯功能的编程方法，本项目之所以介绍多种跑马灯控制程序，一是希望以跑马灯为载体，围绕一个相同的控制任务，让大家通过比较学习法，有目标地学习各种 C 语言基本知识、逻辑指令和控制语句，掌握单片机编程基本方法，拓展编程思路。二是跑马灯直观地展示了单片机顺序扫描工作原理，用不同的方法编写跑马灯程序，有助于大家深入理解跑马灯控制程序与单片机顺序扫描工作方式的关系，掌握基于单片机顺序扫描工作原理分析程序和构建程序的方法技巧。三是因为跑马灯控制原理与数码管显示、点阵显示、矩阵开关检测的控制原理基本相似，熟练掌握了跑马灯控制程序编写方法，会给学习数码管显示、点阵显示、矩阵开关检测的编程打下基础。

### 🔊 任务探索

　　拥有同一个名字的一组数据如何识别其中的某个元素数据呢？如何应用一维数组和指针来控制跑马灯？什么是二维数组，如何应用它来编写矩阵开关检测和控制程序？

### 5.4.1　电路结构说明与程序控制要求

#### 一、电路结构说明

图 5.4.1 设计了 4 组跑马灯，分别用 P0、P2 口演示一维数组控制的左、右跑跑马灯；

分别用 P3、P1 口演示指针控制的左、右跑跑马灯。

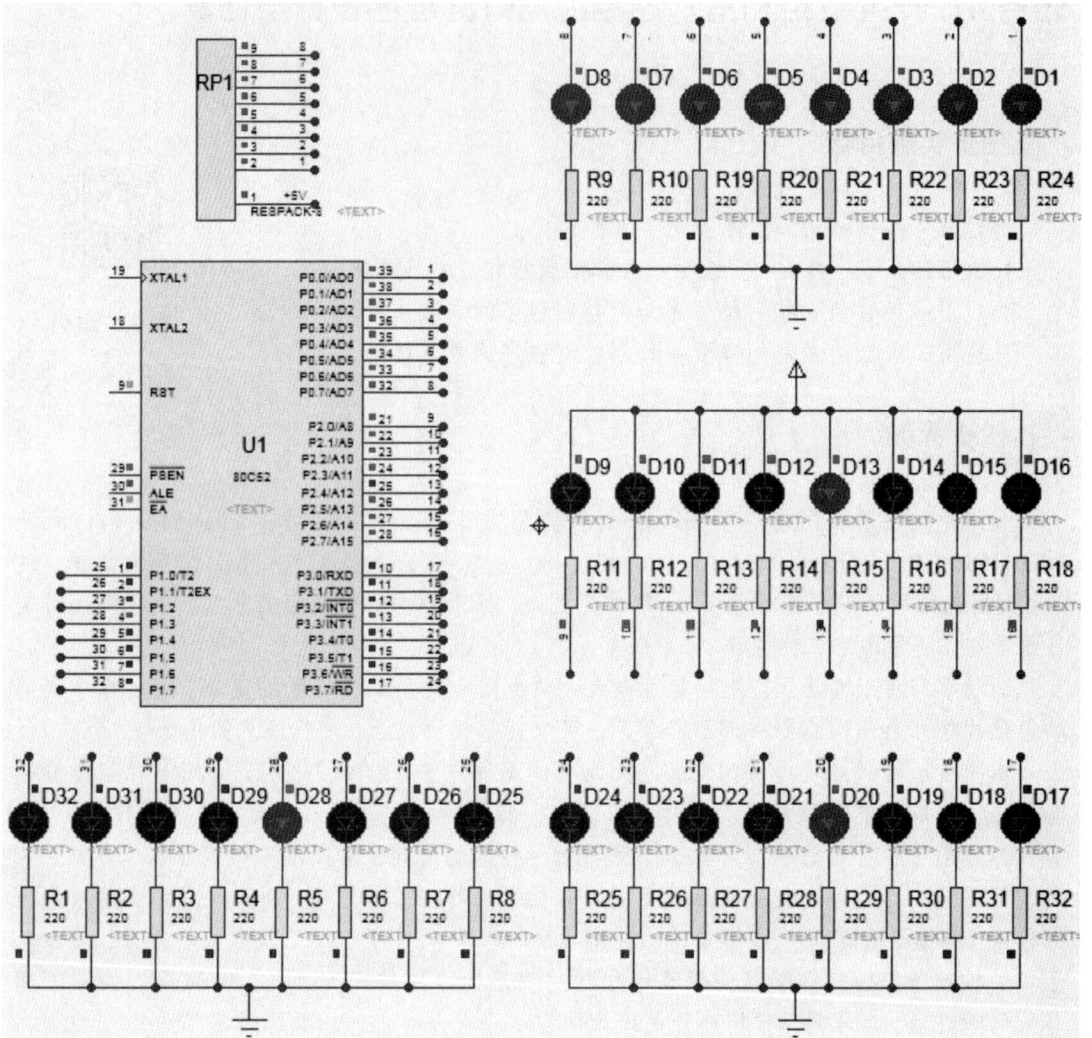

图 5.4.1　一维数组和指针控制跑马灯的仿真电路

## 二、程序控制要求

（1）要求用一维数组分别控制 P0 和 P2 口的跑马灯正反向跑动。

（2）要求用指针分别控制 P1 和 P3 口的跑马灯正反向跑动。

（3）跑马灯速度自定。

## 5.4.2　任务实操

### 一、例程

本任务例程如图 5.4.2 所示。

```c
#include<reg52.h>
#define uchar unsigned char
#define uint unsigned int
uint sudu = 20000;
uchar code wm[8] = {0x01,0x02,0x04,0x08,0x10,0x20,0x40,0x80};
uchar * p = wm, * p1 = &wm[7];
void yanshi(uint x){while(x--);}
void paoma()
    {uchar i;
    for(i=0;i<8;i++){P0=wm[i];P2 = ~wm[7-i];P3 = * p;P1 = * p1;
                     p++;p1--; yanshi(sudu);}
    p=&wm[0];p1=&wm[7];
    for(i=0;i<8;i++){P0=wm[7-i];P2 = ~wm[i];P3 = * p1;P1 = * p;
                     p++;p1--;yanshi(sudu);}
    p=wm;p1=&wm[7];}//用 p=wm 替代了 p=&wm[0]
void main(){while(1){paoma();}}
```

图 5.4.2　例程

### 二、编程与仿真调试

仿真调试 1：仿真调试一维数组控制的 P0、P2 口跑马灯程序，学习数组的定义和构成规则，并分析其如何通过调用数组实现跑马灯功能的，以及数组调用方向与跑马灯方向之间的关系。

仿真调试 2：仿真调试指针控制的 P3、P1 口跑马灯程序，复习指针的定义和构成规则，并分析其如何通过调用指针实现跑马灯功能的，以及指针调用方向与跑马灯方向之间的关系。

## 5.4.3　任务讲解

### 一、仿真调试 1 的讲解

#### 1. 一维数组的仿真讲解

"uchar code wm[8] = {0x01,0x02,0x04,0x08,0x10,0x20,0x40,0x80};"是例程中定义

的跑马灯控制数据——数组 wm。"P0＝wm［i］;"是对数组 wm 的调用,其含义是把数组 wm 中的某个元素数据赋值给 P0。数组可以是常量,也可以是变量。

(1)格式

格式 1——常量数组:存储类型 数据类型 数组名［元素个数］=｛元素 1,2,…｝;。

格式 1 定义了一个常量数组,数组｛｝中的元素 1, 2, …是罗列出来的常量,是不可以重新写入的。如:const uchar wm［8］和 code uchar dm［16］,分别定义了 8 位的存储在 RAM 和 ROM 中的常量数组,数组名称分别是 wm 和 dm,数组名称后［］中的 8 和 16 分别表示数组的大小,即数组中分别有 8 和 16 个元素。

格式 2——变量数组:数据类型 数组名［个数］;。

格式 2 定义了变量数组,数组中的元素是可以写入的变量,如"uchar led［4］;"定义了存储在 RAM 中的字符型变量数组,数组名称为 led,可以保存 4 个可以写入的字符型数据元素:led［3］= shuju/1000;led［2］= shuju%1000/100;led［1］= shuju%100/10;led［0］= shuju%10;。

(2)规则

规则 1:数组遵循"先声明后使用"原则。

数组也是参数,是一组同类型数据共用了一个参数名称的参数,必须先定义再使用。数组在定义时,必须明确数组的名称、包含元素个数的大小,如:uchar led［4］中的 led 是数组名称,［］中的 4 是其元素大小,表示该数组由 4 个元素 led［0］、led［1］、led［2］、led［3］构成。数组在调用时是调用其某个元素,如"P0＝led［0］;"表示把该数组中的第一个元素 led［0］的值赋给 P0。

规则 2:所定义数组元素个数值不能小于构成数组的元素个数。

根据该规则,假如定义的数组元素个数为 n,则调用数组元素的数值范围为 0～n-1。这是数组定义与调用的一个易错点,请高度重视。

举例 1:const uchar wm［8］的元素由 wm［0］、wm［1］、…、wm［7］8 个数组元素构成。

举例 2:uchar led［4］定义了 4 个元素的数组,其元素范围为 led［0］、led［1］、led［2］、led［3］,假如使用该数组时调用了 led［4］、led［5］,编译程序时肯定会报错,因为 led［4］、led［5］超出了该数组元素的范围。

规则 3:数组的元素大小原则上可以无穷大,实际上要看你用的单片机有多少存储空间(RAM、ROM)。

规则 4:数组｛｝中元素之间用",",最后一个元素后不用",",在｛｝后用";"。

如:uchar code wm［8］=｛0x01,0x02,0x04,0x08,0x10,0x20,0x40,0x80｝;

规则 5:数组分常量和变量数组。

常量数组元素的值不能修改,可用 const 和 code 定义,code 定义的数组存放在 ROM 区中。变量数组元素的值可以修改,数组名前不能加 const 或 code,如:uchar a［8］——定义了元素个数为 8 的字符型变量数组;uchar a［］——定义了一个元素个数没有限定的字符型变量数组。

规则 6:数组名称可表示多个意义。

数组名称在不同场合时,表示不同的意义。在定义数组时,它表示数组名、数组元素的个数,如:wm［8］。

在调用或赋值时，表示数组元素，如：P0＝wm[7]、led[0]＝8。只要改变数组中表示数组元素位置的维数，即可调用数组中的某个元素，相当于定义一个变量，可以调用多个参数，这就是常量数组相比一般常量参数的巨大优势。

它在指针定义或取地址运算中，表示地址，如："uchar * p＝wm, * p1＝&wm[7];"中，wm表示数组的首地址(wm[0]的地址)，其意义是将wm[0]的地址赋给指针变量p；&wm[7]中的 & 是取地址运算符，其意义是将wm[7]的地址赋给指针变量p1。

### 2. 一维数组控制的跑马灯程序的仿真讲解

（1）一维数组定义和意义

uchar code wm[8]＝{0x01,0x02,0x04,0x08,0x10,0x20,0x40,0x80};

该数组定义了 8 个数组元素：wm[0]～wm[7]。其值是可以依次点亮从低位到高位的 8 个共阴极 LED。将这 8 个数组元素逐位取反：(～wm[0])～(～wm[7])，其值可以依次点亮从低位至高位的 8 个共阳极 LED。

（2）paoma( )中 P0、P2 的仿真讲解

一维数组和指针控制的跑马灯子程序如图 5.4.3 所示。

```
void paoma( )
    {uchar i;
    for(i=0;i<8;i++){P0=wm[i];P2=~wm[7-i];yanshi(sudu);}
    for(i=0;i<8;i++){P0=wm[7-i];P2=~wm[i];yanshi(sudu);}}
```

**图 5.4.3　一维数组和指针控制的跑马灯子程序**

本 paoma( )子程序定义了一个局部变量 i，利用两个 for 循环，改变 i 和 7-i 值，正向和反向调用数组 wm 元素，实现了 P0、P2 正反向跑马灯控制功能。

## 二、仿真调试 2 的讲解

### 1. 指针定义的仿真讲解

顾名思义，指针定义就是定义一个指针。指针有指针定义和指针运算两种状态，指针两种状态的意义不同：指针定义时，其意义是指向地址；指针运算时，其意义是指向保存在指针地址中的变量值。

uchar * p＝wm 是定义指针 p。数组名称 wm 可以表示数组首地址，也就是保存数组元素 wm[0]的地址，通过指针定义 * p＝wm 将数组首地址赋给指针变量 p，因此指针 p 此时就是数组 wm 的首地址。

* p1＝&wm[7]是定义指针 p1。通过 & 取地址指令，将数组 wm 中的第 8 个元素 wm[7]的地址值赋给指针变量 p1，因此指针 p1 此时就是数组 wm 的末地址。

### 2. 指针控制的跑马灯程序的仿真讲解

一维数组和指针控制的跑马灯子程序如图 5.4.4。

```
void paoma( )
        {uchar i;
```

```
for(i=0;i<8;i++){P3=*p;P1=*p1;p++;p1--; yanshi(sudu);}
p=&wm[0];p1=&wm[7];
for(i=0;i<8;i++){P3=*p1;P1=*p;p++;p1--;yanshi(sudu);}
p=wm;p1=&wm[7];}  //用 p=wm 替代了 p=&wm[0]
```

**图 5.4.4　一维数组和指针控制的跑马灯子程序**

程序中的"P3=*p;P1=*p1;"是指针运算状态,通过指针*运算符,将保存在指针 p 和 p1 中的数据取出,赋给 P3 和 P1。

指针 p 和 p1 的初值就是数组 wm 的首末地址,"p++;p1--;"是指针地址编码+1 和 -1,而非其所保存的数据+1 和-1。for 每循环一次,p 指向其后一个地址,p1 指向其前一个地址,实现了左跑和右跑功能。

"p=&wm[0];p1=&wm[7];"是 for 每跑完 0~7 共 8 次循环,必须给指针 p 和 p1 赋初值。"p=&wm[0];"可以用"p=wm;"替代。

## 5.4.4　任务拓展:二维数组矩阵开关控制程序的设计与仿真

### 一、原理图

二维数组矩阵开关控制程序仿真电路如图 5.4.5 所示。

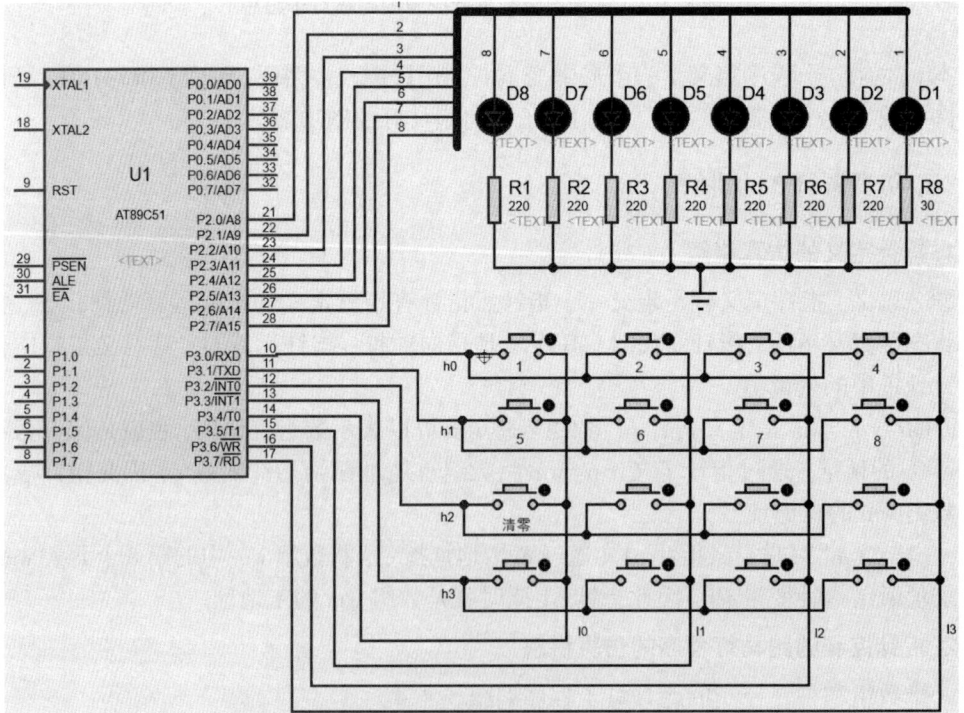

**图 5.4.5　二维数组矩阵开关控制程序仿真电路**

## 二、程序控制要求

用二维数组编写按键开关检测程序，要求：

(1)上电后，LED 熄灭。

(2)按下 1~8 号按键时，分别点亮 D1~D8 LED。

(3)按下 9 号按键，熄灭点亮的 LED。

## 三、例程与讲解

本拓展任务例程如图 5.4.6 所示。

```
#include<reg52. h>
#define uchar unsigned char
#define uint unsigned int
uchar hh[ ]={0xfe,0xfd,0xfb,0xf7}, m,n,k, *p=hl[0];
                          //hl[0]=hl,逐行拉低 h0h1h2h3 电平值
uchar hl[4][4]={{0xee,0xde,0xbe,0x7e},{0xed,0xdd,0xbd,0x7d},
                {0xeb,0xdb,0xbb,0x7b},{0xe7,0xd7,0xb7,0x77}};
                          //按键按下，行列同为低电平的检测值
uchar kk[4][4]={{1,2,3,4},{5,6,7,8},{9,10,11,12},{13,14,15,16}};
                          //hl 低电平时，对应按键的检测值
uchar jzjc( )
    {for(m=0;m<4;m++){P3=0xff;P3=hh[m];
                      for(n=0;n<4;n++){if(P3==hl[m][n])k=kk[m][n];
                                        while(P3==hl[m][n]);}}
    return k;}
void jzkz( ){{if(jzjc( )==1)P2=0x01;else if(jzjc( )==2)P2=0x02;
    else if(jzjc( )==3)P2=0x04;else if(jzjc( )==4)P2=0x08;
    else if(jzjc( )==5)P2=0x10;else if(jzjc( )==6)P2=0x20;
    else if(jzjc( )==7)P2=0x40;else if(jzjc( )==8)P2=0x80;
    else if(jzjc( )==9)P2=0x00;}}
void main( ){while(1){jzjc( );jzkz( );}}//P2=*p;
```

**图 5.4.6　二维数组矩阵开关控制例程**

### 1.二维数组的仿真讲解

uchar hl[4][4]={{0xee,0xde,0xbe,0x7e},{0xed,0xdd,0xbd,0x7d},
              {0xeb,0xdb,0xbb,0x7b},{0xe7,0xd7,0xb7,0x77}};

该数组为二维数组，表示该数组有 4 行 4 列共 4×4=16 个元素。数组中的前一个[ ]为行数，后一个[ ]为列数。该二维数组除了写成上述形式外，还可以写成：

形式 1：uchar hl[4][4] = {{0xee,0xde,0xbe,0x7e},

{0xed,0xdd,0xbd,0x7d},

{0xeb,0xdb,0xbb,0x7b},

{0xe7,0xd7,0xb7,0x77}};

形式 2：uchar hl[4][4] = {0xee,0xde,0xbe,0x7e,

0xed,0xdd,0xbd,0x7d,

0xeb,0xdb,0xbb,0x7b,

0xe7,0xd7,0xb7,0x77};

形式 3：uchar hl[4][4] = {0xee,0xde,0xbe,0x7e,0xed,0xdd,0xbd,0x7d,

0xeb,0xdb,0xbb,0x7b,0xe7,0xd7,0xb7,0x77};

不管哪种形式，该二维数组的 16 个元素都会自动分成像 4×4 矩阵开关一样的 4 行 4 列，并通过[ ][ ]中的行列数值查询到对应的元素，如：hl[0][3]=0x7e。

通过" * p=hl[0];"指针定义和"P2= * p;"仿真可以看出：跟一维数组一样，该数组名 hl 可以表示数组的首地址（数组第一个元素 hl[0][0]的地址）；与一维数组不同的是：hl[0]、hl[1]、hl[2]、hl[3]可以表示对应行第一个元素的地址。

**2. 矩阵开关检测程序的仿真讲解**

矩阵开关检测程序如图 5.4.7 所示。

```
uchar jzjc( )
    {for(m=0;m<4;m++){P3=0xff;P3=hh[m];//逐行拉低 h0h1h2h3 电平
                    for(n=0;n<4;n++){if(P3==hl[m][n])k=kk[m][n];
                                    //逐列检测 l0l1l2l3 电平
                                    while(P3==hl[m][n]);}}
    return k;}
```

**图 5.4.7 矩阵开关检测程序**

该检测程序应用了两个嵌套的 for 循环：外循环变量 m，内循环变量 n，内外循环次数都是 4 次，共循环 4×4=16 次。

外循环时，首先让 P3=0xff，再通过 P3=hh[m]（hh[ ]={0xfe,0xfd,0xfb,0xf7}）逐行拉低 h0h1h2h3 电平。

同时内循环通过 if(P3==hl[m][n])（hl[4][4] = {{0xee,0xde,0xbe,0x7e},{0xed, 0xdd,0xbd,0x7d},{0xeb,0xdb,0xbb,0x7b},{0xe7,0xd7,0xb7,0x77}};) 逐列检测 l0l1l2l3 电平。

当检测到低电平时，执行 k=kk[m][n]（kk[4][4]={{1,2,3,4},{5,6,7,8},{9,10, 11,12},{13,14,15,16}};)，将对应按键值送给变量 k，并通过 return k 返回给函数。

数组 hh、hl、kk 与开关检测变量 k 的对应关系如表 5.4.1 所示。

表 5.4.1　数组 hh、hl、kk 与开关检测变量 k 的对应关系

| | P3 = hl[0] | | | |
|---|---|---|---|---|
| | hl[0][0] = | hl[0][1] = | hl[0][2] = | hl[0][3] = |
| P3 = hh[0] = 0xfe | 0xee | 0xde | 0xbe | 0x7e |
| | 1 | 2 | 3 | 4 |
| | kk[0][0] = | kk[0][1] = | kk[0][2] = | kk[0][3] = |
| | k = kk[0] | | | |
| | P3 = hl[1] | | | |
| | hl[1][0] = | hl[1][1] = | hl[1][2] = | hl[1][3] = |
| P3 = hh[1] = 0xfd | 0xed | 0xdd | 0xbd | 0x7d |
| | 5 | 6 | 7 | 8 |
| | kk[1][0] = | kk[1][1] = | kk[1][2] = | kk[1][3] = |
| | k = kk[1] | | | |
| | P3 = hl[2] | | | |
| | hl[2][0] = | hl[2][1] = | hl[2][2] = | hl[2][3] = |
| P3 = hh[2] = 0xfb | 0xeb | 0xdb | 0xbb | 0x7b |
| | 9 | 10 | 11 | 12 |
| | kk[2][0] = | kk[2][1] = | kk[2][2] = | kk[2][3] = |
| | k = kk[2] | | | |
| | P3 = hl[3] | | | |
| | hl[3][0] = | hl[3][1] = | hl[3][2] = | hl[3][3] = |
| P3 = hh[3] = 0xf7 | 0xe7 | 0xd7 | 0xb7 | 0x77 |
| | 13 | 14 | 15 | 16 |
| | kk[3][0] = | kk[3][1] = | kk[3][2] = | kk[3][3] = |
| | k = kk[3] | | | |

## 5.4.5　任务作业

1. 什么是数组？数组相对于单个变量有什么优点？

2. 写出一维数组、二维数组的基本格式，说明各部分的意义。

3. 数组名称有哪些意义？

4. 数组有哪些规则？

5. 定义了一维数组 hh[4] 和二维数组 kk[4][4]，指针 *p=hh、hh[0]、&hh[0]、kk、kk[0]、kk[0][0]、&kk[0][0] 各有什么意义？

6. 分析图 5.4.2 所示例程跑马灯程序控制原理。

7. 分析图 5.4.6 所示例程矩阵开关检测工作原理。

8. 将图 5.4.6 所示例程中的矩阵开关检测程序改成指针检测程序。

## 【课外读物】世界和我国芯片生产水平

有了芯片生产材料——晶圆和芯片生产设备——光刻机等，从逻辑上说是可以生产芯片了。现在世界已经量产的最先进制程是台积电和三星才能实现的 3 nm 制程。我国最先进的芯片生产企业中芯国际，由于美国的打压，无法购买 ASML 的 EUV 光刻机，阻碍了发展，但已经实现 14 nm 量产，据传通过多次曝光技术，7 nm 制程也已经试产成功。

我国华为公司 5G 通信和手机芯片设计技术领先世界，以前它不具备芯片生产能力，自己设计的先进芯片是由台积电代工生产的。由于美国制裁，台积电不再为华为公司代工麒麟手机芯片，华为公司的发展遭受了巨大打击，华为手机世界市场占有率由第一急速下滑。

为把我国芯片生产技术快速提升到世界一流水平，以中芯国际为代表的中国芯片科技公司肩负着重大责任，并取得了以下突破。

(1)芯片制程的突破：中芯国际完成了 28 nm 到 7 nm 芯片的跨越，实现了 14 nm 的量产、7 nm 试产任务，开始了 5 nm 芯片的研发。2023 年 8 月华为 Mate 60 横空出世，确认采用 7 nm 自产芯片。

(2)芯片良品率的突破：芯片研发、量产仅仅是其中之一，关键还得看良品率，因为良品率的高低决定了订单、成本、利润的多少。中芯国际能够量产芯片的良品率，已经到达了世界先进水平。

(3)大力扩大了 28 nm 制程芯片的产能：先进制程的芯片主要用于手机，绝大部分产业还是采用 28 nm 芯片。据悉，全球缺芯后，中芯国际最先作出扩大 28 nm 制程芯片的决定，三次扩产，投资约 1200 亿元，为我国产业稳定做出了巨大贡献。

# 项目 6
# 显示控制程序的设计与仿真

## 任务 1　带数码显示的跑马灯控制程序的设计与仿真

### 🔊 任务实施目标

通过任务实操和讲解，体验式学习和掌握：

1. 共阴极和共阳极数码管内部结构、显示原理；
2. 用万用表和根据位码段码判断数码管的管脚和极性的方法；
3. 数码显示电路的设计和根据数码管极性、字段管脚与单片机控制端不同接法，编写段码的方法；
4. 单片机驱动数码管静态和动态显示的原理和编程方法；
5. 多位数码管在跑马灯、滚动显示中的编程方法和技巧。

微课二维码

### 🔊 任务背景

数码显示管是由 8 个字段型发光二极管构成的显示器，具有显示清晰、亮度高、寿命长的特点，也称数码管。数码管字段用 a、b、c、d、e、f、g 和 dp 表示，如图 6.1.1 所示。

数码管分为共阴极和共阳极两种类型。共阳极数码管 8 个字段型 LED 的正极为 COM 端，接+5 V 电源，阴极接单片机端口，当端口输出低电平时，相应字段发光。共阴极数码管的负极为 COM 端，接地，阳极接单片机端口，当端口输出高电平时，相应字段发光。

图 6.1.2 为使用 Proteus 制作的数码管结构和显示仿真电路图。图 6.1.3 为数码显示原理演示程序。可应用仿真电路中的拨码、按键开关手动显示数码，也可以下载程序自动显示。通过手动和自动显示的对比操作，帮助大家感性认识数码管的结构、分类和显示原理。

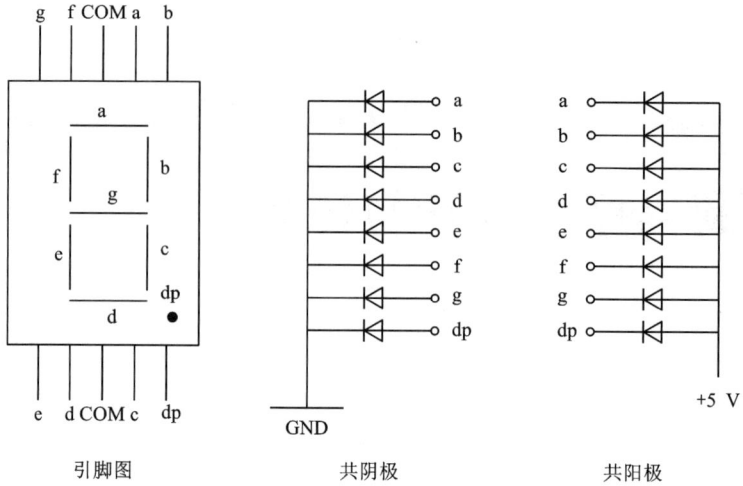

引脚图　　　　　　　共阴极　　　　　　　共阳极

**图 6.1.1　共阳极和共阴极 8 段数码管外形和原理图**

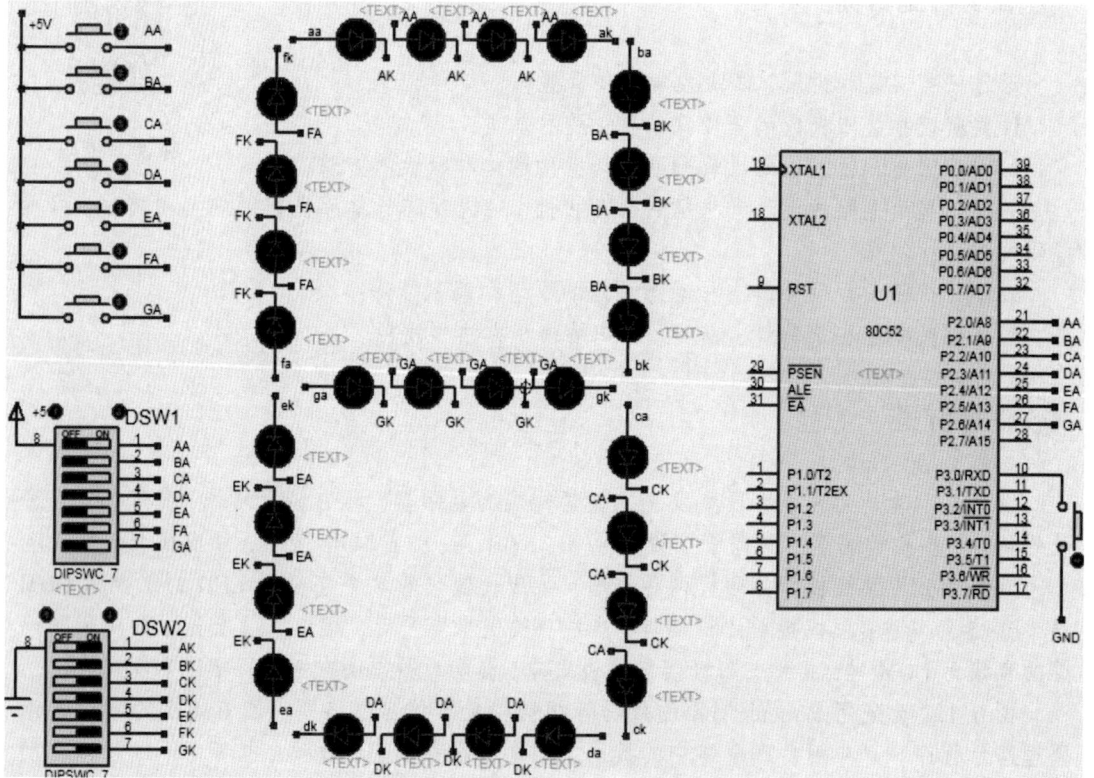

**图 6.1.2　数码管结构和显示仿真电路图**

```
#include<reg52. h>
#define uchar unsigned char
#define uint unsigned int
uchar dm[ ] = {0xc0,0xf9,0xa4,0xb0,0x99,0x92,0x82,0xf8,0x80,0x90};
sbit k = P3^0;
void yanshi( uint x) { while(x--);}
void xianshi( )
    {uchar i;
    for(i=0;i<10;i++)
        {P2 = ~ dm[i];yanshi(50000);yanshi(50000);yanshi(50000);P2 =0;}}
void main( ){while(1){P2 =0x00; while(! k)xianshi( );}}
```

**图 6.1.3　数码显示原理演示程序**

数码显示管按位数可分为一位和多位数码管。多位数码管各位的字段分别连接在一起共用，每位数码管的公共端作为位选分开控制，如图 6.1.4 所示。

多位数码管可进行静态和动态显示，明显的区别是：静态显示是不分位的显示，多位数码只能同时显示同一个数码；动态显示是分位的显示，可分别显示不同的数码。

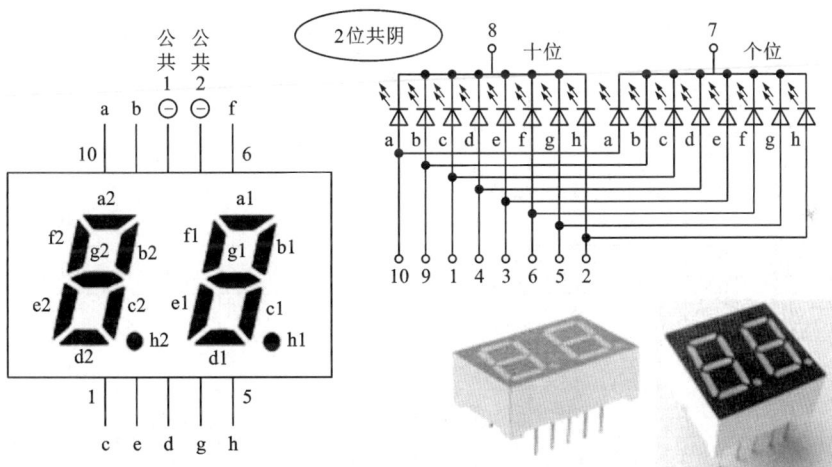

**图 6.1.4　两位数码显示管产品和内部结构图**

图 6.1.5 为两位数码管的静态显示仿真电路，两位数码管的位选端连接在一起，显示同一个数据，相当于一位数码管。多位静态显示数码管的公共端连接在一起接地或+5 V，只要像图 6.1.3 所示例程一样编写段码控制数据即可。图 6.1.5 所示共阳极数码管的段码真值表如表 6.1.1 所示。共阴极数码管的段码对共阳极段码逐位取反即可。

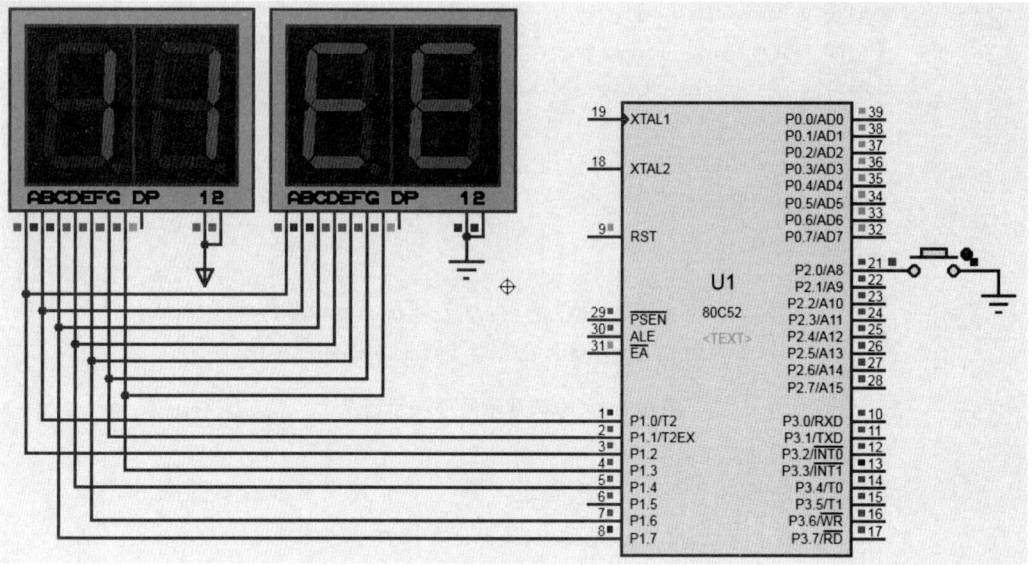

图 6.1.5   静态数码显示器的仿真电路

表 6.1.1   共阳极数码管段码表

| 数码 | P1.7 | P1.6 | P1.5 | P1.4 | P1.3 | P1.2 | P1.1 | P1.0 | 段码 |
|---|---|---|---|---|---|---|---|---|---|
| | c | e | dp | d | g | a | f | b | |
| 0 | 0 | 0 | 1 | 0 | 1 | 0 | 0 | 0 | 0x28 |
| 1 | 0 | 1 | 1 | 1 | 1 | 1 | 1 | 0 | 0x7e |
| 2 | 1 | 0 | 1 | 0 | 0 | 0 | 1 | 0 | 0xa2 |
| 3 | 0 | 1 | 1 | 0 | 0 | 0 | 1 | 0 | 0x62 |
| 4 | 0 | 1 | 1 | 1 | 0 | 1 | 0 | 0 | 0x74 |
| 5 | 0 | 1 | 1 | 0 | 0 | 0 | 0 | 1 | 0x61 |
| 6 | 0 | 0 | 1 | 0 | 0 | 0 | 0 | 1 | 0x21 |
| 7 | 0 | 1 | 1 | 1 | 1 | 0 | 1 | 0 | 0x7a |
| 8 | 0 | 0 | 1 | 0 | 0 | 0 | 0 | 0 | 0x20 |
| 9 | 0 | 1 | 1 | 0 | 0 | 0 | 0 | 0 | 0x60 |

多位数码管的动态显示原理是：同时给数码显示管的字段管脚和公共端分别输入字段码和位选码，让其中的一位显示、其他位黑屏，利用视觉暂留原理显示多位数码。相对静态显示，多位数码管动态显示程序复杂些，将在本任务中详细讲解。

## 🔊 任务探索

如何编写多位数码显示管的动态显示程序？如何应用数码显示管动态显示跑马灯次数？

## 6.1.1 电路结构说明与程序控制要求

### 一、电路结构说明

动态显示仿真电路如图 6.1.6 所示。该任务中要求 P3 实现跑马灯控制，但电路中没有画出 LED，这是因为在 Proteus 仿真电路中，用红色、绿色、灰色和黄色来分别显示高电平、低电平、不确定电平和电平冲突。通过编程实现 P3 的跑马灯控制，可以看到 P3 口的红色或绿色点的跑动，本仿真电路是用色点的跑动来代替 LED 跑马灯。

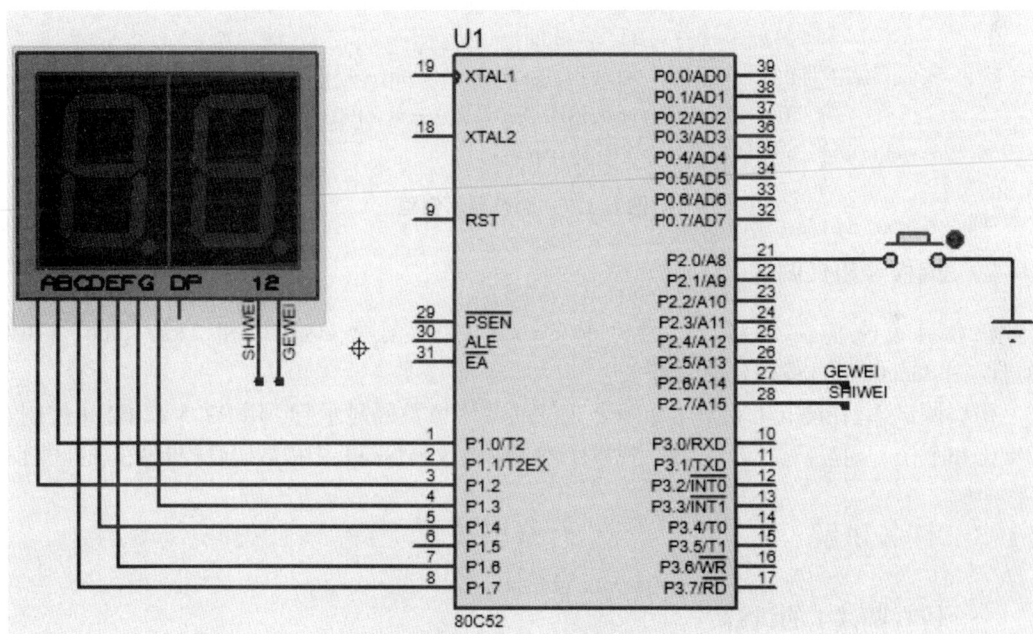

**图 6.1.6 动态显示仿真电路**

### 二、程序控制要求

(1)用 P3 实现跑马灯功能，方向、速度自定。

(2)跑马灯每跑完 8 位，次数+1，次数计数到 100 后不再计数，显示 99。

(3)P1 输出段码，P2.7、P2.6 分别是十位、个位位选信号。

## 6.1.2　任务实操

### 一、例程

本任务例程如图 6.1.7 所示。

```
#include <reg52. h>
#define uint unsigned int
#define uchar unsigned char
bit yx=0;sbit k1=P2^0;sbit shiwei=P2^7;sbit gewei=P2^6;//yx 运行
uchar code dm[ ]={0x28,0x7e,0xa2,0x62,0x74,0x61,0x21,0x7a,0x20,0x60};
uint x;uchar n,m,led1=0x0, * p;//十位用指针显示
void yanshi(uint x){while(x--);}
void dongtaixs( ){P1=0xff;P1=dm[n%10];gewei=1;shiwei=0;yanshi(5000);
            P1=0xff;p=&dm[n/10];P1= * p;//根据位选信号判定极性
            gewei=0;shiwei=1;yanshi(5000);}
            //字段消隐电平 P1=0xff;假如用 P1=0,无法消隐
void ajjc( ) {if(k1==0){yx=! yx;while(! k1);}}
void pmd( ){P3=led1;led1=led1<<1;dongtaixs( );//用显示程序替代延时程序
            if(++m==8){m=0;led1=0x01;if(++n==100)n=99;}}
void main( ){while(1){ajjc( );if(yx)pmd( );}}
```

图 6.1.7　动态显示例程

### 二、编程与仿真调试

仿真调试 1：仿真运行程序，分析 dongtaixs( )如何消隐、送段码和位码？ pmd( )如何通过调用 dongtaixs( )替代延时程序？

仿真调试 2：在图 6.1.6 中增加一个 2 位的共阴极数码显示管，用 P2.5 和 P2.4 控制它的十位和个位。通过仿真运行程序，观察比较共阴极数码管与共阳极数码管控制数据的区别。

## 6.1.3　任务讲解

### 一、仿真调试 1 的讲解

#### 1. 动态显示程序 dongtaixs( )的仿真讲解

dongtaixs( )程序如图 6.1.8 所示。

```
void dongtaixs( ){P1=0xff;P1=dm[n%10];gewei=1;shiwei=0;yanshi(5000);
            P1=0xff;p=&dm[n/10];P1= * p;
            gewei=0;shiwei=1;yanshi(5000);}
            //字段消隐电平 P1=0xff;假如用 P1=0,无法消隐
```

图 6.1.8　dongtaixs( )程序

任务中跑马灯的次数计数范围是0～99，需要两位数码管进行动态显示。图6.1.8中的数码管为共阳极两位数码管，P1输出段码，P2.6、P2.7输出个位、十位位选码。

动态显示程序难学，难就难在程序难写和出现了显示问题不知道问题到底出现在哪。首先通过图6.1.8介绍下怎么编写动态显示程序。编写动态显示程序要时刻记住两个关键点和三个步骤。两个关键点就是搞清楚"送段码解决了显示什么内容；送位码解决了段码显示在什么位置"两个关键问题；三个步骤就是"消隐—送段码和位码—延时"三个编程步骤。

"P1=0xff；P1=dm[n%10]；gewei=1；shiwei=0；yanshi(5000)；"是个位显示程序，现分析如下。

第一步消隐：所选择的数码显示管是共阳极数码管，所以"P1=0xff；"是消隐信号。

第二步送段码和位码："P1=dm[n%10]；"送个位段码；"gewei=1；shiwei=0；"让个位、十位公共端分别为1、0，送位选信号，显示个位。

第三步延时：调用延时子程序"yanshi(5000)；"，通过适当的延时时间，利用视觉暂留原理，让人看到个位数码稳定地显示出来。选择合适的延时参数非常重要，太短看不见要显示的数码，太长会跳动。

关键点1——送段码：通过"P1=dm[n%10]；"找到数组中的段码赋给P1，确定了显示内容。其难点是如何根据要显示的变量找到dm数组中的码。程序通过n%10来计算个位数值，再通过该数值去取数组中的段码。

关键点2——送位码：因为是共阳极数码管，通过"gewei=1；shiwei=0；"让个位公共端=1，十位公共端=0，确定了所送入的段码显示在个位，确定了显示的位置。

"P1=0xff；p=&dm[n/10]；P1=*p；gewei=0；shiwei=1；yanshi(5000)；"是十位显示程序。消隐、送位码、延时与个位显示原理是一样的，主要讲解下如何送十位段码：十位段码是通过指针p来赋值的。n/10计算出来十位数，通过指针"p=&dm[n/10]；"取地址运算，取出该数值的段码dm的地址；再通过"P1=*p；"将该段码赋值给P1，确定显示内容。

在调试过程中遇到数码动态显示不正常时，可以参考以下口诀查找显示问题："黑屏看极性，字段错误看段码，显示位置错看位码，显示乱码看消隐，显示闪烁和亮度太暗看延时。"

### 2.跑马灯程序pmd()的仿真讲解

pmd()程序如图6.1.9所示。

```
void pmd(){P3=led1;led1=led1<<1;dongtaixs();//用显示程序替代延时程序
           if(++m==8){m=0;led1=0x01;if(++n==100)n=99;}}
```

图6.1.9　pmd()程序

该跑马灯程序是利用"dongtaixs()；"作延时程序。

### 二、仿真调试2的讲解——共阴极数码管动态显示的仿真讲解

该仿真的重点是：①根据程序中位选信号电平判定数码管的极性，如显示十位时，十

位位选信号 shiwei＝1，可以判定数码管为共阳极数码管。②根据数码管极性和字段所连接的单片机控制端口，编写 0～9 的段码：dm[ ] ＝｛0x28,0x7e,0xa2,0x62,0x74,0x61,0x21,0x7a,0x20,0x60｝;。③改成共阴极数码管的方法：通过"P1 ＝ ～ dm[ n/10]；"将共阳极字段码逐位取反，同时将消隐信号和位选信号也取反就可以了(P1 ＝ ～0xff；消隐信号)。

## 6.1.4　任务拓展：数码滚动显示程序的设计与仿真

### 一、仿真电路与设计要求

8 位共阳极数码滚动显示仿真电路如图 6.1.10 所示。

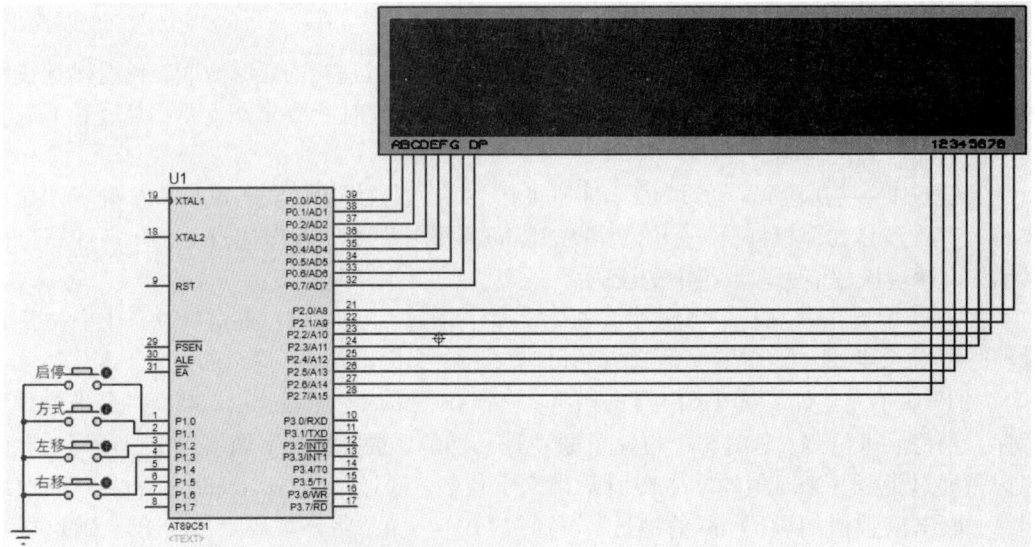

图 6.1.10　8 位共阳极数码滚动显示仿真电路

设计要求如下：

(1)P1.0～P1.3：启停、方式、左移、右移按键开关。

(2)方式选择：第一次按下"方式"按键为滚动显示，再次按下为固定显示。按下"左移"时，滚动显示方向从右向左；按下"右移"时，滚动显示方向从左向右。第一次按下"启停"为启动显示，再次按下为停止显示，并黑屏。

(3)固定显示要求：

①顺序点亮 a、b、c、d、e、f、g，进行字段自检，时间自定；

②"8"字闪烁 3 次，闪烁速度自定；

③最后显示年月日；

④最后一位要求显示小数点。

(4)滚动显示要求：左移滚动显示时要求年在前、日在后，由低位向高位滚动显示；右移滚动显示时要求日在前、年在后，由高位向低位滚动显示。

(5)要尽可能保证按键开关控制的灵敏度。

## 二、例程和仿真讲解

8 位共阳极数码滚动显示例程如图 6.1.11 所示。

```
#include<reg52.h>
#define uchar unsigned char
#define uint unsigned int
uchar code dm[ ]={0xc0,0xf9,0xa4,0xb0,0x99,0x92,0x82,0xf8,0x80,0x90};
uchar code wm[ ]={0x01,0x02,0x04,0x08,0x10,0x20,0x40,0x80};//共阳极
uchar yue=3,ri=5,led[8],*p;
uint nian=2024;
sbit k1=P1^0; sbit k2=P1^1;sbit k3=P1^2;sbit k4=P1^3;
bit qd,fs,zy,yy,zj;//启动、方式、左移、右移、自检
void yanshi(uint x){while(--x);}
void ajjc()
    {if(!k1){qd=!qd;zj=1;while(!k1);}
    if(!k2){fs=!fs;zy=yy=P2=0;while(!k2);}//切换方式时 zy=yy=P2=0
    if(!k3){zy=1,yy=P2=0; while(!k3);}
    if(!k4){zy=P2=0,yy=1; while(!k4);}}
void fenshu(){led[7]=dm[nian/1000];led[6]=dm[nian/100%10];
                led[5]=dm[nian%100/10];led[4]=dm[nian%10];
                led[3]=0xbf;led[2]=dm[yue%10];//led[2]=yue%10 也可
                led[1]=0xbf; led[0]=dm[ri%10];}
void zjcx(){P2=0xff;P0=0xfe;yanshi(50000);P0=0xfd;yanshi(50000);
                P0=0xfb;yanshi(50000);P0=0xf7;yanshi(50000);
                P0=0xef;yanshi(50000);P0=0xdf;yanshi(50000);
                P0=0xbf;yanshi(50000);P0=0x7f;yanshi(50000);
                P2=0x00;P0=0xff;yanshi(50000); P2=0xff;P0=0x00;yanshi(50000);
                P2=0x00;P0=0xff;yanshi(50000); P2=0xff;P0=0x00;yanshi(50000);
                P2=0x00;P0=0xff;yanshi(50000); P2=0xff;P0=0x00;yanshi(50000);zj=0;}
void gdxs(){uchar i;if(zj)zjcx();//固定显示
    for (i=0;i<8;i++)
        {P0=0xff;if(i!=0)P0=led[i];else P0=led[i]&0x7f;
        p=&wm[i];P2=*p;yanshi(500);}}//P0=dm[led[i]]也可
void zyxs(){uchar k,j,s,n;
    for(k=1;k<9;k++)
        {for(n=0;n<50;n++)
            {for(j=8,s=k;j>8-k;j--,s--)
                {P0=0xff;P2=0;P0=led[j];P2=wm[s-1];
                ajjc();yanshi(2000/k);}}}}
void yyxs(){uchar k,j,s,n;
    for(k=1;k<9;k++)
        {for(n=0;n<50;n++)
            {for(j=0,s=8-k;j<k;j++,s++)
                {P0=0xff;P2=0;P0=led[j];P2=wm[s];
                ajjc();yanshi(2000/k);}}}}
void main() {while(1){fenshu();ajjc();
```

```
        if(qd){if(! fs)gdxs();
               else{if(zy)zyxs();if(yy)yyxs();}}
        else P0=0xff;}}
```

图 6.1.11　8 位共阳极数码滚动显示例程

### 1. 数码管极性判定

uchar code wm[ ]={0x01,0x02,0x04,0x08,0x10,0x20,0x40,0x80}; //共阳极。

### 2. 拆分数程序 fenshu( )的仿真讲解

拆分数程序如图 6.1.12 所示。

```
void fenshu(){led[7]=dm[nian/1000];led[6]=dm[nian/100%10];
              led[5]=dm[nian%100/10];led[4]=dm[nian%10];
              led[3]=0xbf;led[2]=dm[yue%10];//led[2]=yue%10 也可
              led[1]=0xbf; led[0]=dm[ri%10];}
```

图 6.1.12　拆分数程序

该程序的功能就是把年月日变量通过除法计算拆分成单个数值，然后通过段码数组 dm，将这些数字对应的段码赋值给 led 数组。led 数组既保存了年月日的字段码，还保存了其排列(显示)位置。

拆分数程序的另一种写法如图 6.1.13 所示。

```
void fenshu(){led[7]=nian/1000;led[6]=nian/100%10;
              led[5]=nian%100/10;led[4]=nian%10;
              led[3]=10//把-的码 0xbf 放到 dm 数组中 9 元素后面
              led[2]=yue%10;
              led[1]=10//把-的码 0xbf 放到 dm 数组中 9 元素后面
              led[0]=ri%10;}
```

图 6.1.13　拆分数程序的另一种写法

该拆分数程序只是把年月日拆分成单个数值，没有直接取对应数值的段码，在显示程序中再通过 P0=dm[led[i]]取出段码，并赋给 P0，实现显示功能。

### 3. 自检程序 zjcx( )的仿真讲解

固定显示时首先执行的数码管自检程序如图 6.1.14 所示。

```
void zjcx(){P2=0xff;P0=0xfe;yanshi(50000);P0=0xfd;yanshi(50000);//自检程序
            P0=0xfb;yanshi(50000);P0=0xf7;yanshi(50000);
            P0=0xef;yanshi(50000);P0=0xdf;yanshi(50000);
            P0=0xbf;yanshi(50000);P0=0x7f;yanshi(50000);
            P2=0x00;P0=0xff;yanshi(50000); P2=0xff;P0=0x00;yanshi(50000);
            P2=0x00;P0=0xff;yanshi(50000); P2=0xff;P0=0x00;yanshi(50000);
            P2=0x00;P0=0xff;yanshi(50000); P2=0xff;P0=0x00;yanshi(50000);zj=0;}
```

图 6.1.14　固定显示时首先执行的数码管自检程序

　　该自检程序先依次点亮 8 位共阳极数码管的字段,通过 P2 = 0xff;同时打开所有位选端,进行静态显示。再通过 P0 = 0xfe; yanshi(50000); P0 = 0xfd; yanshi(50000); P0 = 0xfb; yanshi(50000); P0 = 0xf7; yanshi(50000); P0 = 0xef; yanshi(50000); P0 = 0xdf; yanshi(50000); P0 = 0xbf; yanshi(50000); P0 = 0x7f; yanshi(50000);依次点亮 abcdefgdp 8 个字段。

　　P2 = 0x00; P0 = 0xff; yanshi(50000); P2 = 0xff; P0 = 0x00; yanshi(50000);是一次 8 个"8."闪烁程序,重复写 3 次,实现 3 次闪烁功能。

　　每次切换到固定显示模式时,自检程序只执行一次,实现方法是:在按键检测程序中,通过 if(! k1){qd =! qd; zj = 1; while(! k1);}让 zj = 1;在固定显示程序中,通过"if(zj)zjcx();"调用自检程序;在自检程序结束后,让 zj = 0,没进行切换方式时,不再执行第二次自检。

### 4. 固定显示 gdxs( )的仿真讲解

固定显示程序如图 6.1.15 所示。

```
void gdxs( ){uchar i;if(zj)zjcx( );//固定显示
    for(i=0;i<8;i++)
        {P0=0xff;if(i! =0)P0=led[i];else P0=led[i]&0x7f;
        p=&wm[i];P2= * p;yanshi(500);}}//P0=dm[led[i]]也可
```

图 6.1.15　固定显示程序

　　该显示程序为 8 位共阳极数码管显示程序,P1 为段码控制端口,P2 为位码控制端口。采用 8 次 for 循环依次送段码和位码。"P0 = led[i];"送段码,由于最低位要显示小数点,也就是 i = 0 时,通过"if(i! = 0)P0 = led[i]; else P0 = led[i]&0x7f;"让"P0 = led[i]&0x7f;"点亮最低位小数点。采用指针,通过"p = &wm[i]; P2 = * p;"送位码。

### 5. 左移动程序 zyxs( )的仿真讲解

滚动显示时左移程序如图 6.1.16 所示。

```
void zyxs( ){uchar k,j,s,n;
    for(k=1;k<9;k++)//第 1 次滚动 1 个数,第 2 次滚动 2 个数,…
        {for(n=0;n<50;n++)//第 1、2、…次分别滚动 50 次
            {for(j=7,s=k;s>0;j--,s--)//j 为段码位置数,左移所以 j 初值置 7
            //s=k 表示本次滚动几个数,s-1 定位要显示数的位置
                {P0=0xff;P2=0;P0=led[j];P2=wm[s-1];
                ajjc( );yanshi(2000/k);}}}}
```

图 6.1.16　滚动显示时左移程序

　　该程序由年到日,从低位到高位左移,其滚动效果如表 6.1.2 所示。

　　第一次滚动时:j = 7,s = k = 1>0 满足循环条件,P0 = led[j] = led[7];P2 = wm[s-1] = wm[0];。s-- = 0 不满足循环条件,所以 for(j=7,s=k;s>0;j--,s--)只循环一次,led[7] 在 wm[0] 上通过 for(n=0;n<50;n++)重复显示 50 次。

第二次滚动时：j=7，s=k=2>0 满足循环条件，P0=led[7]；P2=wm[1]；。s--=1 满足循环条件，for(j=7,s=k;s>0;j--,s--)循环第二次，P0=led[6]；P2=wm[0]；。

第三次滚动……

{P0=0xff;P2=0;P0=led[j];P2=wm[s-1];ajjc();yanshi(2000/k);}中为什么调用 ajjc()？——提高按键检测灵敏度？"P0=0xff;P2=0;"有什么作用？——消隐。

表 6.1.2 滚动左移效果

| wm[7] | wm[6] | wm[5] | wm[4] | wm[3] | wm[2] | wm[1] | wm[0] |
|---|---|---|---|---|---|---|---|
| | | | | | | | Led[7]=2 |
| | | | | | | Led[7]=2 | Led[6]=0 |
| | | | | | Led[7]=2 | Led[6]=0 | Led[5]=2 |
| | | | | Led[7]=2 | Led[6]=0 | Led[5]=2 | Led[4]=4 |
| | | | Led[7]=2 | Led[6]=0 | Led[5]=2 | Led[4]=4 | Led[3]=- |
| | | Led[7]=2 | Led[6]=0 | Led[5]=2 | Led[4]=4 | Led[3]=- | Led[2]=3 |
| | Led[7]=2 | Led[6]=0 | Led[5]=2 | Led[4]=4 | Led[3]=- | Led[2]=3 | Led[1]=- |
| Led[7]=2 | Led[6]=0 | Led[5]=2 | Led[4]=4 | Led[3]=- | Led[2]=3 | Led[1]=- | Led[0]=5 |

### 6. 右移动程序 yyxs() 的仿真讲解

滚动显示时右移程序如图 6.1.17 所示。

```
void yyxs(){uchar k,j,s,n;
    for(k=1;k<9;k++)
        {for(n=0;n<50;n++)
            {for(j=0,s=8-k;j<k;j++,s++)//j 为段码位置数,右移所以 j 初值置 0
                //s=8-k 表示要显示数的位置,j<k 是循环条件
                {P0=0xff;P2=0;P0=led[j];P2=wm[s];
                    ajjc();yanshi(2000/k);}}}}
```

图 6.1.17 滚动显示时右移程序

该程序由日到年，从高位到低位右移，其滚动效果如表 6.1.3 所示。

表 6.1.3 滚动右移效果

| wm[7] | wm[6] | wm[5] | wm[4] | wm[3] | wm[2] | wm[1] | wm[0] |
|---|---|---|---|---|---|---|---|
| Led[0]=5 | | | | | | | |
| Led[1]=- | Led[0]=5 | | | | | | |
| Led[2]=3 | Led[1]=- | Led[0]=5 | | | | | |
| Led[3]=- | Led[2]=3 | Led[1]=- | Led[0]=5 | | | | |
| Led[4]=4 | Led[3]=- | Led[2]=3 | Led[1]=- | Led[0]=5 | | | |
| Led[5]=2 | Led[4]=4 | Led[3]=- | Led[2]=3 | Led[1]=- | Led[0]=5 | | |
| Led[6]=0 | Led[5]=2 | Led[4]=4 | Led[3]=- | Led[2]=3 | Led[1]=- | Led[0]=5 | |
| Led[7]=2 | Led[6]=0 | Led[5]=2 | Led[4]=4 | Led[3]=- | Led[2]=3 | Led[1]=- | Led[0]=5 |

第一次滚动时：k=1,s=8-k=7,j=0<k满足循环条件，"P0=led[0];P2=wm[7];"；第二次滚动时：k=2,s=8-k=6,j=0<k=2,每次循环j++,for(j=0,s=8-k;j<k;j++,s++)可循环2次，第一次循环结果是"P0=led[0];P2=wm[6];"，第二次循环结果是"P0=led[1];P2=wm[7];"；第三次滚动……

## 6.1.5　任务作业

1. 数码显示管有几个字段？分别用什么文字符号表示？

2. 什么是共阳极、共阴极数码管？画出共阳极和共阴极数码管结构图，说明用万用表判定数码管管脚和极性的方法。

3. 说明多位数码管的结构、段码引脚与位控引脚的作用。

4. 什么叫多位数码管的静态和动态显示？分别说明其显示原理。

5. 为什么多位数码管静态显示不能显示多位不同数码？

6. 如何通过阅读数码管显示程序的段码和位码，判定其极性？

7. 如何用真值表编写数码管的段码？共阳极与共阴极数码管段码之间有什么换算关系？采用什么指令换算？

8. 编写数码显示程序要注意哪两个关键点和三个步骤？

9. 数码显示程序中的消隐信号和延时程序各有什么作用？

10. 图6.1.7所示例程中，用dongtaixs()程序替代跑马灯程序中的延时程序有什么好处？

11. 图6.1.11所示例程左右移动程序中调用ajjc()程序有什么好处？

12. 分析图6.1.11所示例程中的gdxs()、zyxs()和yyxs()程序。

# 任务2　16×16点阵广告牌控制程序的设计与仿真

## 🔊 任务实施目标

通过任务实操和讲解，体验式学习和掌握：

1. 点阵显示屏的内部结构及接线方式；

2. 8×8点阵控制程序的编写方法；

3. 16×16 led点阵显示屏的接口电路；

4. 16×16点阵广告牌控制程序的编写方法。

微课二维码

## 🔊 任务背景

一、8×8 led点阵显示屏的结构和显示原理

图6.2.1的8×8 led点阵显示屏是拼凑复杂点阵显示屏的基本单元。构成8×8点阵显

示屏的 led 是灯珠形的，图 6.2.2 是用 8×8 发光二极管模拟构建的 8×8 led 点阵显示屏。

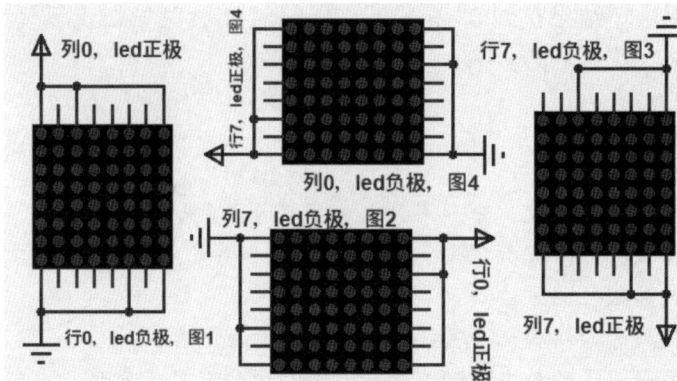

图 6.2.1  8×8 led 点阵仿真器件

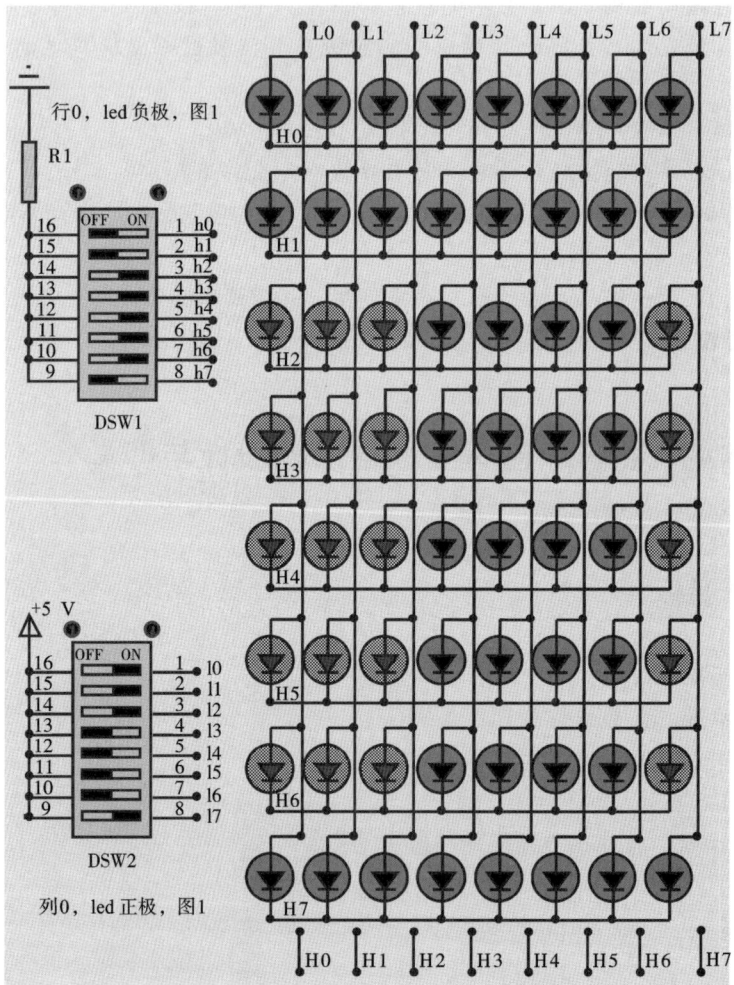

图 6.2.2  8×8 个发光 led 模拟的 8×8 点阵显示屏

8×8 led 点阵显示屏由 64 个 led 构成，每个 led 有两个引脚，单独控制，需要 128 个端口。采用类似矩阵开关的结构和接线方式，可节约单片机控制端口：将 64 个 led 整齐排列成 8 行 8 列，将每行发光二极管的负极连在一起，构成 H0~H7 八行共 8 位行控制信号；将每列发光二极管的正极连在一起，构成 L0~L7 八列共 8 位列控制信号。闭合图 6.2.2 中的行列控制开关 DSW1、DSW2，可以点亮相应的 led。旋转图 6.2.2 所示的点阵显示屏，行列信号可以转换，旋转得到的行列效果如图 6.2.3 所示。

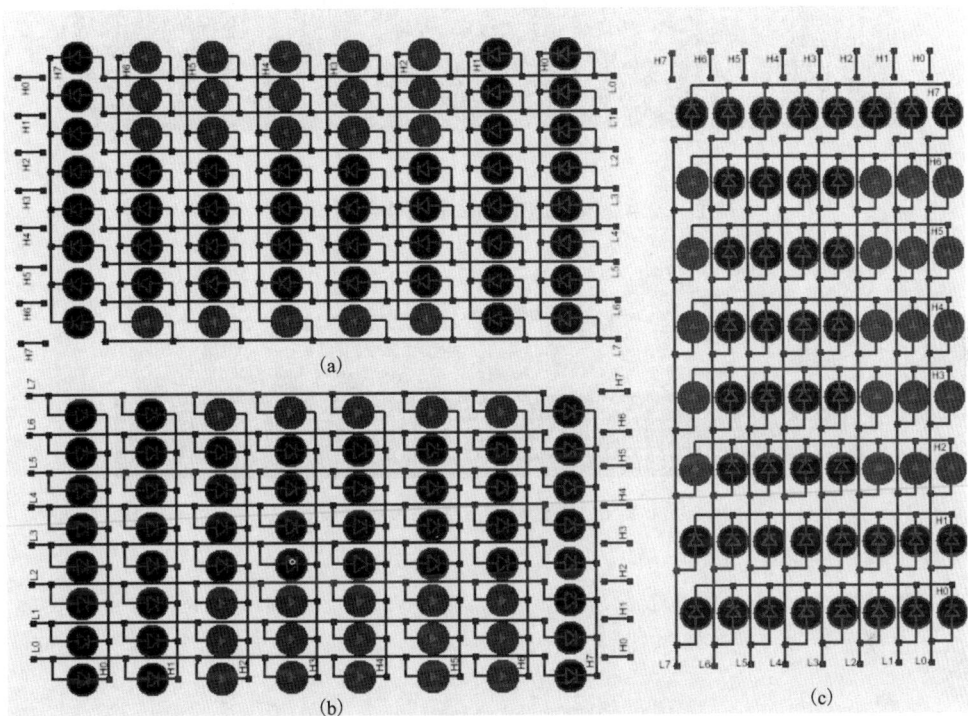

**图 6.2.3　器件旋转的行列转换效果图**

点阵显示屏利用视觉暂留原理，将要显示的字形以扫描方式进行编码，然后通过"消隐—送字形码、扫描位码—延时"的步骤显示。

二、PCtoLCD2002 取码软件

点阵显示屏由于 led 数量多，字形编码工作量大，有专门的字形取码软件。本书采用 PCtoLCD2002 取码软件，该取码软件不需要安装，双击  PCtoLCD2002 可直接运行，打开的取码软件操作界面如图 6.2.4 所示，现以像素为 8×8 的"0~9"取码为例，讲解其操作方法。

1. 输入要显示的字符

在界面输入栏中输入"0123456789"，在显示窗口中会显示出来。

2. 选择像素和对应英文长宽比

选择 8×8 的像素和 8 像素的字高:由于英文与数码显示时,显示宽度比汉字少一半,所以取英文与数码字形码时,可将字宽设置成 16 像素,如图 6.2.5 所示。

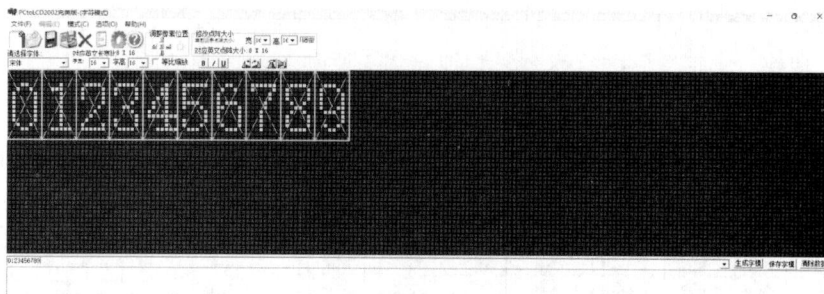

**图 6.2.4　PCtoLCD2002 取码软件操作界面**

**图 6.2.5　像素和对应英文长宽比设置**

3. 设置字模选项

字模选项操作方法如图 6.2.6 所示,包括点阵格式、取模走向、取模方式的设置,设置好后,在设置窗口点击"确定"即可。

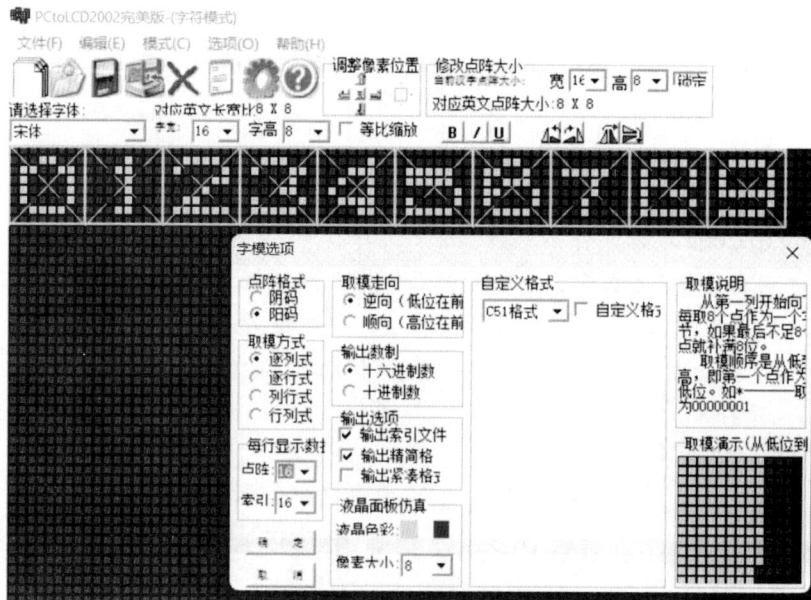

**图 6.2.6　字模选项设置**

现以逐列扫描方式讲解字模选项设置操作方法：8×8 led 点阵显示屏有图 6.2.1 中四种放置方式，放置方式不同，点阵行列显示布局排列不同。如图 1 和图 3 所示方式放置器件时，行信号为 led 的负极、列信号为 led 的正极。逐列扫描的意思是：行信号为字形码、列信号为公共端，所以点阵格式为阳码。假如选择阴码，在编写显示程序时，需对字形码逐位取反。取模走向由行信号与单片机端口的连接方式决定，假如低位在前，选择逆向；高位在前选择顺向。设置好字模选项后的显示效果可以在取模演示窗口中观察验证。

4. 生成和复制字形码

在前三步的基础上，点击界面右下方"生成字模"按键，在界面下方的字形码生成窗口中会生成所输入字符的字形码，如图 6.2.7 所示。将这些字形码复制到程序中要显示的字符数组中。

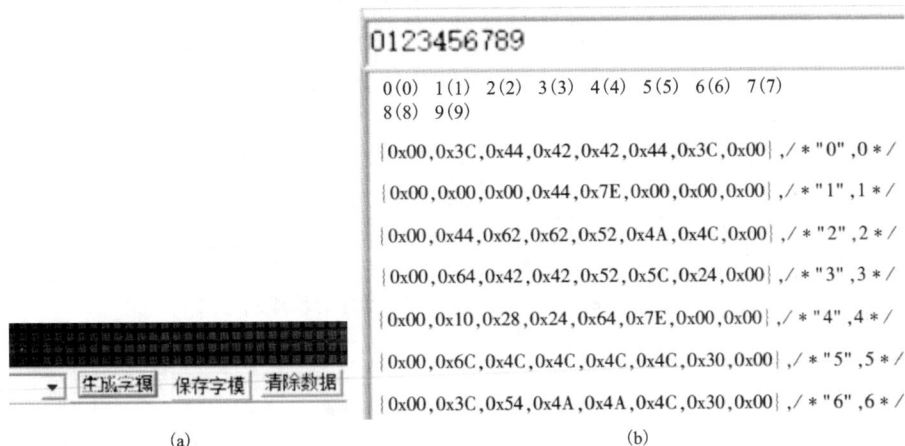

```
0123456789

0(0)  1(1)  2(2)  3(3)  4(4)  5(5)  6(6)  7(7)
8(8)  9(9)
{0x00,0x3C,0x44,0x42,0x42,0x44,0x3C,0x00},/*"0",0*/
{0x00,0x00,0x00,0x44,0x7E,0x00,0x00,0x00},/*"1",1*/
{0x00,0x44,0x62,0x62,0x52,0x4A,0x4C,0x00},/*"2",2*/
{0x00,0x64,0x42,0x42,0x52,0x5C,0x24,0x00},/*"3",3*/
{0x00,0x10,0x28,0x24,0x64,0x7E,0x00,0x00},/*"4",4*/
{0x00,0x6C,0x4C,0x4C,0x4C,0x4C,0x30,0x00},/*"5",5*/
{0x00,0x3C,0x54,0x4A,0x4A,0x4C,0x30,0x00},/*"6",6*/
```

　(a)　　　　　　　　　　　　　　　　　　　(b)

**图 6.2.7　字模生成和复制字形码步骤**

三、8×8 led 数码显示应用举例

图 6.2.8 和图 6.2.9 中的 74LS245 为双向驱动电路，当 1 脚为高平时，A 为输入，B 为输出。图中显示屏对应的控制行引脚与 74LS245 的输出端 B0～B7 相连，74LS245 的输入端 A0～A7 接到 P0 口。图 6.2.8 中显示屏对应的控制列引脚接到单片机的 P3 口；图 6.2.9 中的列控制信号还需要 PNP 放大电路驱动。8×8 led 点阵显示程序如图 6.2.10 所示。

```c
#include<reg52.h>
#define uchar unsigned char
#define uint unsigned int
uchar codezm[10][10]={{0x00,0x3C,0x44,0x42,0x42,0x44,0x3C,0x00},/*"0",0*/
                      {0x00,0x00,0x00,0x44,0x7E,0x00,0x00,0x00},/*"1",1*/
                      {0x00,0x44,0x62,0x62,0x52,0x4A,0x4C,0x00},/*"2",2*/
                      {0x00,0x64,0x42,0x42,0x52,0x5C,0x24,0x00},/*"3",3*/
                      {0x00,0x10,0x28,0x24,0x64,0x7E,0x00,0x00},/*"4",4*/
                      {0x00,0x6C,0x4C,0x4C,0x4C,0x4C,0x30,0x00},/*"5",5*/
                      {0x00,0x3C,0x54,0x4A,0x4A,0x4C,0x30,0x00},/*"6",6*/
                      {0x00,0x04,0x04,0x64,0x1C,0x04,0x00,0x00},/*"7",7*/
                      {0x00,0x7C,0x4A,0x4A,0x52,0x52,0x2C,0x00},/*"8",8*/
                      {0x00,0x5C,0x52,0x52,0x52,0x52,0x3C,0x00},/*"9",9*/
```

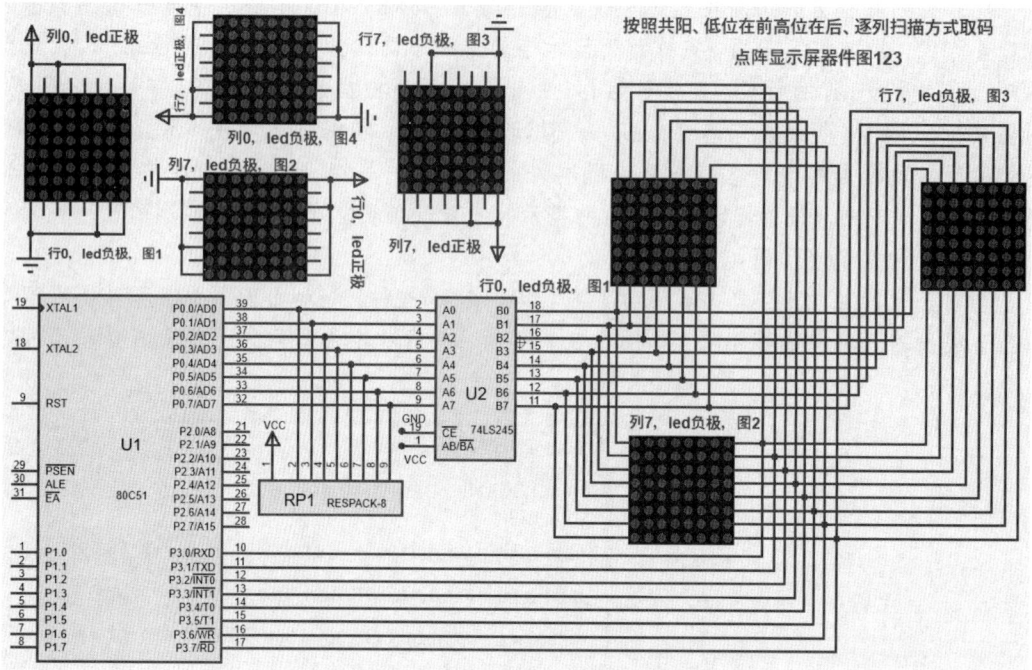

图 6.2.8　8×8 点阵显示仿真器件显示电路

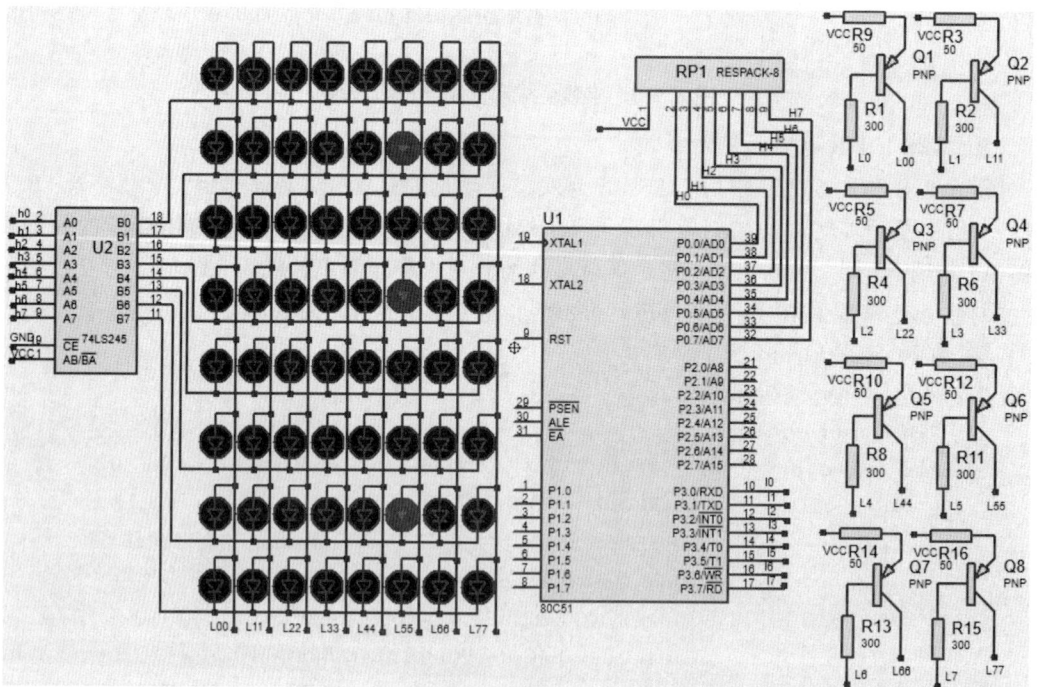

图 6.2.9　8×8 点阵显示模拟器件显示电路

```
                         };//按照共阴极逐列扫描低位在前取码方式
uchar wm[8]={0x01,0x02,0x04,0x08,0x10,0x20,0x40,0x80};
uchar m,n;
void ys(uint x){while(x--);}
void xs(){uchar i;//P0=0;P3=0xff;P0=~zm[m][i];P3=~wm[i]点阵结构仿真
          for(i=0;i<8;i++)
              //  P0=0xff;P3=0x00;P0=~zm[m][i];P3=wm[i];仿真器件
          {P0=0xff;P3=0xff;P0=~zm[m][i];P3=wm[i];ys(50);}}
void main(){while(1){if(++n==100){if(++m==10)m=0;n=0;xs();}}}
```

图 6.2.10　8×8 led 点阵显示程序

如果需要替换其他的字符，可以从取模软件中输入需要取模的字符获取对应的字模。

## 🔊 任务探索

如何用四片 8×8 led 拼凑成一个 16×16 led 点阵显示屏？如何应用它实现滚动显示广告牌？

## 6.2.1　电路结构说明与程序控制要求

8×8 点阵只能显示一些简单的图形或字符，显示汉字需要 16×16 的分辨率，可用 4 个 8×8 led 显示屏拼装扩展而成，如图 6.2.11 所示。由于点阵显示屏拼装、扩展、安装方便，

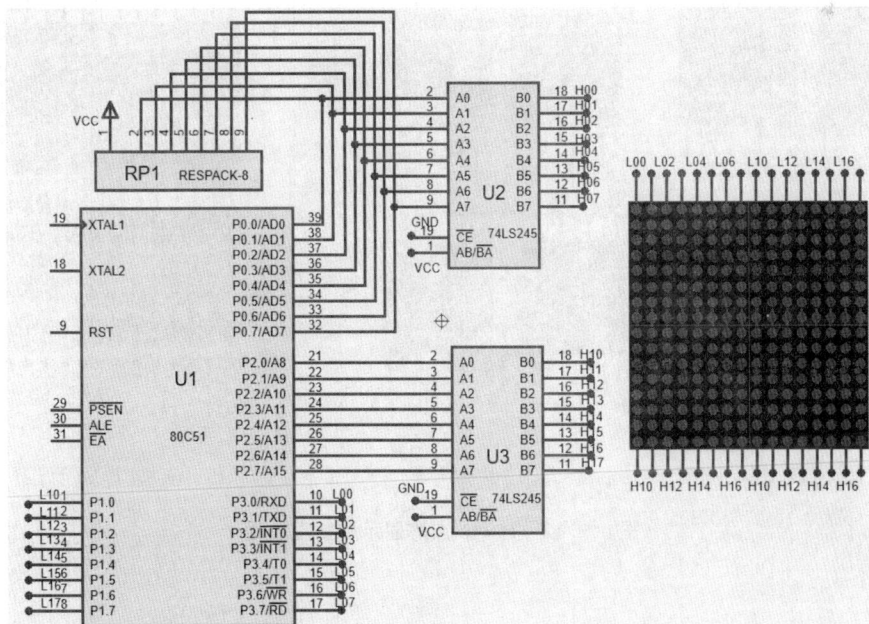

图 6.2.11　16×16 点阵显示屏广告牌仿真电路

被广泛应用于各种公共场合，如汽车报站器、广告屏及公告牌等。现以图6.2.10所示的16×16点阵显示屏广告牌为例，介绍8×8点阵显示屏拼凑方法和多屏广告牌控制程序。

## 一、电路结构说明

用4块8×8点阵显示屏可以拼成16×16点阵显示屏。在拼屏之前，要确保4块屏相同管脚的对应关系，图6.2.12演示了拼屏步骤和技巧。

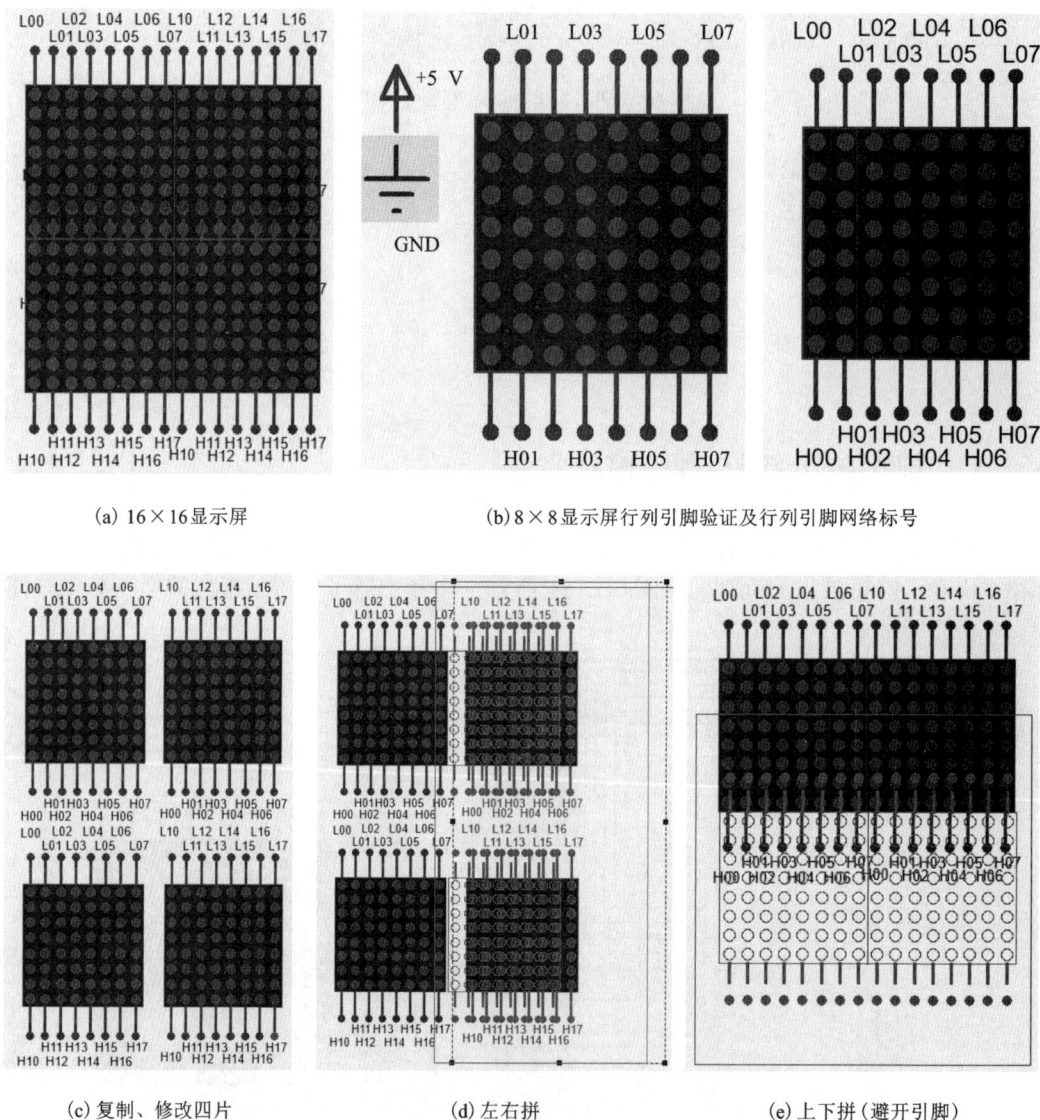

(a) 16×16显示屏　　(b)8×8显示屏行列引脚验证及行列引脚网络标号

(c) 复制、修改四片　　(d) 左右拼　　(e) 上下拼（避开引脚）

**图6.2.12　16×16点阵显示屏拼凑过程**

### 二、程序控制要求

本任务的具体控制要求如下：

(1)动态显示 5 屏广告：第一屏以 8×8 像素显示，上半屏显示"2024"，下半屏显示"0101"；第二至第五屏以 16×16 像素，分别显示"新""年""快""乐"。

(2)每屏的显示时间自定。

## 6.2.2　任务实操

### 一、例程

本任务操作例程如图 6.2.13 所示。

```c
#include<reg52.h>
#define uchar unsigned char    #define uint unsigned int
uchar code zm[10][4]={{0xC7,0xBB,0xC7,0xFF},/*"0",0*/
                      {0xFF,0xBB,0x83,0xBF},/*"1",1*/
                      {0x93,0xAB,0xB3,0xFF},/*"2",2*/
                      {0xBB,0xAB,0x93,0xFF},/*"3",3*/
                      {0xCF,0x97,0x83,0x9F},/*"4",4*/
                      {0xB3,0xB3,0x83,0xFF},/*"5",5*/
                      {0x87,0xB3,0x83,0xFF},/*"6",6*/
                      {0xFF,0xFB,0x83,0xFF},/*"7",7*/
                      {0x93,0xAB,0x93,0xFF},/*"8",8*/
                      {0xA3,0xAB,0xC3,0xFF}};/*"9",9*/
              //按照 8*8 共阳极逐列扫描低位在前取码方式
uchar code zm1[4][32]=
  {0xBF,0xDF,0xBB,0xED,0xAB,0xB5,0x9A,0x7D,0x39,0x80,0x9B,0xFD,0xAB,0xF5,0xBB,0x6D,
   0xFF,0x9F,0x03,0xE0,0xBB,0xFF,0xBB,0xFF,0x3B,0x00,0xBD,0xFF,0xBF,0xFF,0xFF,0xFF,/*"新",0*/
   0xFF,0xFB,0xDF,0xFB,0xE7,0xFB,0x38,0xF8,0xBB,0xFB,0xBB,0xFB,0xBB,0xFB,0xBB,0xFB,
   0x03,0x00,0xBB,0xFB,0xBB,0xFB,0xBB,0xFB,0xBB,0xFB,0xFB,0xFB,0xFF,0xFB,0xFF,0xFF,/*"年",1*/
   0xFF,0xFE,0x1F,0xFF,0xFF,0xFF,0x00,0x00,0xEF,0xFF,0xDF,0x7E,0xF7,0xBE,0xF7,0xCE,
   0xF7,0xF2,0x00,0xFC,0xF7,0xF2,0xF7,0xCE,0x07,0xBE,0xFF,0x7E,0xFF,0x7E,0xFF,0xFF,/*"快",2*/
   0xFF,0xFF,0xFF,0xDF,0x1F,0xEF,0x63,0xF7,0x7B,0xF9,0x7B,0xBF,0x7B,0x7F,0x0B,0x80,
   0x7D,0xFF,0x7D,0xFF,0x7C,0xFD,0x7D,0xFB,0x7F,0xF7,0x7F,0xCF,0xFF,0xFF,0xFF,0xFF};/*"乐",3*/
        //16*16 共阳极逐列扫描低位在前取码方式
uchar wm[8]={0x01,0x02,0x04,0x08,0x10,0x20,0x40,0x80};
void ys(uint x){while(x--);}
void xs(){uchar n,i;
     for(n=0;n<200;n++)
       {for(i=0;i<8;i++)
         {P0=P2=0xff;P3=P1=0;
          if(i<4){P0=zm[2][i];P2=zm[0][i];}
          else {P0=zm[0][i-4];P2=zm[1][i-4];}P3=wm[i];ys(50);}
        for(i=0;i<8;i++)
         {P0=P2=0xff;P3=P1=0;
          if(i<4){P0=zm[2][i];P2=zm[0][i];}
```

```
            else｛P0=zm[4][i-4];P2=zm[1][i-4];｝P1=wm[i];ys(50);｝｝｝
    void xs1()｛uchar n,i,j;
        for(i=0;i<4;i++) for(n=0;n<200;n++)
            for(j=0;j<32;j=j+2)
                ｛P0=P2=0xff;P3=P1=0;P0=zm1[i][j];P2=zm1[i][j+1];
                if(j<16)P3=wm[j/2];else P1=wm[(j-16)/2];ys(50);｝ ｝
    void main()｛while(1)｛xs();xs1();｝｝
```

图 6.2.13　16×16 点阵显示屏广告牌例程

### 二、编程与仿真调试

仿真调试 1：用接+5 V 电源和接地测试和判定 16×16 点阵显示屏管脚极性和行列控制端，根据判定结果，设置 PCtoLCD2002 取码参数和方式，取出例程中的"0123456789"8×8 像素和"新年快乐"16×16 像素的字形码，并复制给例程中的 zm[10][4] 和 zm1[4][32]。

仿真调试 2：仿真运行例程，分析 xs() 和 xs1() 显示原理。

## 6.2.3　任务讲解

### 一、仿真调试 1 的讲解

通过仿真测试，16×16 点阵显示屏按照图 6.2.11 所示方向摆放时，上面一排的引脚 L00～L07、L10～L17 接点阵内部 led 正极，控制点阵显示屏的列信号；下面一排的引脚 H00～H07、H10～H17 接内部 led 负极，控制点阵显示屏的行信号。根据分析，采用逐列扫描(阳码)逆向取码方式比较好：列为位码，共阳极；行为字形码，低位在前。

#### 1. zm[10][4] 的仿真讲解

任务控制要求用 16×16 显示屏的第一屏上下屏分别显示"2024"、"0101"，也就是在一块 8×8 显示屏上显示两位数码，由于英文、数码字宽可以为汉字码的一半，因此按照 8×8 像素取码，可以实现上述控制要求。

现以"0"字形码"｛0xC7,0xBB,0xC7,0xFF｝"，/＊"0",0＊/"为例，讲解根据阳码逆向逐列扫描取码方式所取字形码的构成。该字宽为 4，字高为 8，也就是该字由 4 个字节的字形码构成，每高电平扫描一列时，送一个字节的字形码即可实现该字的显示功能。

#### 2. zm1[4][32] 的仿真讲解

任务控制要求第二至第五屏，分别以 16×16 整屏显示"新""年""快""乐"，取码像素设定为 16×16。现以"新"字形码为例，讲解根据阳码逆向逐列扫描取码方式所取字形码的构成。"新"字形码如下：

0xBF,0xDF,0xBB,0xED,0xAB,0xB5,0x9A,0x7D,0x39,0x80,0x9B,0xFD,0xAB,0xF5,
0xBB,0x6D,0xFF,0x9F,0x03,0xE0,0xBB,0xFF,0xBB,0xFF,0x3B,0x00,0xBD,0xFF,0xBF,
0xFF,0xFF,0xFF,/＊"新",0＊/

该字字宽和字高都是 16，表示该字形码有 16 列和 16 行。由于是逐列扫码，所以该字必须扫描 16 列。其字高为 16 行，所以每高电平扫描一列时，必须同时送两个字节的字形码，分别表示其上下半个字的字形码。这说明了两个关系：①每扫描一列，必须同时送上下两个字节的字形码；②共扫描 16 列，所以有 32 个字形码。

## 二、仿真调试 2 的讲解

仿真调试 2 主要是调试 xs( ) 和 xs1( ) 两个显示程序，不管是点阵显示还是数码显示，以及 1602、12864 LCD 等的显示程序，只是显示介质和控制方式不同，显示原理和显示步骤实际上是相同的。显示原理可以总结为一句相同的口诀：显示什么内容(送字形码)、显示在什么地方(送位码)。显示步骤可以总结为三步：消隐—送字形码和位码—延时。现根据上述口诀和步骤，通过仿真演示来分析 xs( ) 和 xs1( ) 两个显示程序。

### 1. xs( ) 的仿真讲解

第一屏 8×8 数码显示程序如图 6.2.14 所示。

```
void xs( ){uchar n,i;
    for(n=0;n<200;n++)
        {for(i=0;i<8;i++)
            {P0=P2=0xff;P3=P1=0;
            if(i<4){P0=zm[2][i];P2=zm[0][i];}
            else {P0=zm[0][i-4];P2=zm[1][i-4];}P3=wm[i];ys(50);}
        for(i=0;i<8;i++)
            {P0=P2=0xff;P3=P1=0;
            if(i<4){P0=zm[2][i];P2=zm[0][i];}
            else {P0=zm[4][i-4];P2=zm[1][i-4];}P1=wm[i];ys(50);}}}
```

**图 6.2.14　第一屏 8×8 数码显示程序**

该程序上半屏显示"2024"，下半屏显示"0101"，由于采用 8×8 像素取码，所以每个数码字宽为 4、字高为 8，即每个数码只有 4 列宽，在每列上有上下数码。根据以上要求，就很容易分析 xs( ) 中的程序了。

该程序采用了三个 for 循环，第一个 for 循环"for ( n=0;n<200;n++)"是让后面的程序重复 200 次，其意义是：分屏显示必须重复显示，才能产生稳定的视觉暂留效果。

第二个 for 循环是显示左半屏，程序如下：

```
for(i=0;i<8;i++)//扫描 8 列，阳码，列扫码 P3P1 高电平点亮
    {P0=P2=0xff;P3=P1=0;//P3P1 低电平和 P0P2 高电平消隐
    if(i<4){P0=zm[2][i];P2=zm[0][i];}
    else {P0=zm[0][i-4];P2=zm[1][i-4];}
    P3=wm[i];ys(50);}//送列码到 P3 和延时，左屏显示
```

各段程序的含义在注释中有说明，主要分析没有注释说明的程序：

```
if(i<4){P0=zm[2][i];P2=zm[0][i];}
else {P0=zm[0][i-4];P2=zm[1][i-4];}P3=wm[i];ys(50);}
```

因为按 8×8 像素取码，数码只占 4 个字宽，所以每个字只扫描 4 列，这就是 if(i<4)-else 的控制意义，当 i>4 时，取右边数码的字形码时，需要 i-4。因为每列上有上下两个数码，所以要通过"P0=zm[2][i];P2=zm[0][i];"给 P0P2 同时送上下数码的字形码。

第三个 for 循环是显示右半屏，显示原理与显示左半屏一样，只是要把列控制端口由 P3 换成 P1。

### 2. xs1( ) 的仿真讲解

第二至第五屏 16×16 汉字显示程序如图 6.2.15 所示。

```
void xs1( ){uchar n,i,j;
    for(i=0;i<4;i++) for(n=0;n<200;n++)
        for(j=0;j<32;j=j+2)
            {P0=P2=0xff;P3=P1=0;P0=zm1[i][j];P2=zm1[i][j+1];
            if(j<16)P3=wm[j/2];else P1=wm[(j-16)/2];ys(50);}}
```

**图 6.2.15　第二至第五屏 16×16 汉字显示程序**

该程序以 16×16 像素分屏显示"新""年""快""乐"，共四个字四屏，一个字显示一屏，用 for(i=0;i<4;i++) 循环四次实现。用 for(n=0;n<200;n++) 让显示每屏重复显示 200 次。

```
for(j=0;j<32;j=j+2)
        {P0=P2=0xff;P3=P1=0;P0=zm1[i][j];P2=zm1[i][j+1];
        if(j<16)P3=wm[j/2];else P1=wm[(j-16)/2];ys(50);}
```

为汉字显示程序。因为采用 16×16 像素，字高字宽都是 16，所以要逐列扫描 16 次。又由于每列扫描时，要同时送上下半个字，共两个字节的字形码(16 的字高)，所以 for(j=0;j<32;j=j+2) 中的 j 不是"j<16;j++;"，而是"j<32;j=j+2;"。上半个字形码是"P0=zm1[i][j];"，下半个字形码是"P2=zm1[i][j+1];"；左半屏列扫描是"if(j<16)P3=wm[j/2];"，右半屏列扫描码是"else P1=wm[(j-16)/2];"。

上述也可以改成以下程序：

```
for(j=0, k=0;j<16;j++)
        {P0=P2=0xff;P3=P1=0;P0=zm1[i][j];P2=zm1[i][j+1];
        if(k<8)P3=wm[k];else P1=wm[(k-8);ys(50);}
```

## 6.2.4　任务拓展：16×16 点阵滚动广告牌的设计与仿真

### 一、设计要求

在图 6.2.11 所示电路上设计 16×16 点阵显示屏滚动显示"新""年""快""乐"的程序，具体要求如下：首先"新""年""快""乐"向左滚动显示，接着"新""年""快""乐"向右滚动显示；不停地循环滚动，滚动速度自定。

## 二、例程和例程讲解

16×16 点阵显示屏滚动显示例程如图 6.2.16 所示。

```
#include<reg52. h>
#define uchar unsigned char
#define uint unsigned int
uchar code zm1[192]=
{ 0xFF,0xFF,0xFF,0xFF,0xFF,0xFF,0xFF,0xFF,0xFF,0xFF,0xFF,0xFF,0xFF,0xFF,0xFF,0xFF,
   0xFF,0xFF,0xFF,0xFF,0xFF,0xFF,0xFF,0xFF,0xFF,0xFF,0xFF,0xFF,0xFF,0xFF,0xFF,0xFF,/*黑屏*/
   0xBF,0xDF,0xBB,0xED,0xAB,0xB5,0x9A,0x7D,0x39,0x80,0x9B,0xFD,0xAB,0xF5,0xBB,0x6D,
   0xFF,0x9F,0x03,0xE0,0xBB,0xFF,0xBB,0xFF,0x3B,0x00,0xBD,0xFF,0xBF,0xFF,0xFF,0xFF,/*"新"*/
   0xFF,0xFB,0xDF,0xFB,0xE7,0xFB,0x38,0xF8,0xBB,0xFB,0xBB,0xFB,0xBB,0xFB,0xBB,0xFB,
   0x03,0x00,0xBB,0xFB,0xBB,0xFB,0xBB,0xFB,0xBB,0xFB,0xFB,0xFB,0xFF,0xFB,0xFF,0xFF,/*"年"*/
   0xFF,0xFE,0x1F,0xFF,0xFF,0xFF,0x00,0x00,0xEF,0xFF,0xDF,0x7E,0xF7,0xBE,0xF7,0xCE,
   0xF7,0xF2,0x00,0xFC,0xF7,0xF2,0xF7,0xCE,0x07,0xBE,0xFF,0x7E,0xFF,0x7E,0xFF,0xFF,/*"快",2*/
   0xFF,0xFF,0xFF,0xDF,0x1F,0xEF,0x63,0xF7,0x7B,0xF9,0x7B,0xBF,0x7B,0x7F,0x0B,0x80,
   0x7D,0xFF,0x7D,0xFF,0x7C,0xFD,0x7D,0xFB,0x7F,0xF7,0x7F,0xCF,0xFF,0xFF,0xFF,0xFF,/*"乐",3*/
   0xFF,0xFF,0xFF,0xFF,0xFF,0xFF,0xFF,0xFF,0xFF,0xFF,0xFF,0xFF,0xFF,0xFF,0xFF,0xFF,
   0xFF,0xFF,0xFF,0xFF,0xFF,0xFF,0xFF,0xFF,0xFF,0xFF,0xFF,0xFF,0xFF,0xFF,0xFF,0xFF/*黑屏*/
   };//左右滚动显示,前后各加一屏黑屏信号
uchar wm[8]={0x01,0x02,0x04,0x08,0x10,0x20,0x40,0x80};
void ys(uint x){while(x--);}
void xs(){uchar n,i,j,k;
    for(i=32;i<160;i=i+2) for(n=0;n<20;n++)//左滚显示,每次滚2列
    for(j=k=0;j<16;j++,k++)
        {P0=P2=0xff;P3=P1=0;P0=zm1[i+k];k++;P2=zm1[i+k];
        if(j<8)P3=wm[j];else P1=wm[j-8];ys(50);}
    for(i=159;i>31;i=i-2) for(n=0;n<20;n++)//右滚显示,每次滚2列
    for(j=15,k=0;j>0;j--,k++)
        {P0=P2=0xff;P3=P1=0;P2=zm1[i-k];k++;P0=zm1[i-k];
        if(j>8)P1=wm[j-8];else P3=wm[j];ys(50);}}
void main(){while(1){xs();}}
```

**图 6.2.16　16×16 点阵显示屏滚动显示例程**

### 1. xs( )的讲解

本程序分成两段程序,分别实现左滚和右滚显示。点阵滚动显示看似很难,按照"显示什么内容和显示在什么位置"的口诀来分析和思考编程,也不难。

(1)左滚显示的讲解

16×16 点阵显示屏左滚显示例程如图 6.2.17 所示。

```
uchar n,i,j,k;//j是列扫描计数,k是字形码扫描计数
  for(i=32;i<160;i=i+2) for(n=0;n<20;n++)//左滚显示,每次向后滚2列
  for(j=k=0;j<16;j++,k++)//为什么 i=i+2,而不是 i++?
    {P0=P2=0xff;P3=P1=0;P0=zm1[i+k];k++;P2=zm1[i+k];//i+k滚动关键
     if(j<8)P3=wm[j];else P1=wm[j-8];ys(50);}//j<8 左半屏显示;否则右半屏显示
```

**图 6.2.17    16×16 点阵显示屏左滚显示例程**

左滚显示从"新"开始,接着其后面的"年""快""乐"一个接一个从前面往后面左移显示出来。这要求逐列扫描的方向是从左往右扫,zm1 数组中在每列上的显示内容是向后移改变的。"for(j=k=0;j<16;j++,k++)if(j<8)P3=wm[j];else P1=wm[j-8];"中的 j 是列扫描计数,j 初值为 0,共有 16 列扫描,所以 j<16。if(j<8)P3=wm[j];//显示左半屏;else P1=wm[j-8];//显示右半屏,j 的循环增量为 1,实现从左往右扫描。

显示内容从"新"开始显示,"新"字的第一列字形码在 zm1 中的第 32 位,for(i=32;i<160;i=i+2) 中 i 的初值为 32。"乐"字最后一列字形码在 zm1 中的第 159 位,i 的循环条件为 i<160。每次滚动向后移 1 列,所以 i=i+2。

P0P2 分别送上下半个字的字形码:"P0=zm1[i+k];k++;P2=zm1[i+k];"中的 i+k 可实现每滚动一次,送给 P0P2 的字形码会后移两列的功能。

思考:为什么不能把 i=i+2 改成 i++?观察程序修改后的仿真效果,并分析原因。

(2)右滚显示的讲解

16×16 点阵显示屏右滚显示例程如图 6.2.18 所示。

```
uchar n,i,j,k;//j是列扫描计数,k是字形码扫描计数,j=j-1,k=k-2
  for(i=159;i>31;i=i-2) for(n=0;n<20;n++)//右滚显示,每次向前滚 2 列
    for(j=15,k=0;j>0;j--,k++)//
       {P0=P2=0xff;P3=P1=0;P2=zm1[i-k];k++;P0=zm1[i-k];
        if(j>8)P1=wm[j-8];else P3=wm[j];ys(50);}}
```

**图 6.2.18    16×16 点阵显示屏右滚显示例程**

右滚显示是从"乐"开始的,排在它前面的"新""年""快"一个接一个从后面往前面右移显示出来。逐列扫描的方向是从右往左扫描的,zm1 数组中在每列上的显示内容是向前移改变的:for(j=15,k=0;j>0;j--,k++) 中 j 的初值为 15,循环条件为 j>0,j 循环增量为 -1,可实现从右往左逐列扫描功能。

显示内容从"乐"开始显示,"乐"字最后一列字形码在 zm1 中的第 159 位,所以 for(i=159;i>31;i=i-2) 中 i 初值为 159。"新"字第一列字形码在 zm1 中的第 32 位,所以 i>31。每次滚动向前移两列,所以 i=i-2。

**2. zm1 数组的讲解**

主要讲解两个问题:①为什么采用一维数组?②为什么前后都要加 32 字节的黑屏信号?

在分析 xs() 时,已经解答了这两个问题,答案就是由于滚动显示的需要。因为滚动显

示，需要每滚动一次，zm1 中的内容都要移动 1 列进行改变，因此把图 6.2.12 所示例程中的二维数组改成了一维数组。还是因为滚动显示，当左滚到最后的"乐"和右滚到最前的"新"字显示时，后面和前面没有显示内容了，所以在前后都加了 32 个字节的黑屏信号，作为可送给 P0P2 的值，不然后面会出现乱码。

## 6.2.5　任务作业

1. 写出 8×8 led 点阵显示屏的内部结构及用万用表判定其内部 led 极性和行列控制引脚的检测方法。

2. Proteus 仿真电路中如何给 8×8 led 点阵显示屏管脚接 +5 V 电源和接地判定其内部 led 极性，并判定器件不同摆放时的行列控制引脚。

3. 如何把 8×8 拼成 16×16、32×16、32×32 点阵显示屏？

4. 本书使用什么取码软件？采用 16×16 像素分别给汉字和英文数字取码，其字宽、字高分别是多少？

5. PCtoLCD 2002 取码软件设置取模选项时阴码、逆向、逐列扫描各有什么意义？

6. 写出显示程序编程口诀和编程步骤。

7. 根据显示程序编程口诀和编程步骤，分析图 6.2.10 所示程序，并说明程序中字形输入端口和列控制端口的消隐电平值。

8. 图 6.2.13 和 6.2.16 所示显示程序中，为什么每屏都要重复显示？

9. 图 6.2.13 和 6.2.16 所示显示程序中的字形码采用什么取码方式？为什么前一个程序字形码采用二维数组，后一个采用一维数组？为什么后一个字形码数组前后都加了 32 个字节的黑屏信号？

10. 分析图 6.2.13 和 6.2.16 所示显示程序中 16×16 汉字字形码数组中的元素结构特点。

11. 分析图 6.2.16 所示显示程序中 i 实现滚动显示的作用和其循环增量为什么不能是 1？

12. 分析图 6.2.13 中逐列扫描程序。

13. 分析图 6.2.16 中逐列扫描程序，比较左滚和右滚显示时，列扫描的区别。

## 任务 3　1602 液晶显示屏控制程序的设计与仿真

### ◁》 任务实施目标

通过任务实操和讲解，体验式学习和掌握：

1. 液晶显示的定义、显示特点和常用类型；

2. 1602 液晶显示器性能特点、管脚功能及接线方式、RAM 地址结构、数据地址指针、各种显示指令的功能及应用方法；

微课二维码

3. 1602 静态和移屏显示字符、字符串、数字量，清屏等控制程序的编程原理、基本程序和编程技巧。

## 🔊 任务背景

液晶显示器的英文名称是 Liquid Crystal Display，简称 LCD。它的显示原理是用电流刺激液晶分子，并配合背光构成画面。常用的 LCD 型号有 1602、12864，如图 6.3.1 所示，都是根据它们可显示字符的列数行数或液晶点阵的行、列数来命名的。如：1602 表示该 LCD 可显示 16 列 2 行共 32 个字符；12864 表示该 LCD 有 128 列 64 行的液晶点阵，可显示 4 行 8 列 16×16 像素的中文字符。本任务主要以 1602 为例，对 LCD 进行介绍。

图 6.3.1　常用的 1602 和 12864 LCD

## 🔊 任务探索

1602 显示程序比数码管和点阵显示简单些，这是因为它有各种实现清屏、光标左右移、整屏左右移、光标闪烁等功能的指令。1602 如何显示字符、字符串、数字量？假如不熟悉这些指令，能否通过自己编程来实现其清屏、移动和闪烁功能呢？

## 6.3.1　1602 液晶显示屏电路结构说明与程序控制要求

常用 1602 液晶显示器可采用 5 V 电压驱动，带背光，可显示 2 行 16 列共 32 个字符，内置 128 个字符的 ASCII 字符集库，无须用取码软件取码，但不能显示汉字。现以图 6.3.2 液晶显示屏仿真电路和图 6.3.3 液晶显示屏例程，仿真讲解 1602 液晶显示屏的基本知识和基本显示程序。

### 一、电路结构说明

1602 液晶显示屏仿真电路如图 6.3.2 所示。

### 二、程序控制要求

(1)设计写命令、写数据、设备初始化、字符串显示、清屏等功能模块化子程序。

(2)用写数据子程序和字符串显示子程序分别实现 0 行和 1 行某列字符"0"和"2"的显示。

(3)上述字符显示一段时间后，第 0 行从 0 列往右开始逐个写入和显示 16 个"0"。第

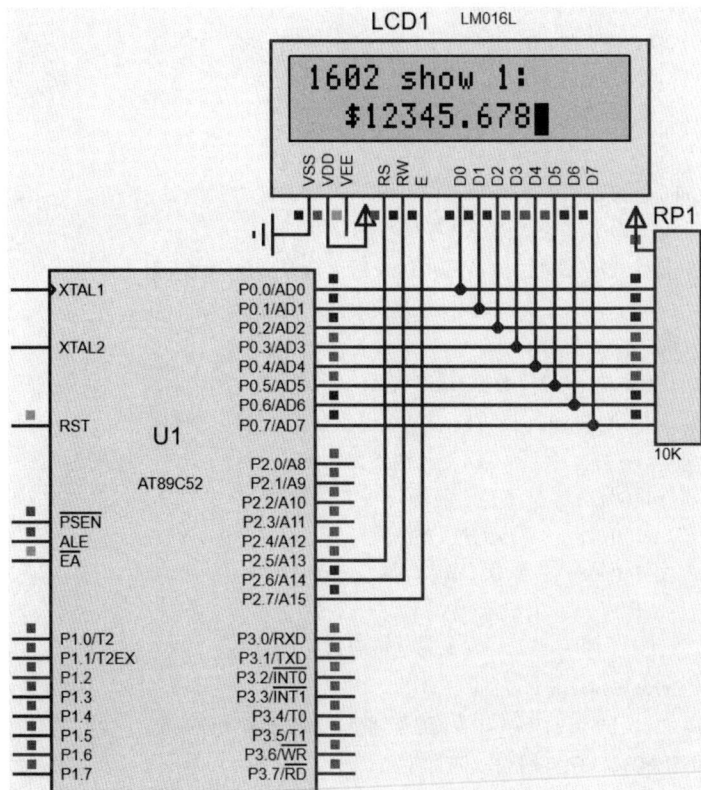

图 6.3.2　1602 液晶显示屏仿真电路图

1 行从 15 列往左逐个写入和显示 16 个"2"，显示一段时间后清屏。

（4）用字符串显示子程序显示两组内容，第一组内容是：在 0 行 0 列从左往右写入显示"1602 show 1："，在 1 行 2 列从左往右写入显示"＄12345.678"。延时显示一段时间后，写入第二组内容：在 0 行 16 列从左往右写入"1602 Show 2："，在 1 行 19 列从左往右写入"＄6666.000"，然后通过全屏左移再全屏右移显示上述第二组内容。

（5）移屏显示一段时间后，清屏。

## 6.3.2　任务实操

### 一、例程

1602 液晶显示屏例程如图 6.3.3 所示。

```
#include <regx51.h>
#define uchar unsigned char
#define uint unsigned int
void yanshi(uint i){ while(--i);}
```

```
sbit RS=P2^5;//1=数据；0=命令
sbit RW=P2^6;//1=读；0=写
sbit E=P2^7;//1=使能；0=禁止
#define srz P0/**输入数据端口**/
                /**写命令：ml为要发送的命令**/
void xml(uchar ml)
    {RS=0;RW=0;//置"命令、写"模式
    srz=ml;E=1;yanshi(15);E=0;}//送出命令，并使之有效
                /**写数据：sj为要发送的数据**/
void xsj(uchar sj)
    {RS=1;RW=0;//置"数据、写"模式
    srz=sj;E=1;yanshi(15);E=0;}//送出数据，并使之有效
                /**初始化**/
void csh(){xml(0x38);//16位，两行，5*7点阵
        xml(0x0c);//显示开，光标关
        xml(0x06);//默认，光标右移
        xml(1);}//清显示
                /**字符串显示**/
void zfcxs(uchar h,uchar l,uchar * s)
    {uchar i=0;h%=2;l%=40;//防止越界，i必须赋初值0
    xml(0x80+h*0x40+l);//光标定位
    for(;l<40&&s[i]!=0;i++,l++){xsj(s[i]);}}
void qingping(uchar h,uchar l,uchar n)//用xsj清屏
    {uchar i=0;h%=2;l%=40;//防止越界，i必须赋初值0
    xml(0x80+h*0x40+l);//光标定位
    for(i=0;i<n;i++){xsj(' ');}}
void zfczfxs()//字符串字符显示程序
    {zfcxs(0,2,"0");yanshi(60000);//" "字符串
    zfcxs(1,0,"2");yanshi(60000);//用zfcxs显示字符0和2
    xml(0x80);//0x80、0xd0光标定位
    for(i=0;i<16;i++){xsj('0');yanshi(20000);}//用xsj显示字符0和2
    yanshi(60000);//' '字符，去掉' '0无法显示
    xml(0x04); xml(0xd0);//0x04光标左移，数据指针减1
    for(i=0;i<16;i++){xsj('2');yanshi(20000);}
    yanshi(60000);}//' '字符，去掉' '0无法显示
void zfcypxs()//字符串移屏显示
    {zfcxs(0,0,"1602 show 1: ");//第一组内容
    zfcxs(1,2," $12345.678");
    yanshi(60000);yanshi(60000);
    zfcxs(0,16,"1602 Show 2: ");//第二组内容
    zfcxs(1,19," $6666.000");
    yanshi(60000);yanshi(60000);
    for(i=0;i<16;i++){xml(0x18);yanshi(60000);} //左移16
```

```
        for(i=0;i<27;i++){xml(0x1c);}//右移16,比较去除 yanshi(60000);
        yanshi(60000);yanshi(60000);xml(1);}
void main(void)
    {uchar i;csh();//初始化 LCD1602
    yanshi(100); //屏蔽延时程序第一行无法显示
    zfczfxs();
    xml(1);yanshi(100);xml(0x06);//全屏清屏,xml(0x06);恢复右往左写
                            //qingping(0,0,16);qingping(1,0,16);
    zfcypxs();while(1);}
```

图 6.3.3　1602 液晶显示屏例程

## 二、编程与仿真调试

### 仿真调试 1：管脚功能及写命令和写数据子程序的仿真讲解

对照仿真电路图、1602 实物管脚,阅读例程中 1602 管脚的定义、xml() 和 xsj() 子程序,感性学习和背记 1602 管脚功能、与单片机端口的接线方法,以及如何应用其工作条件,分析写命令和写数据控制程序的编程原理,并理解背记 xml() 和 xsj() 子程序。

### 仿真调试 2：RAM 地址和数据指针的仿真讲解

阅读例程中字符串显示子程序:void zfcxs(uchar h,uchar l,uchar *s),理解 1602RAM 行列结构、地址编码、各部分的显示特点和数据指针的意义。

### 仿真调试 3：显示指令及其功能程序的仿真讲解

阅读和仿真运行例程中程序,理解 1602 各种显示指令和控制程序,掌握指令含义和应用方法,学会编写实现字符、字符串静态和移屏显示等功能的控制程序。

## 6.3.3　任务讲解

### 一、仿真调试 1：管脚功能及写命令和写数据子程序的仿真讲解

1602 的管脚及写命令和写数据子程序如图 6.3.4 所示。

```
sbit RS=P2^5;//写数据/命令端口接在单片机 P2^5,1=数据;0=命令
sbit RW=P2^6;//读/写端口接在单片机 P2^6,1=读;0=写
sbit E=P2^7;//使能端口接在单片机 P2^7,1=使能;0=禁止
#define srz P0//输入输出数据端口接在单片机 P0 口上,srz:输入值
            / * * 写命令:srz 为要发送的命令 * * /
void xml(uchar ml)//ml:要发送的命令
    {RS=0;RW=0;//置"命令、写"模式
    srz=ml;E=1;yanshi(15);E=0;}//送出命令,并使之有效
```

```
          /＊＊写数据：srz 为要发送的数据＊＊/
     void xsj(uchar sj)//sj：要发送的数据
        {RS＝1;RW＝0;//置"数据、写"模式
        srz＝sj;E＝1;yanshi(15);E＝0;}//送出数据,并使之有效
```

图 6.3.4  1602 的管脚及写命令和写数据子程序

程序：

　　　　sbit RS＝P2^5；//写数据/命令端口接在单片机 P2^5,1＝数据；0＝命令

　　　　sbit RW＝P2^6；//读/写端口接在单片机 P2^6,1＝读；0＝写

　　　　sbit E＝P2^7；//使能端口接在单片机 P2^7,1＝使能；0＝禁止

　　　　#define srz P0 //输入输出数据端口接在单片机 P0 口上

定义了 1602RS、RW、E、D0～D7 管脚与单片机连接的端口,各管脚的序号和功能如图 6.3.5、表 6.3.1 和表 6.3.2 所示。

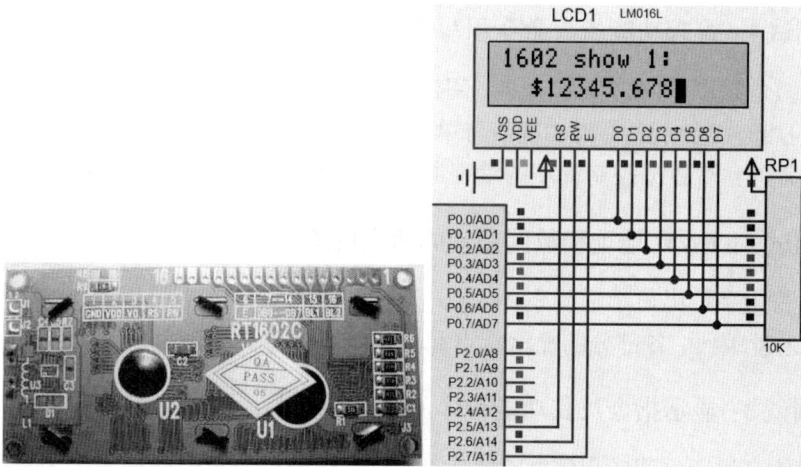

图 6.3.5  1602 实物照片和管脚接线仿真电路图

表 6.3.1  1602 管脚功能表

| 引脚序号 | 符号 | 功能说明 | 引脚序号 | 符号 | 功能说明 |
|---|---|---|---|---|---|
| 1 | VSS | 电源地 | 9 | D2 | 数据 IO |
| 2 | VDD | 电源正极 | 10 | D3 | 数据 IO |
| 3 | VL | 偏压信号 | 11 | D4 | 数据 IO |
| 4 | RS | 数据 H/命令 L | 12 | D5 | 数据 IO |
| 5 | R/W | 读 H/写 L | 13 | D6 | 数据 IO |
| 6 | E | 使能信号 H 有效 | 14 | D7 | 数据 IO |
| 7 | D0 | 数据 IO | 15 | BLA | 背光正极 |
| 8 | D1 | 数据 IO | 16 | BLK | 背光负极 |

表 6.3.2  1602 读写指令

| 指令 | RS | R/W | D7 | D6 | D5 | D4 | D3 | D2 | D1 | D0 |
|---|---|---|---|---|---|---|---|---|---|---|
| 写入命令至 ROM 中 | 0 | 0 | 要写入的命令内容 | | | | | | | |
| 写入数据至 CGRAM 或 DDRAM | 1 | 0 | 要写入的数据内容 | | | | | | | |
| 从 CGRAM 或 DDRAM 中读取数据 | 1 | 1 | 读取的数据内容 | | | | | | | |

表 6.3.1 和表 6.3.2 中 RS、R/W、E 为 LCD1602 的读写端，E 为高电平时执行读写指令，RS、RW 确定读写方式。现根据管脚功能来分析 xml( )——写命令、xsj( )——写数据、csh( )——初始化子程序。

程序：

/ * *写命令：srz 为要发送的命令 * */

void xml( uchar ml)//ml：要发送的命令

    {RS=0;RW=0;//置"命令、写"模式

    srz=ml;E=1;yanshi(15);E=0;}//送出命令，并使之有效

中的"RS=0；RW=0；"将 1602 设置为写命令模式，并将命令值 ml 送给 srz(P0)，让使能端 E=1，延时后再置零 E，完成命令写入程序功能。

程序：

/ * *写数据：srz 为要发送的数据 * */

void xsj( uchar sj)//sj：要发送的数据

    {RS=1;RW=0;//置"数据、写"模式

    srz=sj;E=1;yanshi(15);E=0;}//送出数据，并使之有效

中的"RS=1；RW=0；"将 1602 设置为写数据模式，并将数据值 sj 送给 srz(P0)，让使能端 E=1，延时后再置零 E，完成数据写入程序功能。

### 二、仿真调试 2：RAM 地址和数据指针的仿真讲解

1602 控制器带有 80B 的 RAM 缓冲区，分成 2 行 40 列，第一行地址范围为 0x00~0x3f、第二行为 0x40~0x7f，可显示 2(行)×16(列)32 个字符。现以图 6.3.6 字符串显示子程序为例，进行仿真演示讲解。

写入到 0x00~0x0f 和 0x40~0x4f 中的数据，可在显示屏第 0 和第 1 行直接显示出来；写入到 0x10~0x27、0x50~0x67 的数据，必须通过移屏指令将数据移入可显示区才能显示出来。可显示字符与 RAM 对应的关系如图 6.3.7 所示。就是因为 1602RAM 缓冲区中每行只有 40 列，所以 for( ;l<40&&s[i]！ =0;i++,l++)中"l<40"。

```
/ * *字符串显示 * */
void zfcxs( uchar h,uchar l,uchar * s)//h、l 行列数，确定字符串显示位置
    {uchar i=0;h%=2;l%=40;//i 必须赋初值 0，复合指令 h%=2;l%=40；防止越界
    xml(0x80+h*0x40+l); //以命令写入方式——光标和数据地址指针定位
    for( ;l<40&&s[i]！ =0;i++,l++){xsj(s[i]);}}//s[i]！ =0 表示字符串结束符
```

图 6.3.6  字符串显示子程序

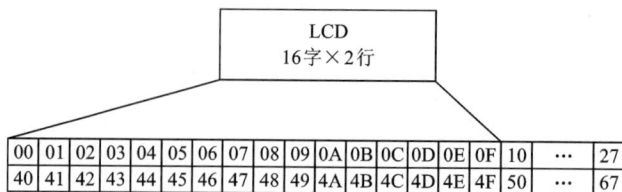

图 6.3.7 1602RAM 地址表

图 6.3.6 中字符串显示子程序是一个带了三个形参的子程序"void zfcxs( uchar h, uchar l, uchar ∗ s) //h、l 行列数, 确定字符串显示位置", 其中的 h、l 是行列数据, uchar ∗ s 是指针变量, 就是要显示的字符。

"uchar i=0;h%=2;l%=40;//i 必须赋初值 0, 复合指令 h%=2;l%=40;防止越界"用 h%=2;l%=40;余除复合赋值指令处理行列值, 使行列值限制在 0~1 和 0~39, 并且 i 必须赋初值 0。

"xml(0x80+h∗0x40+l);"以命令写入方式, 写入数据的首地址, 实现光标定位。该指令不直接写入 RAM 地址, 而是写入"RAM 地址+0x80"中, 因为 0x80 为数据指针首地址。记住以下几个地址节点, 可提高编程速度: 第一行首地址 0x80, 第一行可直接显示末地址 0x80+0x0f=0x8f; 第二行首地址 0x80+0x40=0xc0, 第二行可直接显示末地址 0xc0+0x0f=0xcf。

"for(;l<40&&s[i]!=0;i++,l++){xsj(s[i]);}}//s[i]!=0 表示字符串结束符"中的循环条件 l<40&&s[i]!=0;的意义为: 一行输入数据不能超过 40, 并且所输入字符串数量不到 40 就结束。xsj(s[i])是写数据子程序。

### 三、仿真调试 3: 显示指令及其功能程序的仿真讲解

LCD1602 通过指令编程来实现读/写操作、显示屏和光标的控制, 其常用指令如表 6.3.3~表 6.3.6 所示。

表 6.3.3　1602 功能设置指令( 常用控制码 0x38)

| 指令 | RS | R/W | D7 | D6 | D5 | D4 | D3 | D2 | D1 | D0 |
|---|---|---|---|---|---|---|---|---|---|---|
| 功能设置 | 0 | 0 | 0 | 0 | 1 | DL | N | F | X | X |
| 指令解释 | DL=1 时为 8 位, DL=0 时为 4 位; N=0 时为单行显示, N=1 时双行显示; F=0 时显示 5×7 的点阵字符, F=1 时显示 5×10 的点阵字符 | | | | | | | | | |

表 6.3.4　1602 显示开关控制指令( 常用控制码 0x0c)

| 指令 | RS | R/W | D7 | D6 | D5 | D4 | D3 | D2 | D1 | D0 |
|---|---|---|---|---|---|---|---|---|---|---|
| 显示开关控制 | 0 | 0 | 0 | 0 | 0 | 0 | 1 | D | C | B |
| 指令解释 | D=1 时开显示, D=0 时关显示; C=1 时有光标, C=0 时无光标; B=1 时光标闪烁, B=0 时光标不闪烁 | | | | | | | | | |

表 6.3.5  1602 输入方式设置指令 ( 常用控制码 0x06 和 0x04)

| 指令 | RS | R/W | D7 | D6 | D5 | D4 | D3 | D2 | D1 | D0 |
|---|---|---|---|---|---|---|---|---|---|---|
| 输入方式设置 | 0 | 0 | 0 | 0 | 0 | 0 | 0 | 1 | I/D | S |
| 指令解释 | I/D = 1 时光标右移，且地址指针和光标 + 1，I/D = 0 时左移，且地址指针和光标 − 1；S = 1 时显示屏上文字移动，S = 0 时不移动 | | | | | | | | | |
| 指令 0x06 功能说明 | 0x06：I/D = 1 光标右移，且地址指针和光标 + 1；S = 0 文字不移动 | | | | | | | | | |
| 指令 0x04 功能说明 | 0x04：I/D = 0 光标左移，且地址指针和光标 − 1；S = 0 文字不移动 | | | | | | | | | |

表 6.3.6  1602 移屏设置指令 ( 常用控制码 0x18 和 0x1c)

| 指令 | RS | R/W | D7 | D6 | D5 | D4 | D3 | D2 | D1 | D0 |
|---|---|---|---|---|---|---|---|---|---|---|
| 移屏方式设置 1：光标左移 | 0 | 0 | 0 | 0 | 0 | 1 | 0 | 0 | 0 | 0 |
| 移屏方式设置 2：光标右移 | 0 | 0 | 0 | 0 | 0 | 1 | 0 | 1 | 0 | 0 |
| 移屏方式设置 3：整屏左移 (0x18) | 0 | 0 | 0 | 0 | 0 | 1 | 1 | 0 | 0 | 0 |
| 移屏方式设置 4：整屏右移 (0x1c) | 0 | 0 | 0 | 0 | 0 | 1 | 1 | 1 | 0 | 0 |

### 1. 1602 初始化子程序的仿真讲解

1602 初始化子程序如图 6.3.8 所示。

```
void csh( ){xml(1);//写入清屏指令，功能：清屏，光标复位到地址 00H
            //xml(2)写入光标复位指令，功能：显示回车，光标复位
    xml(0x38);//写入功能设置指令：8 位、2 行、5 * 7 点阵，见表 6.3.3
    xml(0x0c);//写入显示开关控制指令，见表 6.3.4
    xml(0x06);}//写入输入方式设置指令：光标右移，见表 6.3.5
```

**图 6.3.8  1602 初始化子程序**

LCD1602 通过初始化子程序设置好其基本工作条件，初始化子程序中的各条指令的含义见程序中的注释。

### 2. 清屏子程序的仿真讲解

清屏子程序如图 6.3.9 所示。

```
void qingping( uchar h,uchar l,uchar n)//用 xsj 清屏
    {uchar i = 0;h% = 2;l% = 40;//防止越界，i 必须赋初值 0
    xml(0x80+h * 0x40+l);//光标定位
    for(i = 0;i<n;i++){xsj(' ');}}//通过 for 循环写入' '空字符
```

**图 6.3.9  清屏子程序**

LCD1602 可以通过 xml(1) 指令实现全屏清零复位，有时只需要清除部分显示内容，图 6.3.9 中清屏子程序可实现该功能。这是个带三个形参的子程序，h、l、n 分别表示要清除第 h 行、第 l 列开始的 n 个数据。通过 xml(0x80+h * 0x40+l) 写入开始清零的数据的光标位置后，程序通过 for( i = 0;i<n;i++){xsj(' ');} 循环写入 n 个' '实现清零功能。

### 3. 字符显示程序的仿真讲解

字符显示程序如图 6.3.10 所示。

```
void zfczfxs( )//字符串字符显示程序
  {zfcxs(0,2,"0");yanshi(60000);//""字符串
   zfcxs(1,0,"2");yanshi(60000);//用 zfcxs 显示字符 0 和 2
   xml(0x80);//0x80、0xd0 光标定位
   for(i=0;i<16;i++){xsj('0');yanshi(20000);}//用 xsj 显示字符 0 和 2
   yanshi(60000);//' '字符,去掉' '0 无法显示
   xml(0x04);xml(0xd0);//0x04 光标左移,数据指针减 1
   for(i=0;i<16;i++){xsj('2');yanshi(20000);}
   yanshi(60000);}//' '字符,去掉' '0 无法显示
```

**图 6.3.10 字符显示程序**

字符运算符是' ',字符串由多个字符构成,运算符是" "。数字 0~9 套上了' '或" ",就变成了字符 0~9 或字符串。比如:0 是数字 0、'0' 是字符 0、"0"是字符串 0。

数字 0~9 与字符 0~9 相互之间有两种常用的转换方法,比如:2+0x30 与' 2' - 0x30、2+'0' 与' 2' - '0' 都可以实现数字 2 与字符'2' 之间的相互转换。

字符'0' 与字符串"0"之间的区别是:前者是单个字符,后者是两个字符,因为字符串后面必须带个字符串结束符号 0。

图 6.3.10 中字符显示子程序采用调用 zfcxs(0,2,"0")和 for(i=0;i<16;i++){xsj('2');yanshi(20000);}两种方法来实现字符'0' 和'2' 的显示功能。

### 4. 字符串静态和移屏显示程序的仿真讲解

字符串静态和移屏显示程序如图 6.3.11 所示。

```
void zfcypxs( )//字符串移屏显示
  {zfcxs(0,0,"1602 show 1: ");//第一组内容分两行显示,分别从 0 行 0 列和
   zfcxs(1,2," $ 12345.678");//1 行 2 列开始显示,这些数据可以直接显示
   yanshi(60000);yanshi(60000);
   zfcxs(0,16,"1602 Show 2: ");//第二组内容也分两行,分别在 0 行 16 列
   zfcxs(1,19," $ 6666.000");//和 1 行 19 列,这些数据需要移屏才能显示
   yanshi(60000);yanshi(60000);//左移才能显示,xml(0x18)左移
   for(i=0;i<16;i++){xml(0x18);yanshi(60000);}//用 for 循环左移 16 次
   for(i=0;i<27;i++){xml(0x1c); }//xml(0x1c)右移,比较 yanshi(60000);
   yanshi(60000);yanshi(60000);xml(1);}
```

**图 6.3.11 字符串静态和移屏显示程序**

这个子程序分别在可直接和不可直接显示 RAM 中写入数据,第一组数据直接写入后能在屏上显示出来,第二组数据通过 xml(0x18)左移才显示出来。左移时有延时,右移时没有写延时子程序,可以明显看出有左移动作,右移时看不出移动过程。

### 5. 主程序的仿真讲解

主程序如图 6.3.12 所示。

```
void main(void)
    {uchar i;csh();yanshi(100);
    zfczfxs();xml(0x06);//xml(0x06);恢复右往左写
    xml(1);yanshi(100);//全屏清屏,屏蔽延时程序第一行无法显示
                        //qingping(0,0,16);qingping(1,0,16);
    zfcypxs();while(1);}
```

图 6.3.12　主程序

csh()中有清屏程序,主程序中执行该程序后,必须延时。

xml(1);yanshi(100);xml(0x06);//全屏清屏,xml(0x06);恢复右往左写
                            //qingping(0,0,16);qingping(1,0,16);
实现了清屏和数据输入方向改变功能。

"while(1);"写在主程序后面,说明该主程序只执行一次。

# 6.3.4　任务拓展:1602 路标指示牌的设计与仿真

## 一、电路结构说明

1602 路标指示牌仿真电路如图 6.3.13 所示。

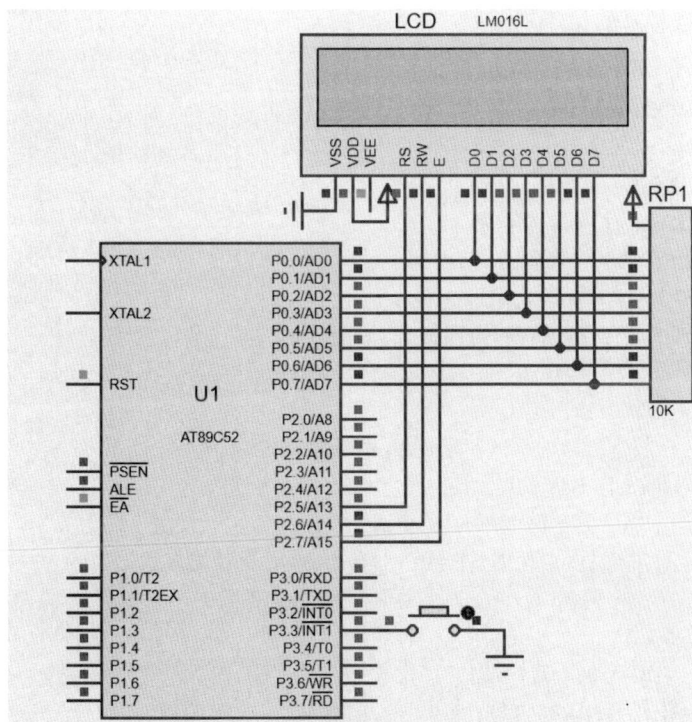

图 6.3.13　1602 路标指示牌仿真电路

## 二、程序控制要求

(1)用 1602 制作左右两个方向的路标指示牌。

(2)按键开关用来选择路标方向:默认的路标方向为右,按下按键开关后,指示方向切换为左。两个路标方向可以反复切换。

(3)右指示控制要求:

①刚进入右向指示时,从左到右依次写入显示数据:第一行居中显示"this way",第二行逐位写入 16 个">"指示道路方向。显示一段时间后,清屏。第一行居中显示格式为"＊＊＊＊-＊＊-＊＊"的年月日;第二行逐位写入 16 个">"指示道路方向。

②完成上述显示后,第一行要求分屏显示"this way"和年月日,分屏显示时间自定;第二行移动显示">"指示道路方向,该移动显示功能要求不用整屏移动指令。

(4)左指示控制要求:

①刚进入左向指示时,从右到左依次写入显示数据:第一行居中显示"this way",第二行逐位写入 16 个"<"指示道路方向。显示一段时间后,清屏。第一行居中显示格式为"＊＊＊＊-＊＊-＊＊"的年月日;第二行逐位写入 16 个"<"指示道路方向。

②完成上述显示后,要求用整屏左移指令编写程序控制左方向指示,要求左移次数为 16 次,左移后的效果是:第一行分屏居中显示"this way"和年月日;第二行显示 16 个"<"标志。

## 三、例程

1602 路标指示牌例程如图 6.3.14。

```
#include <regx51.h>#define uchar unsigned char
#define uint unsigned int
#define ulint unsigned long int
sbit RS=P2^5;  //1=数据;0=命令
sbit RW=P2^6;  //1=读;0=写
sbit E=P2^7;    //1=使能;0=禁止
sbit k1=P3^3;bit fx,m1=1,m2,m3,m4;
ulint riqi=20240515;uchar led[11],led1[11];
#define srz P0
void yanshi(uint x);
                            /＊＊写命令:ml 为要发送的命令＊＊/
void xml(uchar ml)
    {RS=0;RW=0;//置"命令、写"模式
    srz=ml;E=1;yanshi(15);E=0;}//送出命令,并使之有效
                        /＊＊写数据:sj 为要发送的数据＊＊/
void xsj(uchar sj)
    {RS=1;RW=0;//置"数据、写"模式
    srz=sj;E=1;yanshi(15);E=0;}//送出数据,并使之有效
                        /＊＊初始化＊＊/
```

```
void csh(){xml(0x38);//16位,两行,5*7点阵
        xml(0x0c);//显示开,光标关,可换成0x0f,比较显示效果
        xml(0x06);//默认,光标右移,可换成0x04,比较显示效果
        xml(1);}//清显示
void ajkz(){if(!k1){fx=!fx,m3=m4=0;if(!fx)m1=1,m2=0;//理解m1m2的作用
            if(fx)m1=0,m2=1;while(!k1);}}
void yanshi(uint x){while(--x)ajkz();}//理解yanshi中调用ajkz()好处
                    /**字符串显示**/
void zfcxs(uchar h,uchar l,uchar *s)
    {uchar i=0;h%=2;l%=40;//防止越界,i必须赋初值0
    xml(0x80+h*0x40+l);//光标定位
    for(;l<40&&s[i]!=0;i++,l++){xsj(s[i]);yanshi(1000);}}
                    /**xsj()清屏程序**/
void qingping(uchar h,uchar l,uchar n)//用xsj清屏
    {uchar i=0;h%=2;l%=40;//防止越界,i必须赋初值0
    xml(0x80+h*0x40+l);//光标定位
    for(i=0;i<n;i++){xsj(' ');}}
                    /**日期拆分**/
void cfs()//拆分数
{led[0]=riqi/10000000+0x30;led[1]=riqi%10000000/1000000+0x30;
 led[2]=riqi%1000000/100000+0x30;led[3]=riqi%100000/10000+0x30;
 led[5]=riqi%10000/1000+'0';led[6]=riqi%1000/100+'0';
 led[8]=riqi%100/10+'0';led[9]=riqi%10+'0';
 led[4]=led[7]='-';led[10]=0;//led1是led的反序,但结束码0不能反
 led1[0]=led[9],led1[1]=led[8],led1[2]=led[7],led1[3]=led[6],
 led1[4]=led[5],led1[5]=led[4],led1[6]=led[3],led1[7]=led[2],
 led1[8]=led[1],led1[9]=led[0],led1[10]=led[10];}
void lbcx1()//右方向指示程序,自编程序
    {uchar i,j;//换成右方向时(m1=1),初始化——第一行手动清屏
    if(m1){csh();yanshi(100);
    qingping(0,0,16);zfcxs(0,4,"this way");xml(0x80+0x40);
    for(i=0;i<16;i++){xsj('>');yanshi(5000);}
    yanshi(60000);qingping(0,0,16);qingping(1,0,16);
    zfcxs(0,3,led);xml(0x80+0x40);
    for(i=0;i<16;i++){xsj('>');yanshi(5000);}yanshi(60000);m1=0;}
    qingping(0,0,16);
    if(!m3)zfcxs(0,3,"this way");else {zfcxs(0,3,led);}
    for(j=1;j<17;j++){qingping(1,0,16);yanshi(5000);xml(0x80+0x40);
    for(i=0;i<j;i++){xsj('>');yanshi(20000/j);}
    yanshi(10000);}m3=!m3;}
void lbcx2()//路标程序1,指令编程
    {uchar i;
    if(m2){csh();yanshi(100);xml(0x04);
```

```
              zfcxs(0,15," yaw siht ");
              zfcxs(1,15,"<<<<<<<<<<<<<<<<");yanshi(60000);
              qingping(0,15,16);
              zfcxs(0,12,led1);
              zfcxs(1,15,"<<<<<<<<<<<<<<<<");yanshi(60000);m2=0;}
      xml(1);yanshi(100);
      if(! m4){zfcxs(0,16," this way ");}
      else {zfcxs(0,18,led);}
      zfcxs(1,16,"<<<<<<<<<<<<<<<<");
      for(i=0;i<16;i++){xml(0x18);yanshi(10000);}m4=! m4; } //m4 取反
  void main()
      {csh();yanshi(100);cfs();
        while(1){ajkz();if(! fx)lbcx1();else lbcx2();} }
```

**图 6.3.14　1602 路标指示牌例程**

## 四、例程讲解

### 1. ajkz( )的仿真讲解

ajkz( )子程序如图 6.3.15 所示。

```
void ajkz(){if(! k1){fx=! fx,m3=m4=0;if(! fx)m1=1,m2=0;//理解 m1m2 的作用
              if(fx)m1=0,m2=1;while(! k1);}}
```

**图 6.3.15　ajkz( )子程序**

程序中 fx 是方向标志位，fx＝0 为右移，fx＝1 为左移。每次按下按键，fx 取反，可以反复切换路标方向。每次按下按键的同时，让 m3＝m4＝0，同时当 fx＝0 时，m1＝1，m2＝0；当 fx＝1 时，m1＝0，m2＝1。m1m2 分别是左右换向初始状态标志位。m3m4 分别是右、左向第一行换屏显示的标志位。

### 2. cfs( )的仿真讲解

cfs( )子程序如图 6.3.16 所示。

```
void cfs()//拆分数
{led[0]=riqi/10000000+0x30;led[1]=riqi%10000000/1000000+0x30;
 led[2]=riqi%1000000/100000+0x30;led[3]=riqi%100000/10000+0x30;
 led[5]=riqi%10000/1000+' 0' ;led[6]=riqi%1000/100+' 0' ;
 led[8]=riqi%100/10+' 0' ;led[9]=riqi%10+' 0' ;
 led[4]=led[7]=' -' ;led[10]=0; //led1 是 led 的反序,但结束码 0 不能反
 led1[0]=led[9],led1[1]=led[8],led1[2]=led[7],led1[3]=led[6],
 led1[4]=led[5],led1[5]=led[4],led1[6]=led[3],led1[7]=led[2],
 led1[8]=led[1],led1[9]=led[0],led1[10]=led[10];}
```

**图 6.3.16　cfs( )子程序**

数字+0x30 或者'0' 都可以将数字转化为字符。led 保存了右向数据，led1 保存了左向数据。右向数据先写左边数据，左向数据先写右边数据，所以 led1 是 led 的反序数据。

### 3. lbcx1( ) 的仿真讲解

lbcx1( ) 子程序如图 6.3.17 所示。

```
void lbcx1( )//右方向指示程序,自编程序
    {uchar i,j; //换成右方向时(m1 = 1),初始化——第一行手动清屏
    if(m1){csh( );yanshi(100);//m1 右向初始显示要求
    zfcxs(0,4,"this way");xml(0x80+0x40);
    for(i=0;i<16;i++){xsj('>');yanshi(5000);}
    yanshi(60000);qingping(0,0,16);qingping(1,0,16);
    zfcxs(0,3,led);xml(0x80+0x40);//分数后的数组 led 用 zfcxs( ) 显示
    for(i=0;i<16;i++){xsj('>');yanshi(5000);}yanshi(60000);m1=0;}
    qingping(0,0,16);//完成初始显示后,m1 = 0
    if(! m3)zfcxs(0,3,"this way"); else {zfcxs(0,3,led); }
    for(j=1;j<17;j++){qingping(1,0,16); yanshi(5000);xml(0x80+0x40);
    for(i=0;i<j;i++){xsj('>');yanshi(20000/j);}
    yanshi(10000);}m3 =! m3;}//m3 第一行换屏标志位,每次显示移屏,m1 取反
```

**图 6.3.17　lbcx1( ) 子程序**

本程序用 m1m3 分别控制右向指示初始显示和第一行换屏，用 zfcxs( ) 显示 led。

### 4. lbcx2( ) 的仿真讲解

lbcx2( ) 子程序如图 6.3.18 所示。

```
void lbcx2( )//路标程序 1,指令编程
    {uchar i;
    if(m2){csh( );yanshi(100); xml(0x04);//从右往左写,从 15 列开始写
        zfcxs(0,15," yaw siht ");//this way 写入时要反序
        zfcxs(1,15,"<<<<<<<<<<<<<<<<");yanshi(60000);
        qingping(0,15,16);//从 15 列开始往左清屏
        zfcxs(0,12,led1); //从 12 列开始往左写年月日
        zfcxs(1,15,"<<<<<<<<<<<<<<<<");yanshi(60000);m2=0;}
    xml(1);yanshi(100);
    if(! m4){zfcxs(0,16," this way ");}
    else {zfcxs(0,18,led);}
    zfcxs(1,16,"<<<<<<<<<<<<<<<<");
    for(i=0;i<16;i++){xml(0x18);yanshi(10000);}m4 =! m4; }//m4 取反
```

**图 6.3.18　lbcx2( ) 子程序**

m2 = 1 时，0x04 指令将 1602 写入方式设置为从右(15 列)往左(0 列)，所以 0 行、15 列开始往左写的子程序 zfcxs(0,15," yaw siht ")要将 this way 顺序反过来写。0 行清屏 qingping(0, 15, 16) 子程序从 15 列开始，从右往左清 16 位。0 行写入年月日子程序 zfcxs

（0，12，led1）从12列开始写入led反序过来的led1。

m4为0行换屏标志位，为实现整屏左移显示，分别将this way、led、<<<<写在不能直接显示RAM中，然后通过整屏左移指令0x18左移16次，实现整屏左移功能。

## 6.3.5 任务作业

1. 1602不用取码软件的原因是什么？它能显示汉字吗？

2. 1602可以直接显示多少行多少列共多少个字符？与其内部RAM地址编码有什么对应关系？其数据地址指针是多少？0x80、0x80+0x40、0xc0各表示什么地址？

3. 1602有多少个管脚？RS、R/W、E各有什么功能？根据其功能理解图6.3.3所示例程中xml()和xsj()子程序。

4. 1602以下指令各有什么功能：0x01、0x04、0x06、0x38、0x0c、0x18、0x1c？

6. 什么是字符和字符串？写出字符和字符串运算符，并分析图6.3.3所示例程中zfcxs()、zfczixs()子程序。

7. 如何将0~9数字转化为'0'~'9'？并分析图6.3.14所示例程中cfs()子程序。

8. 图6.3.14所示例程中xml(0x01)与qingping(uchar h, char l, uchar n)清屏各有什么应用特点？并分析qingping(uchar h, char l, uchar n)的清屏原理和xml(0x01)后延时的意义。

9. 说明图6.3.14所示例程中m1m2m3m4的作用，并分析lbcx1()和lbcx2()显示控制效果。

10. 分析for(;l<40&&s[i]! =0;i++,l++){xsj(s[i]);yanshi(1000);}中i、l的意义，l<40&&s[i]! =0作为循环条件的意义。

11. 图6.3.14所示例程yanshi(uint x){while(--x)ajkz();}中调用ajkz()有什么好处？

12. 图6.3.14所示例程lbcx2()中的xml(0x04)与xml(0x06)指令功能有什么区别？并分析zfcxs(0,15," yaw siht ")和zfcxs(0,12,led1)中列值为什么分别取15和12，字符串要反序写成"yaw siht"，led要反序为led1？

13. 分析for(i=0;i<16;i++){xml(0x18);yanshi(10000);}的作用。

### ◆ 【课外读物】四大CPU架构的区别

我们目前使用比较多的架构有ARM、RISC-V、MIPS、X86等。其实还有一些指令的架构，但是其指令都比较小众，所以其只在专业的领域使用。四大架构的情况如表6.3.7所示。

表6.3.7 四大架构的情况

| 架构 | 特点 | 代表性的使用者 | 运营机构 | 发明时间 |
|---|---|---|---|---|
| X86 | 性能高、速度快、兼容性好 | Intel、AMD | 英特尔 | 1978年 |
| ARM | 成本低、功耗低 | 苹果、谷歌、IBM、华为 | 英国Acorn公司 | 1983年 |
| RISC-V | 模块化、极简、可扩展 | 三星、英伟达、西部数据 | RISC-V基金会 | 2014年 |
| MIPS | 简洁、优化方便、高扩展性 | 龙芯 | MIPS科技 | |

　　ARM 架构是一个 32 位精简指令集处理器架构，其广泛使用于嵌入式系统设计。它主要从事低费用、低功耗、高性能芯片研发，所以 ARM 处理器非常适用于移动通信领域，全世界 99% 的智能手机和平板电脑都采用 ARM 架构。ARM 家族占了所有 32 位嵌入式处理器 75% 的比例，成为占全世界最多数的 32 位架构之一。ARM 主要是面向移动、低功耗领域，因此在设计上更偏重节能、能效方面。ARM 芯片如图 6.3.19 所示。

**图 6.3.19　ARM 芯片**

　　X86 主要面对的是计算机行业，是微处理器执行的计算机语言指令集，是一套通用的计算机指令集合。1978 年 6 月 8 日，X86 架构诞生。它的 CPU 基本上是 1Gbit/s 以上的，双核、四核大行其道，通常使用 45 nm 甚至更高级制程的工艺进行生产。X86 结构的电脑采用"桥"的方式与扩展设备进行连接，所以可以使电脑更容易进行性能拓展。

　　RISC-V 架构是基于精简指令集计算原理建立的开放指令集架构，它在指令集不断发展和成熟的基础上建立的全新指令。这种指令集不会垄断或者盈利，它架构简单，完全开源，允许任何人设计、制造和销售 RISC-V 芯片和软件。它可以根据需要，来设计基于它的一些处理器，例如服务器、家用电器和工控中的 CPU。

　　MIPS 架构是一种采取精简指令集的处理器架构，1981 年被开发出来。可以说它是 RISC 的一个小的分支，是在 RISC 基础上发展起来的，在工业、办公自动化、汽车、消费电子系统和先进技术中都有很大的应用。

# 项目 7

# 中断控制程序的设计与仿真

## 任务 1　带定时中断的交通灯电路控制程序的设计与仿真

### 🔊 任务实施目标

通过任务实操和讲解，体验式学习和掌握：

1. 中断控制系统的结构及工作原理；

2. 中断特殊寄存器的结构及赋值要求；

3. 定时中断系统的结构、工作原理及参数设置；

微课二维码

4. 应用定时中断设计与仿真具有交通时间显示和提醒、启停控制等功能的东西和南北向的两组信号灯的方法技巧。

### 🔊 任务背景

中断是单片机对外部或内部随机发生的事件进行实时处理的机制系统，它分为四个过程：①中断发生或中断请求（CPU 正在处理主函数某一事件时，又发生了另一事件，请求 CPU 立刻去处理）。②中断响应（CPU 暂时停止当前工作）。③中断处理（进入中断服务程序去处理新的事件）。④中断返回（CPU 处理完中断事件后，再返回原来主程序被中断的地方继续处理事件）。

51 系列单片机有 5 个中断源：外部中断 $\overline{\text{INT0}}$ 和 $\overline{\text{INT1}}$；内部定时器和外部计数器中断 T0/C0 和 T1/C1；串行口中断 TI/RI。各中断产生的条件、优先级、C 语言序号、汇编语言入口地址如表 7.1.1 所示。

表 7.1.1　单片机中断源的情况表

| 中断源 | 中断产生条件 | 优先级 | 序号(C 语言) | 入口地址(汇编) |
|---|---|---|---|---|
| $\overline{INT0}$ | 由 P3.2 端口线引入，低电平或下降沿引起 | 最高 | interrupt 0 | 0003H |
| T0/C0 | 由内部计数器 T0 计满数回零引起/由 P3.4 端口先引入外部脉冲，计满数回零引起 | 第 2 | interrupt 1 | 000BH |
| $\overline{INT1}$ | 由 P3.3 端口线引入，低电平或下降沿引起 | 第 3 | interrupt 2 | 00013H |
| T1/C1 | 由内部计数器 T1 计满数回零引起/由 P3.5 端口先引入外部脉冲，计满数回零引起 | 第 4 | interrupt 3 | 0001BH |
| TI/RI | 由串行口 P3.0、P3.1 完成一帧字符发送/接收后引起 | 最低 | interrupt 4 | 0023H |

51 系列单片机基本的中断系统结构如图 7.1.1 所示。

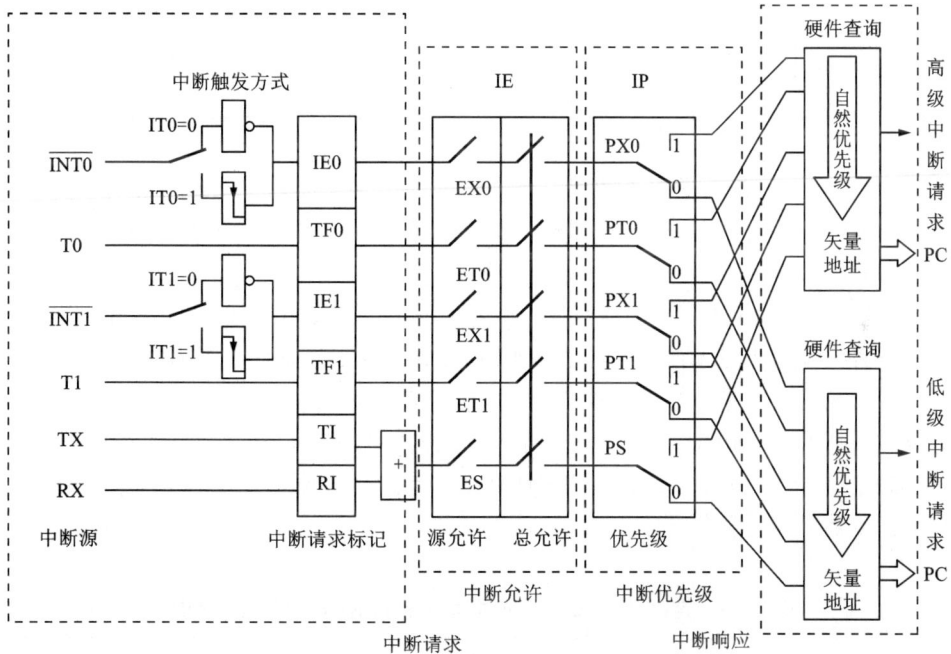

图 7.1.1　51 系列单片机基本的中断系统结构图

　　中断的参数设置：设置参数为中断响应和执行提供了工作条件，这些参数通过以下特殊功能寄存器进行设置：中断允许寄存器 IE、中断优先级控制寄存器 IP、中断控制寄存器(包括定时/计数器控制寄存器 TCON 和串行通信口控制寄存器 SCON)。

　　中断允许寄存器 IE 用来设定各中断源的开关，如表 7.1.2 所示。

**表 7.1.2　中断允许寄存器 IE(特殊功能寄存器, 字节地址 A8H)**

| 位序号 | D7 | D6 | D5 | D4 | D3 | D2 | D1 | D0 |
|---|---|---|---|---|---|---|---|---|
| 位符号 | EA | — | ET2 | ES | ET1 | EX1 | ET0 | EX0 |
| 位功能 | 开总中断 | 无效位 | 开 T2 中断 | 开串行口中断 | 开 T1 中断 | 开外部中断 1 中断 | 开 T0 中断 | 开外部中断 0 中断 |

使用方法: ①可 8 位总线寻址, 整体赋值, 如: IE=0x81; (开启全局中断, 打开外部中断 0)。②也可位寻址, 单独赋值, 如: EA=EX0=1; (开启全局中断和外部中断 0)。

中断优先级寄存器 IP 可修改各中断优先级, 实现某个中断优先响应和中断嵌套, 一般采用表 7.1.3 中的单片机缺省设置。

**表 7.1.3　中断优先级寄存器 IP(特殊功能寄存器, 字节地址 B8H)**

| 位序号 | D7 | D6 | D5 | D4 | D3 | D2 | D1 | D0 |
|---|---|---|---|---|---|---|---|---|
| 位符号 | — | — | — | PS | PT1 | PX1 | PT0 | PX0 |
| 位功能 | 无效位 | 无效位 | 无效位 | 串行口优先级控制位 | T1 优先级控制位 | EX1 优先级控制位 | T0 优先级控制位 | EX0 优先级控制位 |

定时/计数器: 本任务学习该中断, 在其他任务中再介绍其他中断。定时/计数器有定时和计数两种模式, 公用同一个 16 位输入计数器 TH/TL。其对单片机内部时钟信号计数是定时器, 对单片机外部脉冲信号计数是计数器。

定时/计数器可从零或所设初始值开始计数。在计数器计满时发生溢出和中断响应, 执行中断程序。单片机在计数时, 不占用 CPU 工作时间, 只在计数器满溢出进行中断响应才占用, 大大地提高了单片机的工作效率。

工作方式寄存器 TMOD: 定时/计数器有定时/计数两种模式、四种工作方式(方式 0、方式 1、方式 2、方式 3), 通过设置 TMOD 参数, 选择工作模式和工作方式, 如表 7.1.4 所示。TMOD 参数只能整体设置。

**表 7.1.4　定时/计数器工作方式寄存器 TMOD(字节地址 89H)**

| 位序号 | D7 | D6 | D5 | D4 | D3 | D2 | D1 | D0 |
|---|---|---|---|---|---|---|---|---|
| 位符号 | GATE | C/$\overline{T}$ | M1 | M0 | GATE | C/$\overline{T}$ | M1 | M0 |
| 位功能 | 门控制位 | 定时器和计数器模式选择位 | 工作方式选择位 | | 门控制位 | 定时器和计数器模式选择位 | 工作方式选择位 | |
| | 定时器 1 | | | | 定时器 0 | | | |

高四位和低四位分别控制 T1/C1 和 T1/C0 的工作方式，其意义完全相同，现以低四位介绍其功能。

GATE＝0 时，定时/计数器启动与停止只受 TCON 寄存器中的 TRX 控制；GATE＝1 时，除 TRX 外，还受外部中断引脚上的电平共同控制。

$C/\overline{T}$＝0 时，定时器工作模式；$C/\overline{T}$＝1 时，计数器工作模式。

M1、M0：定时/计数器四种工作方式选择位，常用方式 0 和 1，如表 7.1.5 所示。

**表 7.1.5　定时/计数器工作方式说明表**

| M1 | M0 | 方式 | 说明 |
|----|----|----|----|
| 0 | 0 | 0 | 13 位定时器(TH 的 8 位和 TL 的低 5 位) |
| 0 | 1 | 1 | 16 位定时/计数器 |
| 1 | 0 | 2 | 自动装入初值的 8 位计数器，TH 保存初值，自动装入清零后的 TL |
| 1 | 1 | 3 | T0 分成两个独立的 8 位计数器，T1 没有这种工作方式 |

例题 1：将 T0、T1 的工作方式都设置为工作方式 1。

解：TMOD＝0x11。

控制寄存器 TCON：控制定时/计数器运行等功能，如表 7.1.6 所示。

**表 7.1.6　定时/计数器控制寄存器 TCON(字节地址 88H)**

| 位序号 | D7 | D6 | D5 | D4 | D3 | D2 | D1 | D0 |
|----|----|----|----|----|----|----|----|----|
| 位符号 | TF1 | TR1 | TF0 | TR0 | IE1 | IT1 | IE0 | IT0 |
| 位功能 | T1/C1 溢出标志 | T1/C1 运行控制 | T0/C0 溢出标志 | T0/C0 运行控制 | EX1 中断请求标志 | EX1 触发方式选择 | EX0 中断请求标志 | EX0 触发方式选择 |

TF0、TF1：计满数时的溢出标志。当向 CPU 申请中断时，响应中断程序后 TF0、TF1 自动清零。当采用查询方式时，执行完查询程序后，须在查询程序中通过"TF0(1)＝0;"程序将 TF0、TF1 清零，否则它们一直等于 1。

TR0、TR1：T0/C0、T1/C1 运行控制。TR0(或 TR1)与 IE 寄存器中的 EA、ET0(或 ET1)，一起控制 T0/C0、T1/C1 中断的启动运行。

TCON 的低四位与定时/计数器中断无关，以后介绍。

TH0(地址 8CH)/ TL0(地址 8AH)和 TH1(地址 8DH)/TL1(地址 8BH)：是定时/计数器 T0(1)/C0(1)的输入计数器，TH 是高 8 位、TL 是低 8 位，是 16 位的特殊功能寄存器，理论最大计数值＝$2^{16}$＝65536。

定时/计数器不同工作方式时，TH、TL 最大实际计数值不同。常用工作方式 1 和工作方式 2：工作方式 1 时，为 16 位计数器方式，输入计数器的最大计数值＝$2^{16}$＝65536。工作方式 2 为自动装入初值的 8 位计数器方式，其最大计数值＝$2^8$＝256。

图 7.1.2 为定时/计数器结构框图，图 7.1.3 为定时器 T0 工作方式 1 逻辑框图。

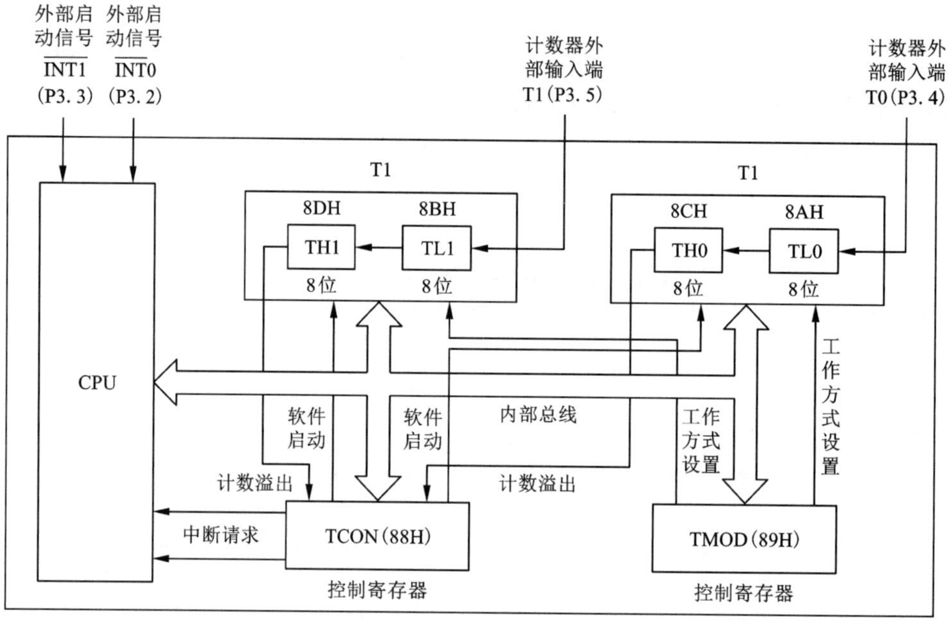

图 7.1.2　定时/计数器结构框图

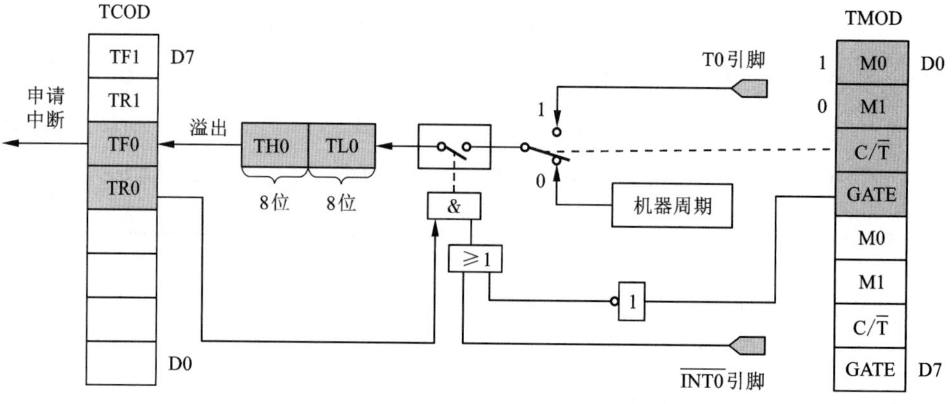

图 7.1.3　定时器 T0 工作方式 1 逻辑框图

定时/计数器赋初值方法：定时/计数器通过计满溢出标志位申请中断，其初值不直接等于计数值，而等于输入计数器计数的最大值与计数值的差值。设计数器为 $M$ 位，计数值为 $N$，初值为 $X$，计数状态：$X = 2^M - N$，定时状态：$X = 2^M -$ 定时时间$/T$（$T = 12/$晶振频率）。

例题 2：晶振频率 $f = 12$ MHz，利用定时器 T0 定时 50 ms，计算其 16 位寄存器 TH0、TL0 的初值。

解：$X = 2^M -$ 定时时间$/T = 2^{16} - 50$ ms$/1$ μs $= 65536 - 50000 = 15536 = 0x3CB0$，TH0 $= 0x3C$，TL0 $= 0xB0$。

单片机编程：TH0 $= (65536 - 50000)/256$；TL0 $= (65536 - 50000)\%256$；

例题 3：设置 IE、TCON、TMOD，启动 T0 定时器 50 ms 定时中断。

单片机编程：EA = ET0 = TMOD = TR0 = 1；TH0 = (65536 - 50000)/256；TL0 = (65536 - 50000)%256；

🔊 **任务探索**

如何根据定时中断要求，设置 IE、TCON、TMOD 和定时器 TH、TL 初值，编写交通灯控制程序？

## 7.1.1　电路结构说明与程序控制要求

### 一、电路结构说明

图 7.1.4 为交通灯仿真电路，其单片机 I/O 端口分配如下。

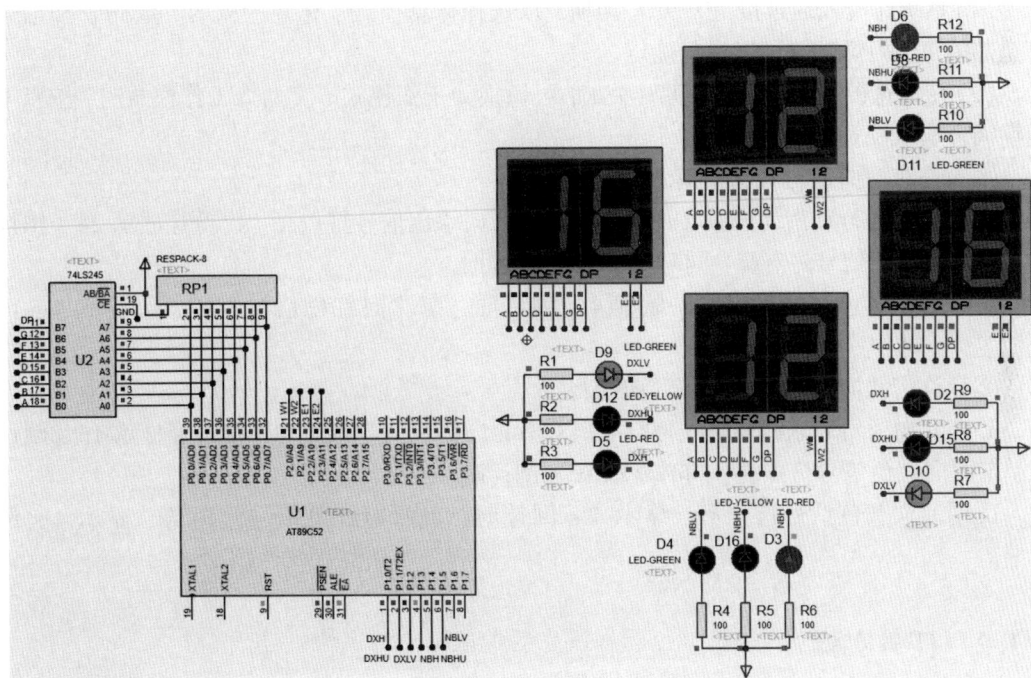

**图 7.1.4　交通灯仿真电路**

(1) P0、P2 口：P0、P2 口分别控制显示交通时间数码显示管的段码和位选，如表 7.1.7 所示。数码管为共阳极两位一体数码管，数码管的段码用 74LS245 驱动。

**表 7.1.7　P0、P2 口控制段码和位选对应表**

| P0.7 | P0.6 | P0.5 | P0.4 | P0.3 | P0.2 | P0.1 | P0.0 | P2.3 | P2.2 | P2.1 | P2.0 |
|------|------|------|------|------|------|------|------|------|------|------|------|
| dp | g 段 | f 段 | e 段 | d 段 | c 段 | b 段 | a 段 | 十位 | 个位 | 十位 | 个位 |

（2）P1 口：P1 口控制交通信号灯，如表 7.1.8 所示。

**表 7.1.8　P1 口控制交通信号灯对应表**

| P1.5 | P1.4 | P1.3 | P1.2 | P1.1 | P1.0 |
|---|---|---|---|---|---|
| NBLV | NBHU | NBH | DXLV | DXHU | DXH |
| 南北绿灯 | 南北黄灯 | 南北红灯 | 东西绿灯 | 东西黄灯 | 东西红灯 |

（3）P3 口：P3.7 接了按键开关 K，用于选择交通灯工作和休息模式。

工作模式时：数码管显示通行时间，信号灯指示交通信号。

休息模式时：所有数码管和信号灯交替闪烁。系统默认状态为休息模式，按下 K 可以切换交通灯工作与休息模式。

### 二、程序控制要求

（1）系统通电或通过按键开关 K 切换，可选择休息模式。休息模式时，数码管和信号灯全部闪烁，闪烁频率可以自行确定。

（2）在休息模式时，按下按键开关 K，可切换为工作模式。交通灯工作模式时，按以下周期循环实现交通控制：

①允许东西向通行和禁止南北向通行

a.东西向通行和南北向禁止通行 20 s：东西向绿色信号灯点亮，数码管显示 24 s 倒计时；南北向红色信号灯点亮，同时显示 20 s 倒计时。

b.东西向黄色信号灯点亮，显示 4 s 倒计时；南北向红色信号灯闪烁，显示 4 s 倒计时。

②允许南北向通行和禁止东西向通行

a.南北向通行和东西向禁止通行 12 s：南北向绿色信号灯点亮，数码管显示 16 s 倒计时；东西向红色信号灯点亮，同时显示 12 s 倒计时。

b.南北向黄色信号灯点亮，显示 4 s 倒计时；东西向红色信号灯闪烁，显示 4 s 倒计时。

## 7.1.2　任务实操

### 一、例程

交通灯例程如图 7.1.5 所示。

```
#include <reg51.h>
#define uint unsigned int
#define uchar unsigned char
sbit DXH = P1^0;sbit DXHU = P1^1;sbit DXLV = P1^2;
sbit NBH = P1^3;sbit NBHU = P1^4;sbit NBLV = P1^5;sbit k = P3^7;
```

```
uchar code dm[10] = {0xc0,0xf9,0xa4,0xb0,0x99,0x92,0x82,0xf8,0x80,0x90};
uchar ms;uchar second20, second12, second4;
bit flag=0, moshi=1;
void ys(uint x){while(x--);}
void csh()
{TH0=(65536-50000)/256;TL0=(65536-50000)%256;TMOD=EA=ET0=TR0=1;}
void state1()
{while(second20&&! moshi)
  {DXH=DXHU=NBHU=NBLV=1;DXLV=NBH=0;
  if(flag==1){flag=0;second20--;}
  P2=0x01;P0=dm[second20/10];ys(200);
  P2=0x02;P0=dm[second20%10];ys(200);
  P2=0x04;P0=dm[(second20+4)/10];ys(200);
  P2=0x08;P0=dm[(second20+4)%10];ys(200);;}second20=20;}
void state2()
{while(second4&&! moshi)
  {DXH=DXLV=NBHU=NBLV=1;DXHU=0;
  if(ms%5==0)NBH=~NBH;
  if(flag==1){flag=0;second4--;}
  P2=0x01;P0=dm[second4/10];ys(200);
  P2=0x02;P0=dm[second4%10];ys(200);
  P2=0x04;P0=dm[second4/10];ys(200);
  P2=0x08;P0=dm[second4%10];ys(200);}second4=4;}
void state3()
{while(second12&&! moshi)
  {DXH=NBLV=0;DXHU=DXLV=NBH=NBHU=1;
  if(flag==1){flag=0;second12--;}
  P2=0x01;P0=dm[(second12+4)/10];ys(200);
  P2=0x02;P0=dm[(second12+4)%10];ys(200);
  P2=0x04;P0=dm[second12/10];ys(200);
  P2=0x08;P0=dm[second12%10];ys(200);}second12=12;}
void state4()
{while(second4&&! moshi)
  {DXHU=DXLV=NBH=NBLV=1;NBHU=0;if(ms%5==0)DXH=~DXH;
  if(flag==1){flag=0;second4--;}
  P2=0x01;P0=dm[second4/10];ys(200);
  P2=0x02;P0=dm[second4%10];ys(200);
  P2=0x04;P0=dm[second4/10];ys(200);
  P2=0x08;P0=dm[second4%10];ys(200);}second4=4;}
void state5()
{P0=P1=0XFF;P2=0;
  while(moshi){if(ms==10){P0=~P0;P1=~P1;P2=~P2;}}}
voidmain()
```

```
{csh();while(1){state1();state2();state3();state4();state5();}}
void t0() interrupt 1
  {TH0=(65536-50000)/256;TL0=(65536-50000)%256;
  if(! k){moshi=! moshi;
       if(! moshi){second20=20;second12=12;second4=4;}while(! k);}
  ms++;if(ms==20){ms=0;flag=1;}}
```

图 7.1.5 交通灯例程

## 二、编程和仿真调试实操

仿真调试 1：修改 EA、ET0、TR0、TMOD、TH0、TL0 的参数值和 interrupt 后面的中断号，观察编译提示和例程仿真运行效果，直观理解定时中断各参数的意义和设置方法。

仿真调试 2：本例程采用定时中断检测按键开关 K，通过仿真调试理解其好处。同时采用传统按键检测编程方法，修改例程中的按键检测程序，对比其仿真运行效果，分析可能存在的控制漏洞和解决办法。

仿真调试 3：仿真运行调试 state1()，state2()，state3()，state4()，state5()，分析交通灯休息模式和工作模式数码管和信号灯闪烁，及倒计时显示和信号灯切换的编程方法和原理。

## 7.1.3　任务讲解

### 一、仿真调试 1 的仿真讲解

定时器 T0 初始化和中断程序如图 7.1.6 所示。

```
void csh()
    {TH0=(65536-50000)/256;TL0=(65536-50000)%256;TMOD=EA=ET0=TR0=1;}
void t0() interrupt 1
    {TH0=(65536-50000)/256;TL0=(65536-50000)%256;
    if(! k){moshi=! moshi;
         if(! moshi){second20=20;second12=12;second4=4;}while(! k);}
    ms++;if(ms==20){ms=0;flag=1;}}
```

图 7.1.6　定时器 T0 初始化和中断程序

csh() 是例程启动定时器 T0 的初始化程序；t0() 是定时器 T0 的中断程序，是定时器 T0 定时一到，中断主程序，去响应执行的程序。

#### 1. csh() 的仿真讲解

该程序就是通过初值和参数设置，设定定时时长和定时器启动工作条件。

（1）定时器初值设置的仿真讲解

定时器计数存储器为 16 位计数器，对单片机内部时钟信号计数，最多计 $2^{16}=65536$ 个信号。定时器 T0 存储器为 TH0(高 8 位)TL0(低 8 位),其一旦计满,就会触发定时中断,响应执行定时中断程序 t0( )。

例程要求 T0 定时时长为 50 ms,所以要计 50000 个数,其 TH0TL0 初值设定为 TH0 = (65536−50000)/256;TL0 = (65536−50000)%256;。仿真运行修改 50000 这个数值,可以得到不同的定时时长,数值越大,定时越长。

(2)定时器工作参数设置的仿真讲解

TMOD = EA = ET0 = TR0 = 1;设置了定时器 T0 为工作方式 1,并打开了中断总开关 EA、T0 中断 ET0 和运行控制 TR0,启动定时器 T0。仿真运行修改这些参数,会改变定时器工作方式,或停止定时器。比如通过控制 ET0 或 TR0 等于 0,会停止定时中断。

### 2. t0( )的仿真讲解

定时中断 T0 的中断号为 interrupt 1,其中断号 1 不能改变。仿真运行修改其中断号,会破坏其工作条件。

定时/计数器因为计满数,才会响应中断程序,为了下一个周期的定时,所以必须在中断程序中重新设置初值。把中断程序 t0( )中的重置数程序删除,仿真运行观察效果。

t0( )中断程序主要有两个功能:定时检测按键开关 K 和产生 1 s 的定时信号 flag。

现在重点仿真讲解秒信号 flag:ms + +;if( ms = = 20 ) { ms = 0;flag = 1;} 程序中参数 ms 对周期为 50 ms 的 t0( )定时中断进行计数,当 ms = 20 时,计时时长 = 1 s,秒信号 flag = 1。

### 二、仿真调试 2 的仿真讲解

t0( )定时中断程序是每 50 ms 就会响应执行一次,其中的按键检测程序:

```
if( ! k) {moshi = !  moshi;
if( ! moshi) {second20 = 20;second12 = 12;second4 = 4;} while( !  k);}
```
就会每过 50 ms 检测一次按键开关 K 的状态,如果按下就会让交通灯工作方式标志位 moshi 取反。moshi = 1 为休息模式。moshi = 0 为工作模式,并在切换为工作模式的瞬间,为交通灯工作状态赋时间初值:second20 = 20;second12 = 12;second4 = 4;。

单片机执行程序的工作原理是顺序扫描,传统按键开关检测和控制程序是写在主程序中的,在一个程序执行周期中,开关才检测一次,会造成开关检测灵敏度不高的缺陷。本例程中的开关检测程序是写在定时中断程序中,每 50 ms 就会对开关状态进行检测,能解决传统检测程序检测灵敏度低的缺陷。

### 三、仿真调试 3 的仿真讲解

state1( ) ~ state5( )子程序如图 7.1.7 所示。

```
void state1( )
{while(second20&&! moshi)
 {DXH = DXHU = NBHU = NBLV = 1;DXLV = NBH = 0;
  if( flag = = 1) {flag = 0;second20 − − ;}
```

```
        P2=0x01;P0=dm[second20/10];ys(200);
        P2=0x02;P0=dm[second20%10];ys(200);
        P2=0x04;P0=dm[(second20+4)/10];ys(200);
        P2=0x08;P0=dm[(second20+4)%10];ys(200);;}second20=20;}
    void state2()
    {while(second4&&! moshi)
      {DXH=DXLV=NBHU=NBLV=1;DXHU=0;
        if(ms%5==0)NBH=~NBH;
        if(flag==1){flag=0;second4--;}
        P2=0x01;P0=dm[second4/10];ys(200);
        P2=0x02;P0=dm[second4%10];ys(200);
        P2=0x04;P0=dm[second4/10];ys(200);
        P2=0x08;P0=dm[second4%10];ys(200);}second4=4;}
    void state3()
    {while(second12&&! moshi)
      {DXH=NBLV=0;DXHU=DXLV=NBH=NBHU=1;
        if(flag==1){flag=0;second12--;}
        P2=0x01;P0=dm[(second12+4)/10];ys(200);
        P2=0x02;P0=dm[(second12+4)%10];ys(200);
        P2=0x04;P0=dm[second12/10];ys(200);
        P2=0x08;P0=dm[second12%10];ys(200);}second12=12;}
    void state4()
    {while(second4&&! moshi)
      {DXHU=DXLV=NBH=NBLV=1;NBHU=0;if(ms%5==0)DXH=~DXH;
        if(flag==1){flag=0;second4--;}
        P2=0x01;P0=dm[second4/10];ys(200);
        P2=0x02;P0=dm[second4%10];ys(200);
        P2=0x04;P0=dm[second4/10];ys(200);
        P2=0x08;P0=dm[second4%10];ys(200);}second4=4;}
    void state5()
      {P0=P1=0XFF;P2=0;
        while(moshi){if(ms==10){P0=~P0;P1=~P1;P2=~P2;}}}
```

**图 7.1.7　state1( )~state5( )子程序**

本例程一个显著特点就是应用 state1( )~state5( )五个状态或过程子程序来编写交通灯状态控制程序,这种编程方法在周期性过程控制中应用广泛,可以总结为状态步进编程法。其编程过程可提炼为三步:根据控制要求,写出控制过程、找出周期规律、画出过程控制流程图——编写用 while 或者 if 控制的状态子程序——在主程序中顺序调用状态子程序。

编写状态子程序时有两个注意事项:①上一个状态子程序运行结束后,须编写下一个状态子程序运行条件。②主程序不会执行 while 控制的状态子程序外面的程序,但会根据单片机顺序扫描工作原理,执行完满足 if 条件的子程序外的其他程序(思考下如何把 while 改成 if 控制?)。

该交通灯控制过程是:东西向通行、南北向禁行 20 s,由此编写状态过程 1 子程序 state1()——东西向通行结束黄灯提醒 4 s,南北向禁行结束红灯闪烁 4 s,由此编写状态过程 2 子程序 state2()——南北向通行、东西向禁行 12 s,由此编写状态过程 3 子程序 state3()——南北向通行结束黄灯提醒 4 s,东西向禁行结束红灯闪烁 4 s,由此编写状态过程 4 子程序 state4()。

这 4 个子程序都用 while(second * * &&! moshi)控制,即当同时满足 second * * > 0 和 moshi=0(交通灯工作模式)时执行该状态子程序。second * * 在受秒信号 flag 控制的倒计时程序控制,如:if(flag==1){flag=0;second12--;}。second * * =0 时,while (second * * &&! moshi)循环条件不再满足,通过 second * * =·* * 为执行下一个状态子程序提供条件。while 另一个循环条件 &&! moshi 通过按键开关控制。

state2()和 state4()中的 if(ms%5==0)NBH=~NBH;和 if(ms%5==0)DXH=~DXH; 利用 ms%5==0 分别实现南北向和东西向红灯闪烁功能。

state5()为休息模式的数码管与信号灯闪烁控制程序:if(ms==10){P0=~P0;P1=~ P1;P2=~P2;}程序中当 ms=10 时,将数码管和信号灯控制信号取反,实现闪烁功能。

## 7.1.4　任务拓展:带温度检测和调时功能的电子钟程序设计与仿真

### 一、仿真电路

图 7.1.8 为带温度检测和调时功能的电子钟的仿真电路。图中 U3 为三线温度检测芯片 18B20、U2 为六缓冲器/驱动器。18B20 可直接将温度转化为数字信号,由第 2 脚以串口信号输出。六缓冲器/驱动器放大六位共阳极数码显示管公共端控制信号,驱动数码显示。

18B20 的管脚功能如 所示,第一脚接地,第二脚为串口信号脚(接单片机 P2.7),第三脚接 VCC。

该电路的第二个新知识技能点是:P0 口作为复用端口,同时为数码显示管段码端口和 1602 的数据端口。端口复用能提高单片机端口的使用效率,同时也增加了编程难度。

### 二、设计要求

(1)用 18B20 模拟环境温度检测,并在数码显示管的左三位显示出温度检测值。温度值最低位为小数点位,中间位为个位,需显示出小数点。

(2)用 4×4 矩阵开关输入数值和相关控制指令,规定:

① h0l0 交会处按键为 0 号按键、h0l1 交会处按键为 1 号按键……

② 0~9 号按键是预置倒计时天数和电子钟时、分值的数值输入按键;10 号按键为调分、调时、调天选择按键;11 号按键为时间调节的加 1 键;12 号按键为时间调节的减 1 键;13 号按键为输入数字的确认键;14 号按键为输入数值的清除键。

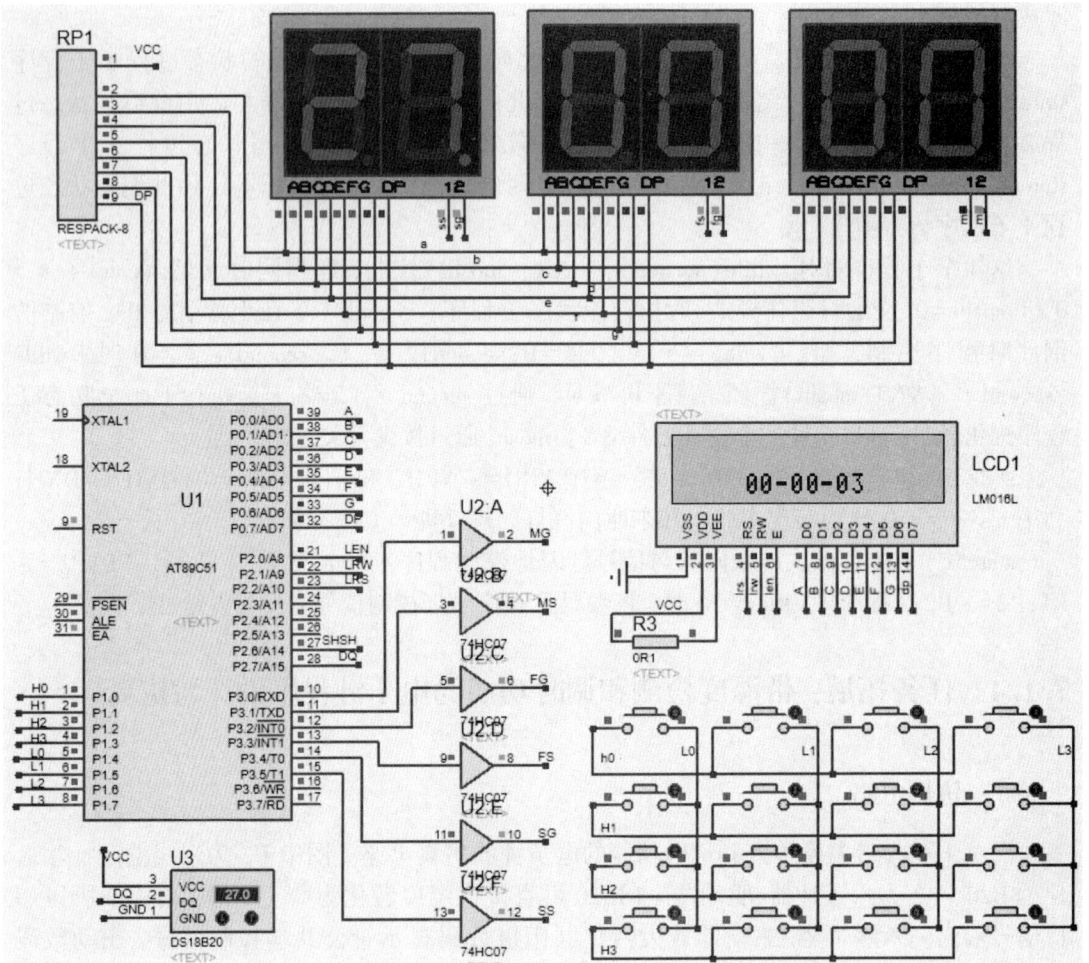

图 7.1.8　带温度检测和调时功能的电子钟的仿真电路

③倒计时天数、电子钟时分值通过 10 号按键选中后，以闪烁的形式进行提示。

④倒计时天数、电子钟时分值被选中后，有两种修改值的方式，第一种是：通过 11 和 12 号按键进行修改。第二种是：先按 14 号清除键清零，再按 0～9 号数值输入键输入，最后按 13 号确认键确认。倒计时天数不能超过 999 天，时不能超过 23 小时、分不能超过 59 分。

（3）数码管右三位显示高考倒计时天数，每 24 小时减 1 天。倒计时天数为 0 时，数码管的这三位闪烁提示。

（4）电子钟时间显示格式为"＊＊－＊＊－＊＊"，要求居中显示在 1602 的第二行。

（5）根据 10 号键的选择，1602 第一行分别居中显示"zhengzai tiaotian"、"zhengzai tiaoshi"、"zhengzai tiaofen"。

## 三、例程和例程讲解

带温度检测和调时功能的电子钟的例程如图 7.1.9 所示。

```
#include<reg51.h>
#define uchar unsigned char
#define uint unsigned int
#define ulint unsigned long int
uchar tian=99,shi,fen,miao,ms,xt,jz=16,jz1=16,led[8];//led 时分秒显示数组
uchar TCL,TCH,led1[6],led2[3];//led1 温度显示数组,led2 按键输入值数组
uint TC;ulint sz; bit qingchu;
sbit h0=P1^0;sbit h1=P1^1;sbit h2=P1^2;sbit h3=P1^3;
sbit l0=P1^4;sbit l1=P1^5;sbit l2=P1^6;sbit l3=P1^7;
sbit len=P2^0;sbit lrw=P2^1;sbit lrs=P2^2;sbit DQ=P2^7;
void ys(uint x){while(x--);}
bit jc1820()//判定器件是否在线
{ bit a;//短时间高电平—长时间低电平—短时间高电平—读数—长时间延时
    DQ=1;ys(5);DQ=0;ys(80);DQ=1;ys(5);a=DQ;ys(50);return a;}
void xie1820(uchar sj)
{uchar i;
    for(i=0;i<8;i++)//>>先写进去低位
    {DQ=0;DQ=sj&0x01;ys(7);DQ=1;sj>>=1;}}
char du1820()
{uchar i,sj=0;
    for(i=0;i<8;i++)//逐位读出 8 位,先读出低位,再读高位,用>>指令
    {DQ=0;sj>>=1;DQ=1;if(DQ)sj|=0x80;ys(7);}
    //将数据先拉低为 0,再拉高为 1(DQ=1),开始读数
    //if(DQ)sj|=0x80 的功能是如果读出来的数为 1,该位为 1
    //bit j=DQ,sj=(j<<7)|(sj>>1)可以实现同样功能
    return(sj);}
void jswd()//计算温度
{if(!jc1820())
    {xie1820(0xcc);//跳过 64 位 ROM,适应一站式,直接发温度变换指令
    xie1820(0x44);//温度转换指令,转换结果存 9 字节 RAM 中
    jc1820();xie1820(0xcc);xie1820(0xbe);//读 RAM 指令,一次读出两字节
    TCL=du1820();TCH=du1820();}//先读出低 8 位,后读出高 8 位
    TC=(TCH*0x100+TCL)*0.625;}//将 TCL、TCH 整合到 TC
uchar ma0[]="zhengzai tiaotian";
uchar ma1[]="zhengzai tiaoshi";uchar ma2[]="zhengzai tiaofen";
void csh1()
{EA=ET0=TMOD=TR0=1;TH0=(65535-50000)/255;TL0=(65535-50000)%255;}
void xs(){uchar i;
```

```
      uchar ma3[ ]={0x3f,0x06,0x5b,0x4f,0x66,0x6d,0x7d,0x07,0x7f,0x6f};
      uchar wei[ ]={0xfe,0xfd,0xfb,0xf7,0xef,0xdf};//共阴极
      led1[5]=TC%1000/100,led1[4]=TC%100/10,led1[3]=TC%10;
      led1[2]=tian/100,led1[1]=tian%100/10,led1[0]=tian%10;
      for(i=0;i<6;i++){P3=wei[i];P0=ma3[led1[i]];
                        if(i==4)P0=ma3[led1[i]]|0x80;
                        if(i==2||i==1||i==0)
                                {if((xt==1||tian==0)&&ms>10){P0=0XFF;}}
                        ys(200);P0=0;P3=0xff;}}
void juzh()
{h0=h1=h2=h3=l0=l1=l2=l3=1;//jz1卡住检测程序,jz、jz1初值不能为0
 h0=0;if(!l0)jz=jz1=0;if(!l1)jz=jz1=1;if(!l2)jz=jz1=2;if(!l3)jz=jz1=3;
 h0=1,h1=0;if(!l0)jz=jz1=4;if(!l1)jz=jz1=5;if(!l2)jz=jz1=6;if(!l3)jz=jz1=7;
 h1=1,h2=0;if(!l0)jz=jz1=8;if(!l1)jz=jz1=9;if(!l2)jz=jz1=10;
            if(!l3)jz=jz1=11;
 h2=1,h3=0;if(!l0)jz=jz1=12;if(!l1)jz=jz1=13;if(!l2)jz=jz1=14;
            if(!l3)jz=jz1=15;
 h0=h1=h2=h3=l0=l1=l2=l3=1;//jz是键值,sz保存键值,中间变量灵活使用
 while(jz1!=16)
      {xs(),xs(),xs(),xs(),xs(),xs(),xs(),xs(),xs(),xs(),xs(),xs(),
       xs(),xs(),xs(),xs(),xs(),xs(),xs(),xs(),xs(),xs(),xs(),xs(),
       jz1=16;}}//多次调用显示程序,防止按键多次检测、保证显示稳定
void jzkz()
  {if(jz!=16)
    {if(jz<10){if(qingchu){led2[2]=led2[1];
                led2[1]=led2[0];led2[0]=jz;}}
     if(jz==10){xt++;if(xt==4)xt=0;}
     if(jz==11){if(xt==1){tian++;if(tian>=999)tian=999;}
                if(xt==2){shi++;if(shi==24)shi=0;}
                if(xt==2){fen++;if(fen==60)fen=0;}}
     if(jz==12){if(xt==1){tian--;if(tian<=0)tian=999;}
                if(xt==2){shi--;if(shi<=0)shi=23;}
                if(xt==3){fen--;if(fen<=0)fen=59;}}
     if(jz==13){if(xt==1){tian=led2[2]*100+led2[1]*10+led2[0];}
                if(xt==2){shi=led2[2]*100+led2[1]*10+led2[0];
                          if(shi>=24)shi=23;}
                if(xt==3){fen=led2[2]*100+led2[1]*10+led2[0];
                          if(fen>=59)fen=59;}qingchu=0;}
     if(jz==14){if(xt==1){tian=0;}if(xt==2){shi=0;}
                if(xt==3){fen=0;}
                led2[2]=led2[1]=led2[0]=0;qingchu=1;}
        jz=16;}}
void xml(uchar ml){lrs=0;lrw=0;P0=ml;len=1;ys(50);len=0;}
```

```
void xsj(uchar sj){lrs=1;lrw=0;P0=sj;len=1;ys(50);len=0;}
void csh0(){lrs=0;xml(0x38);xml(0x0c);xml(0x06);xml(0x01);}
void lcd(){uchar i;
          if(xt==2&&ms>10){led[0]=led[1]=' ';} else
{led[0]=shi/10+0x30;led[1]=shi%10+0x30;}
          led[2]=led[5]='-';
          if(xt==3&&ms>10){led[3]=led[4]=' ';} else
{led[3]=fen/10+0x30;led[4]=fen%10+0x30;}
          led[6]=miao/10+0x30;led[7]=miao%10+0x30;
          xml(0x80);
          for(i=0;i<16;i++){if(xt==0)xsj(' ');if(xt==1)xsj(ma0[i]);
if(xt==2)xsj(ma1[i]);if(xt==3)xsj(ma2[i]);ys(50);}
          xml(0x80+0x44);
          for(i=0;i<8;i++){xsj(led[i]);ys(50);}}
main(){csh0();csh1();while(1){jswd();xs();lcd();juzh();jzkz();}}
t0() interrupt 1
{TH0=(65536-50000)/256;TL0=(65536-50000)%256;ms++;
if(ms==20){ms=0;miao++;
          if(miao==60){miao=0;fen++;
                    if(fen==60){fen=0;shi++;
                              if(shi==24){tian--;
                              if(tian<=0)tian=0;shi=0;}}}}}}}}}}
```

**图7.1.9　带温度检测和调时功能的电子钟的例程**

## 1.18B20的仿真讲解

18B20读取温度值的程序如图7.1.10所示。

```
bit jc1820()//判定器件是否在线
{ bit a;//短时间高电平—长时间低电平—短时间高电平—读数—长时间延时
  DQ=1;ys(5);DQ=0;ys(80);DQ=1;ys(5);a=DQ;ys(50);return a;}
void xie1820(uchar sj)
{uchar i;
    for(i=0;i<8;i++)//>>先写进去低位
    {DQ=0;DQ=sj&0x01;ys(7);DQ=1;sj>>=1;}}
char du1820()
{uchar i,sj=0;
  for(i=0;i<8;i++)//逐位读出8位,先读出低位,再读高位,用>>指令
    {DQ=0;sj>>=1;DQ=1;if(DQ)sj|=0x80;ys(7);}
    //将数据先拉低为0,再拉高为1(DQ=1),开始读数
    //if(DQ)sj|=0x80的功能是如果读出来的数为1,该位为1
    //bit j=DQ,sj=(j<<7)|(sj>>1)可以实现同样功能
    return(sj);}
```

```
void jswd()//计算温度
{if(！jc1820())
    {xie1820(0xcc);//跳过64位ROM,适应一站式,直接发温度变换指令
    xie1820(0x44);//温度转换指令,转换结果存9字节RAM中
    jc1820();xie1820(0xcc);xie1820(0xbe);//读RAM指令,一次读出两字节
    TCL=du1820();TCH=du1820();//先读出低8位,后读出高8位
    TC=(TCH*0x100+TCL)*0.625;}//将TCL、TCH整合到TC
```

**图 7.1.10　18B20 读取温度值的程序**

（1）读取 18B20 内部温度检测值的过程

18B20 所检测到的温度以 16 位数字量的形式保存在其内部 RAM 中，单片机利用其串口总线，先低 8 位、再高 8 位，逐位读出。读取步骤是：检测 18B20 是否在线——检测到器件后，逐位读取 18B20 RAM 中的温度值，并保存到所定义的单片机变量 TCL 和 TCH 中——计算温度值。

（2）读取 18B20 内部温度值控制程序的仿真讲解

①18B20 在线检测程序的仿真讲解

bit jc1820()//判定器件是否在线

{ bit a;//短时间高电平—长时间低电平—短时间高电平—读数—长时间延时

DQ=1;ys(5);DQ=0;ys(80);DQ=1;ys(5);a=DQ;ys(50);return a;}

通过定义一个带返回值的检测程序，判定 18B20 是否在线，具体做法是：先短时间拉高信号脚电平 DQ=1;ys(5);——再长时间拉低信号脚电平 DQ=0;ys(80);——再短时间拉高信号脚电平 DQ=1;ys(5);——读数 a=DQ;——长时间延时后返回 a 值 ys(50);return a;。

如果 a 的返回值为低电平，表示器件在线：if(！jc1820())。

②读写 18B20 的基本程序的仿真讲解

void xie1820(uchar sj)

{uchar i;

　　for(i=0;i<8;i++)//>>先写进去低位

　　　{DQ=0;DQ=sj&0x01;ys(7);DQ=1;sj>>=1;}}

char du1820()

{uchar i,sj=0;

　for(i=0;i<8;i++)//逐位读出8位,先读出低位,再读高位,用>>指令

　　　{DQ=0;sj>>=1;DQ=1;if(DQ)sj|=0x80;ys(7);}

　　　//将数据先拉低为0,再拉高为1(DQ=1),开始读数

　　　//if(DQ)sj|=0x80的功能是如果读出来的数为1,该位为1

　　　//bit j=DQ,sj=(j<<7)|(sj>>1)可以实现同样功能

　　　return(sj);}

要读出 18B20 内部的温度值，需要 18B20 与用户之间进行通信，实现这种通信的方法就是 18B20 的读写基本程序。xie1820(uchar sj) 是单片机向 18B20 写入指令或数据。

du1820( )是单片机读取 18B20 内部 RAM 中的温度数据。

18B20 只有一个通信脚,对其进行读写,只能采用串口方式。

带形参的写 18B20 的子程序 xie1820(uchar sj)中的形参 sj 就是要写入的数据。

③写 18B20 的基本程序的仿真讲解

void xie1820(uchar sj)

{uchar i;

    for(i=0;i<8;i++)//>>先写进去低位

    {DQ=0;DQ=sj&0x01;ys(7);DQ=1;sj>>=1;}}

for(i=0;i<8;i++){DQ=0;DQ=sj&0x01;ys(7);DQ=1;sj>>=1;}采用 8 次 for 循环将
8 位数据 sj,通过通信脚 DQ 逐位写入 18B20。其编程原理是:首先让 DQ=0,然后通过 DQ
=sj&0x01;让所要写入的数据 sj 与 0x01 逐位与。逐位与是逐位乘法运算,0x01 最低位为
1,执行 DQ=sj&0x01;后,只有 sj 最低位*1 保留其原值被送给了 DQ,其他位*0 变成了 0。
ys(7);DQ=1;延时后,再将 DQ 置 1。sj>>=1;将 sj 右移一位,让 sj 最低位移出,第二
低位被移到最低位,通过第二次循环,写入单片机……

④读 18B20 的基本程序的仿真讲解

char du1820( )

{uchar i,sj=0;

  for(i=0;i<8;i++)//逐位读出 8 位,先读出低位,再读高位,用>>指令

    {DQ=0;sj>>=1;DQ=1;if(DQ)sj|=0x80;ys(7);}return(sj);}

带返回值的 char du1820( ),应用 for(i=0;i<8;i++)8 次循环,逐位读出 18B20 中温度
值,通过 return(sj);返回温度数据。

DQ=0;将数据 DQ 先拉低为 0——sj>>=1;将 sj 右移一位,此时最高位=0,低位逐位右
移 1 位——DQ=1;再拉高为 1——if(DQ)sj|=0x80;开始读数,假如 18B20 内部该位数据为
1,DQ=1,假如为 0,DQ=0。如果 DQ=1,执行 sj|=0x80;后,sj 最高位=1,否则不执行,sj 最
高位=0。下一次 for 循环时,sj 依次右移了 1 位,而最高位=0,循环 8 次后,读出了
18B20 内部一个字节的温度值。

⑤读出 16 位 18B20 内部温度值并计算程序的仿真讲解

void jswd( )//计算温度

{if(! jc1820( ))

  {xie1820(0xcc);//跳过 64 位 ROM,适应一站式,直接发温度变换指令

    xie1820(0x44); //温度转换指令,转换结果存 9 字节 RAM 中

    jc1820( );xie1820(0xcc);xie1820(0xbe);//读 RAM 指令,一次读出两字节

    TCL=du1820( );TCH=du1820( );} //先读出低 8 位,后读出高 8 位

    TC=(TCH*0x100+TCL)*0.625;}//将 TCL、TCH 整合到 TC

通过 if(! jc1820( ))检测 18B20 是否在线,如果在线通过先写入指令 0xcc(跳过 64 位
ROM)、0x44(温度转换指令)、0xbe(读 RAM 指令),然后先后读出 TCL=du1820( );低
8 位和 TCH=du1820( );高 8 位温度值。最后通过 TC=(TCH*0x100+TCL)*0.625;计算
16 位数值量的温度值,公式中 0.625 是 18B20 温度灵敏度。

## 2.数码显示子程序 xs( )的仿真讲解

数码显示子程序 xs( )如图7.1.11 所示。

```
void xs( ){uchar i;
    uchar ma3[ ] = {0x3f,0x06,0x5b,0x4f,0x66,0x6d,0x7d,0x07,0x7f,0x6f};
    uchar wei[ ] = {0xfe,0xfd,0xfb,0xf7,0xef,0xdf};//共阴极
    led1[5] = TC%1000/100,led1[4] = TC%100/10,led1[3] = TC%10;
    led1[2] = tian/100,led1[1] = tian%100/10,led1[0] = tian%10;
    for(i=0;i<6;i++){P3 = wei[i];P0 = ma3[led1[i]];
            if(i==4)P0 = ma3[led1[i]]|0x80;
            if(i==2||i==1||i==0)
                {if((xt==1||tian==0)&&ms>10){P0 = 0XFF;}}
            ys(200);P0 = 0;P3 = 0xff;}}
```

**图 7.1.11　数码显示子程序 xs( )**

led1 数组是6位数码管的段码存储器,分别对应了温度十位 led1[5] = TC%1000/100,个位 led1[4] = TC%100/10,小数位 led1[3] = TC%10;高考倒计时天数百位 led1[2] = tian/100,十位 led1[1] = tian%100/10,个位 led1[0] = tian%10。用6次 for 循环送位码和段码:P3 = wei[i]; P0 = ma3[led1[i]];。

led1[4]存储温度个位段码,要显示小数点,用 if 语句 if(i==4)P0 = ma3[led1[i]]|0x80;给 P0 送出可显示小数点的段码 ma3[led1[i]]|0x80;。

led1[2]~led1[0]保存了高考倒计时天数,在调选中调天数时,或倒计时天数为0时,需要闪烁,其控制段码的控制程序是:if(i==2||i==1||i==0){if((xt==1||tian==0)&&ms>10){P0 = 0XFF;},其控制原理是:当 xt=1 或倒计时天数=0,并且 ms>10 时,让送给 P0 的0、1、2位的段码=0xff,实现0.5 s 的黑屏,否则 P0 = ma3[led1[i]]。

## 3.矩阵开关控制子程序的仿真讲解

矩阵开关控制子程序如图7.1.12 所示。

```
void jzkz( )
   {if(jz! =16)
     {if(jz<10){if(qingchu){led2[2] = led2[1];
                led2[1] = led2[0];led2[0] = jz;}}
      if(jz==10){xt++;if(xt==4)xt=0;}
      if(jz==11){if(xt==1){tian++;if(tian>=999)tian=999;}
                if(xt==2){shi++;if(shi==24)shi=0;}
                if(xt==2){fen++;if(fen==60)fen=0;}}
      if(jz==12){if(xt==1){tian--;if(tian<=0)tian=999;}
                if(xt==2){shi--;if(shi<=0)shi=23;}
                if(xt==3){fen--;if(fen<=0)fen=59;}}
      if(jz==13){if(xt==1){tian = led2[2]*100+led2[1]*10+led2[0];}
```

```
                if(xt==2){shi=led2[2]*100+led2[1]*10+led2[0];
                        if(shi>=24)shi=23;}
                if(xt==3){fen=led2[2]*100+led2[1]*10+led2[0];
                        if(fen>=59)fen=59;}qingchu=0;}
        if(jz==14){if(xt==1){tian=0;}if(xt==2){shi=0;}
                if(xt==3){fen=0;}
                led2[2]=led2[1]=led2[0]=0;qingchu=1;}
        jz=16;}}
```

**图 7.1.12　矩阵开关控制子程序**

jz=0~9 的按键为数字 0~9 输入按键；jz=10 的为调天数、调时、调分的选择按键；jz=11 的为加 1 按键；jz=12 的为减 1 按键；jz=13 和 jz=14 的分别为输入数字的确认和清除按键。jz 初值=16，if(jz!=16)可判断出是否有按键按下。当按键控制子程序执行完后，jz=16;，必须恢复为初值。

led2 是调整时间时保存输入数字的数组，输入新数字前，需要通过清除键清除所要调整参数：if(jz==14){if(xt==1){tian=0;}if(xt==2){shi=0;}if(xt==3){fen=0;}led2[2]=led2[1]=led2[0]=0;qingchu=1;}。清除原数据后，清除标志位 qingchu=1。此时 0~9 号键按下输入数字，并左移位保存在 led2 中：if(jz<10){if(qingchu){led2[2]=led2[1];led2[1]=led2[0];led2[0]=jz;}}。

13 号确认按键按下，led2 中的数组会通过计算公式送入所选中的调整参数中：if(jz==13){if(xt==1){tian=led2[2]*100+led2[1]*10+led2[0];}if(xt==2){shi=led2[2]*100+led2[1]*10+led2[0];if(shi>=24)shi=23;}if(xt==3){fen=led2[2]*100+led2[1]*10+led2[0];if(fen>=59)fen=59;}qingchu=0;}。

### 4. 1602 显示子程序的仿真讲解

1602 显示子程序如图 7.1.13 所示。

```
void lcd(){uchar i;
        if(xt==2&&ms>10){led[0]=led[1]=' ';}
        else {led[0]=shi/10+0x30;led[1]=shi%10+0x30;}
        led[2]=led[5]='-';
        if(xt==3&&ms>10){led[3]=led[4]=' ';}
        else {led[3]=fen/10+0x30;led[4]=fen%10+0x30;}
        led[6]=miao/10+0x30;led[7]=miao%10+0x30;
        xml(0x80);
        for(i=0;i<16;i++){if(xt==0)xsj(' ');if(xt==1)xsj(ma0[i]);
                if(xt==2)xsj(ma1[i]);if(xt==3)xsj(ma2[i]);
                ys(50);}
        xml(0x80+0x44);
        for(i=0;i<8;i++){xsj(led[i]);ys(50);}}
```

**图 7.1.13　1602 显示子程序**

1602 第一行 xml(0x80);用来显示调整状态,第二行 xml(0x80+0x44);显示时分秒。

1602 第一行显示 16 个字符,根据不同选中状态,确定了三组显示码:ma0、ma1、ma2,用 16 次 for 循环根据 xt 不同值黑屏或显示不同值:if( xt == 0) xsj(' ');if( xt == 1) xsj( ma0[i]);if( xt == 2)xsj(ma1[i]);if( xt == 3)xsj(ma2[i]);。

1602 第二行从第 5 列开始 xml(0x80+0x44);,显示保存了时分秒参数的数组 led。调时、调分时,时位 led[0]led[1] 和分位 led[3]led[4] 要闪烁,其控制程序是:

if( xt == 2&&ms>10) {led[0] = led[1] =' ';}
else {led[0] = shi/10+0x30;led[1] = shi%10+0x30;}
if( xt == 3&&ms>10) {led[3] = led[4] =' ';}
else {led[3] = fen/10+0x30;led[4] = fen%10+0x30;}

P0 既是数码显示管的段码数据口,也是 1602 的数据口,是两个器件的复用端口,提高了单片机端口的使用效率。

## 7.1.5 任务作业

1. 单片机中断的概念和工作过程是什么?

2. 51 系列单片机有哪五种中断源?它们的名称、中断号、缺省优先级分别是什么?

3. 画出 51 系列单片机中断系统结构图。

4. 应用单片机定时/计数器中断时,需要设置哪些寄存器的参数?其符号和地址是什么?并说明各寄存器参数值的意义。

5. 单片机定时/计数器有几种工作模式?各有什么功能?选择工作模式需设置什么寄存器?其符号和地址是什么?参数如何设置?

6. 单片机定时/计数器有几种工作方式?它们之间有何异同?需要设置什么寄存器选择工作方式?如何设置参数?

7. 开启中断总开关、定时/计时器中断开关和运行开关需要设置哪几个寄存器?其符号和地址是什么?如何设置参数?

8. 写出定时/计数器的输入寄存器符号、地址,如何设置其初值?

9. 若 51 系列单片机的晶振频率为 6 MHz,试计算 T0 工作在方式 1 定时 300 μs 所需的定时初值。

10. 分析图 7.1.2 定时/计数器结构框图,说明单片机定时/计数器中断参数设置步骤,及中断响应和执行过程。

11. 分析图 7.1.3 定时器 T0 工作方式 1 逻辑框图,说明其参数设置步骤,及中断响应和执行过程。

12. 分析图 7.1.5 交通灯例程按键开关检测程序,说明利用定时中断检测按键开关状态的好处,并背记理解该程序,掌握其用法。

13. 分析图 7.1.5 交通灯例程的 state1( )～state5( )子程序,说明状态步进编程法的含义、编程步骤及优点。

14. 分析和理解图 7.1.5 交通灯例程中信号灯和数码闪烁程序。

15. 用状态步进编程法和用 if 指令替换 while 指令,改写 state1( )～state5( )子程序。

16. 18B20 是什么器件？有多少个脚？每个脚的功能是什么？

17. 分析图 7.1.9 例程中 jc1820( )、xie1820( uchar sj)、du1820( )、jswd( ) 的程序，掌握 18B20 的编程方法。

18. 端口复用有什么优点？如何实现端口复用？

19. 分析图 7.1.9 中例程，思考如何编写调时闪烁和小数点显示程序。

20. 已知单片机的晶振频率为 6 MHz，试利用定时器 T0 在 P1^0 引脚上输出周期为 200 μs 的方波，工作方式不限，采用查询和中断两种方式分别实现。

# 任务2 LED 串口中断控制程序的设计与仿真

## 🔊 任务实施目标

通过任务实操和讲解，体验式学习和掌握：

1. 串口中断的结构及工作原理；

2. 串口中断特殊功能寄存器的参数设置及意义；

3. 串口中断控制 LED 的仿真电路结构，及编程方法技巧；

4. 应用串口助手控制电机的仿真电路结构，及编程方法技巧。

微课二维码

## 🔊 任务背景

单片机有位和 8 位总线两种控制方式，8 位总线控制有并行与串行两种输出方式。单片机串行口用一个端口将 8 位数据分成 1 位接 1 位的输出，提高了单片机端口利用率，但降低了传输速度。图 7.2.1 是 51 系列单片机的串行口基本结构图。

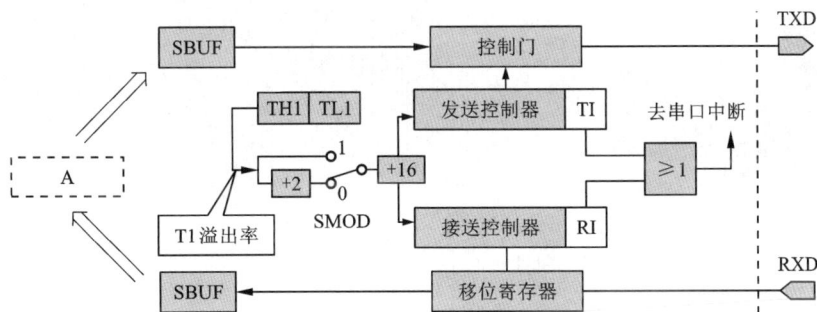

**图 7.2.1　串行口基本结构图**

51 系列单片机串行口是一个可编程全双工的通信接口，能同时进行数据的发送和接收，P3.0 是接收端口 RXD，P3.1 是发送端口 TXD。单片机串行口可通过 DB9 接口和

RS232 通信线，与串口设备连接，比如连接电脑，给单片机下载程序或给电脑上传数据，如图 7.2.2 所示。

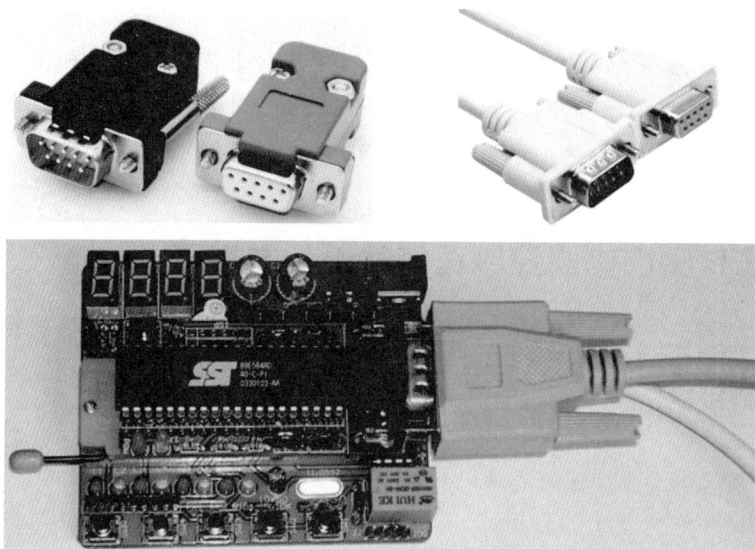

**图 7.2.2　单片机通过 DB9 和 RS232 与串口设备连接**

现在很多笔记本电脑没有配置 COM 口，可以通过 USB 口转串口或串口转 USB 口，实现单片机串行口功能，如图 7.2.3 所示。

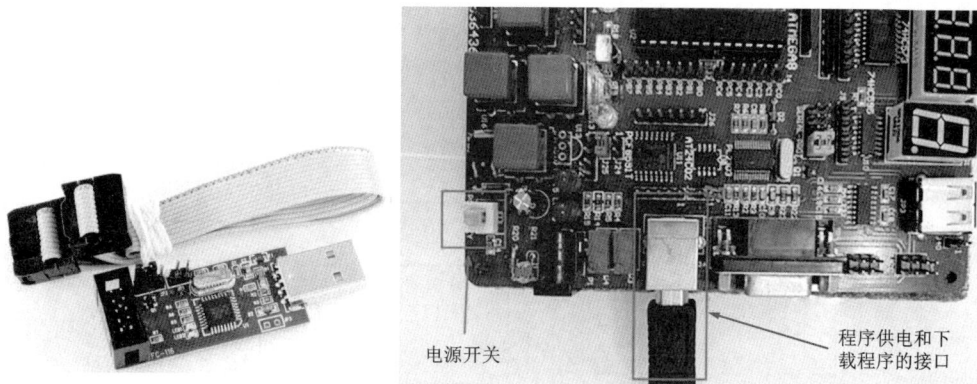

电源开关

程序供电和下载程序的接口

**图 7.2.3　单片机 USB 与 UART 之间的转换接口**

单片机串行口主要由图 7.2.1 中的串行数据缓冲寄存器 SBUF 和波特率发生器、发送控制器、接收控制器、输入移位寄存器及控制门电路组成。

串行数据缓冲寄存器 SBUF：SBUF 是两个独立但共用一个地址(99H)的特殊功能寄存器，一个是发送缓冲寄存器，一个是接收缓冲寄存器。P3.0 接收数据时，单片机自动访问接收寄存器；P3.1 发送数据时，单片机自动访问发送寄存器。

波特率发生器：波特率是每秒钟传送信号的数量，单位为波特（Baud），反映了单片机或计算机在串口通信时的速率。必须设置为相同的波特率，两个串口通信的设备才能步调一致地接发数据。单片机串行口采用 T1 定时器作为波特率发生器。

串行口控制寄存器 SCON：控制串行口工作方式、使能等，与串行口正常工作密切相关，如表 7.2.1 所示，可位寻址。

表 7.2.1　串行口控制寄存器 SCON（字节地址 98H）

| 位序号 | D7 | D6 | D5 | D4 | D3 | D2 | D1 | D0 |
|---|---|---|---|---|---|---|---|---|
| 位符号 | SM0 | SM1 | SM2 | REN | TB8 | RB8 | TI | RI |
| 位功能 | 设置四种工作方式 | | 多机通信控制 | 接收数据使能 | 方式 2、3 发送数据的第 9 位 | 方式 2、3 接收数据的第 9 位 | 发送中断标志位 | 接收中断标志位 |

SM0、SM1：可设定四种串行口工作方式，如表 7.2.2 所示，常用方式 1。

表 7.2.2　串行口工作方式

| SM0 | SM1 | 方式 | 功能说明 |
|---|---|---|---|
| 0 | 0 | 0 | 移位寄存器方式（常用于 I/O 口扩展） |
| 0 | 1 | 1 | 8 位串口接发，波特率可变（用 T1 控制） |
| 1 | 0 | 2 | 9 位串口接发，波特率固定 |
| 1 | 1 | 3 | 9 位串口接发，波特率可变（用 T1 控制） |

REN：允许接收位，REN=1 时允许接收。

TI：发送中断标志位，接收完毕，由硬件置 1，需软件清零。

RI：接收中断标志位，接收完毕，由硬件置 1，需软件清零。

串行口方式 1 的参数设置：

（1）设置 TMOD=0x20，把 T1 工作方式设置为方式 2。

（2）设置 TH1、TL1 初值：0xFD。

（3）开中断总开关 EA、T1 运行开关 TR1。

（4）设置 SCON=0x50，并开串行口中断开关 ES。

### 🔊 任务探索

如何设置特殊功能寄存器参数，编写串行口收发程序，实现 Proteus 虚拟终端 Virtual Terminal，或串口助手与单片机接发数据功能？

## 7.2.1　电路结构说明与程序控制要求

### 一、电路结构说明

图 7.2.4 为 LED 串口中断控制仿真电路，图中 Virtual Terminal 为虚拟终端，可以与单片机串口通信接发数据。设计电路时，要注意 Virtual Terminal 的 RXD、TXD 要与单片机的 RXD、TXD 交叉连接。仿真运行时，选中 Virtual Terminal 右击鼠标，如图 7.2.5 所示勾选，才能显示键盘输入。

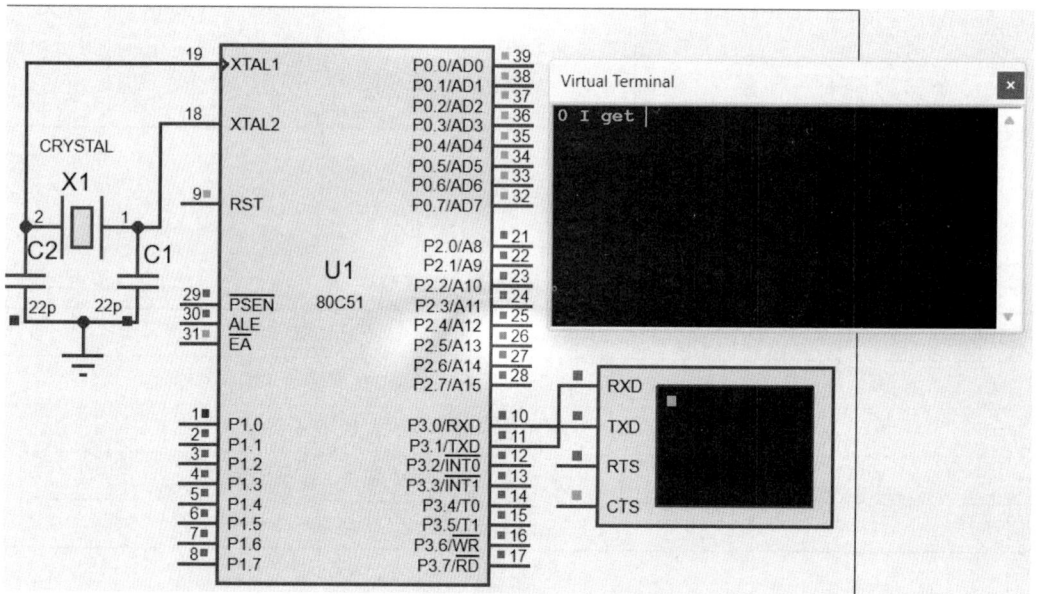

**图 7.2.4　LED 串口中断控制仿真电路**

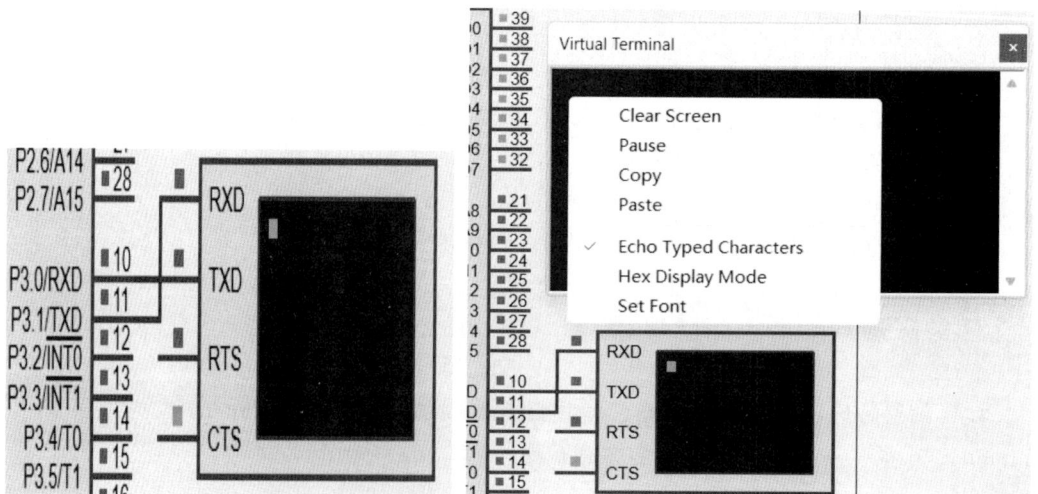

**图 7.2.5　Virtual Terminal 的设置**

电路中晶振频率和单片机时钟频率都要设置为 11.0592 MHz，如图 7.2.6 所示。

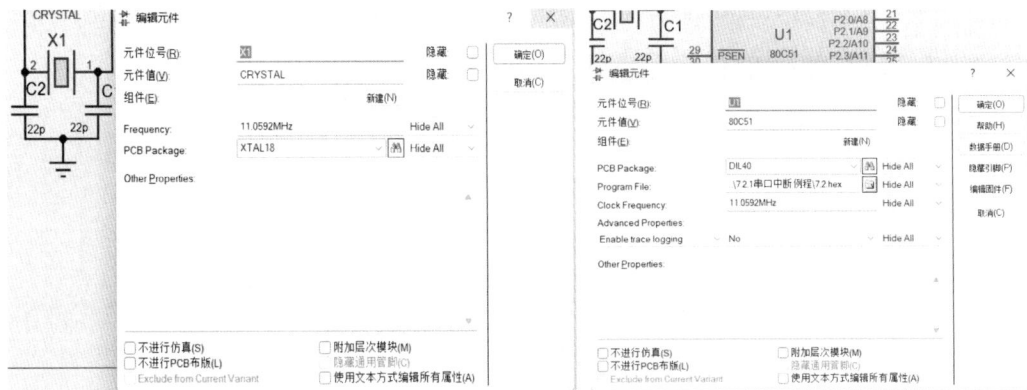

图 7.2.6　晶振频率和单片机时钟频率的设置

## 二、程序控制要求

（1）点击 Virtual Terminal 显示屏，然后在电脑键盘上分别输入'0'，'1'，'2'，'3'，'4'，'5'，'6'，'7'。通过设置，Virtual Terminal 显示屏会显示所输入字符。

（2）编写单片机串行口控制程序，根据接收值'0'，'1'，'2'，'3'，'4'，'5'，'6'，'7'依次点亮 P1.0~P1.7，同时给 Virtual Terminal 发送"I get"。

## 7.2.2　任务实操

### 一、例程

LED 串行口中断控制例程如图 7.2.7 所示。

```
#include <reg52.h>
#define uchar unsigned char
uchar a,i;
uchar led[ ] =" I get ";
bit biaozhi;
voidckcsh( );
void main( )
   {ckcsh( );
  while( 1 )
     {if( biaozhi){ES=0;
                 for( i=0;i<8;i++){SBUF=led[i];while( ! TI);
                            TI=0;}ES=1;biaozhi=0;}}}
void cxk( ) interrupt 4 // 串行口中断服务函数
```

```
{if(RI)
{a=SBUF;biaozhi=1;//读出接收到的数据
 if(a=='0')P1=0xfe;if(a=='1')P1=0xfd;if(a=='2')P1=0xfb;
 if(a=='3')P1=0xf7;if(a=='4')P1=0xef;if(a=='5')P1=0xdf;
 if(a=='6')P1=0xbf;if(a=='7')P1=0x7f; //将接收到的数据给P0端口
 RI=0;}} //清零接收标志位


void ckcsh()
{TMOD=0x20; //设置定时器1为方式2
 TH1=0xfd;TL1=0xfd; TR1=1; //装入初值,对应波特率为9600波特,启动定时器1
 SCON=0x50; //配置SM0/1,并允许接收
 EA=1;ES=1;} //打开总中断开关、串行口中断开关
```

**图 7.2.7　例程**

### 二、编程和仿真调试实操

仿真调试 1：修改 TMOD、TH1、TL1、EA、SCON、ES、TR1 的参数值和 interrupt 后面的中断号,观察编译提示和例程仿真运行效果,直观理解串行口中断各参数的意义和设置方法。

仿真调试 2：设置 Virtual Terminal,用键盘输入字符,仿真运行调试串行口接收中断程序,分析其中断响应和执行过程,及对 LED 控制的原理。

仿真调试 3：仿真运行调试串行口发送程序,分析其发送数据工作过程和 Virtual Terminal 接收数据后的显示效果。

## 7.2.3　任务讲解

### 一、仿真调试 1 的仿真讲解

串行口中断程序初始化程序 ckcsh()如下：

```
void ckcsh()
{TMOD=0x20;//设置定时器1为方式2
 TH1=0xfd;TL1=0xfd; TR1=1;//装入初值,对应波特率为9600波特,启动定时器1
 SCON=0x50;//配置SM0/1,并允许接收
 EA=ES=1;}//打开总中断开关、串口中断开关
```

初始化程序为串行口中断程序正常工作提供条件：①TMOD=0x20；将定时器 1 设置为方式 2。②TH1=0xfd；TL1=0xfd；设置了定时器 1 输入计数器的初值,让串行口的波特率 =9600。③TR1=1；启动了 T1。④SCON=0x50；设置串行口工作方式为 1,并让 REN=1,允许接收数据。⑤EA=ES=1；打开了中断总开关和串行口中断开关。

## 二、仿真调试 2 的仿真讲解

串行口接收中断程序 cxk( ) 的仿真讲解如下：

void cxk( ) interrupt 4 // 串行口中断服务函数

{if( RI)

　　{a=SBUF；//读出接收到的数据

　　biaozhi=1；

　　if( a=='0') P1=0xfe；if( a=='1') P1=0xfd；if( a=='2') P1=0xfb；

　　if( a=='3') P1=0xf7；if( a=='4') P1=0xef；if( a=='5') P1=0xdf；

　　if( a=='6') P1=0xbf；if( a=='7') P1=0x7f；//将接收到的数据给 P0 端口

　　RI=0；} }//清零接收标志位

当 VIRTUAL TERMINAL 给单片机发送字符时，通过 P3.0 单片机可以接收这些数据，并送入到 SBUF 中，将 RI 置 1，进入 cxk( ) 串行口中断程序：①a=SBUF；将单片机接收并保存在 SBUF 中的数据送给 a。②biaozhi=1；为发送数据创造了条件。③if( a=='0') P1=0xfe；…；控制 LED。④RI=0；软件将 RI 清零，退出中断程序。

## 三、仿真调试 3 的仿真讲解

串行口中断程序初始化程序 ckcsh( ) 如下：

while( 1)

　　{if( biaozhi) {ES=0;for( i=0;i<8;i++) {SBUF=led[ i];while( ! TI);

　　　　　　　　　　　　　　　TI=0;} ES=1;biaozhi=0;} }

单片机接收完数据，响应了中断程序，biaozhi=1；if( biaozhi) 满足执行条件：①ES=0；关断串行口中断。②for( i=0;i<8;i++) {SBUF=led[ i];while( ! TI);TI=0;} ES=1;biaozhi=0;} } 通过 P3.1 给 Virtual Terminal 发送 8 位数据"I get"；。

# 7.2.4　任务拓展：用串口助手控制电机的程序设计与仿真

## 一、仿真电路

图 7.2.8 为用串口助手控制电机的仿真电路。

### 1. COMPIM 及其配套设置的讲解

图中 P1 COMPIM 是 DB9 串口的虚拟器件，正确接线和设置它的参数，可以模拟真实 DB9 串口接头接发数据。**注意**：RXD 接 RXD、TXD 接 TXD。

串口助手是一种可以与单片机进行串口通信的软件，有很多种，操作界面和使用方法都大同小异，图 7.2.9 是其中一种的操作界面。左边上部方框是端口号和波特率等通信参数的设置区（按图 7.2.10 中参数配对设置）。左边下部方框是接发方式设置区。右边上面为显示框，下面为输入框，在输入框中键入字符后，按下框右边的箭头，即可给与 COM4 相连的器件发送数据，并显示在上面的显示框中。当对方设备给串口助手发送数据时，串口助手会将所接收的数据显示在显示框中。

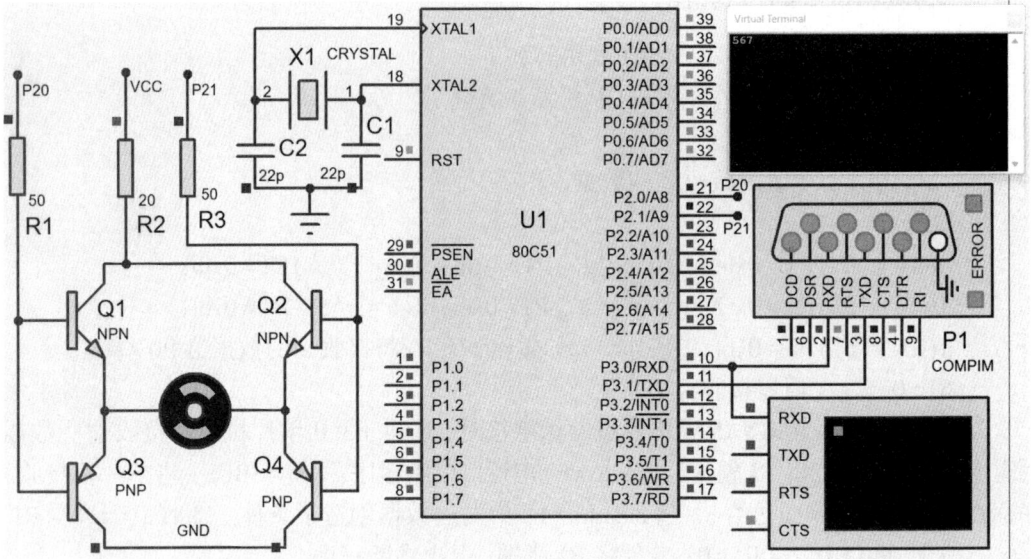

图 7.2.8　用串口助手控制电机的仿真电路

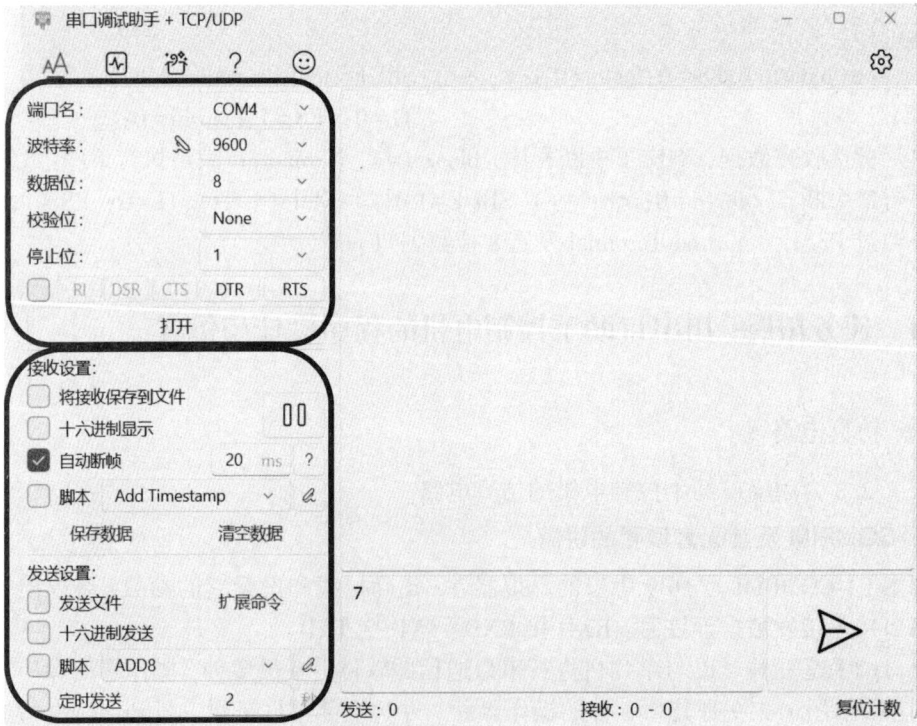

图 7.2.9　串口助手的界面

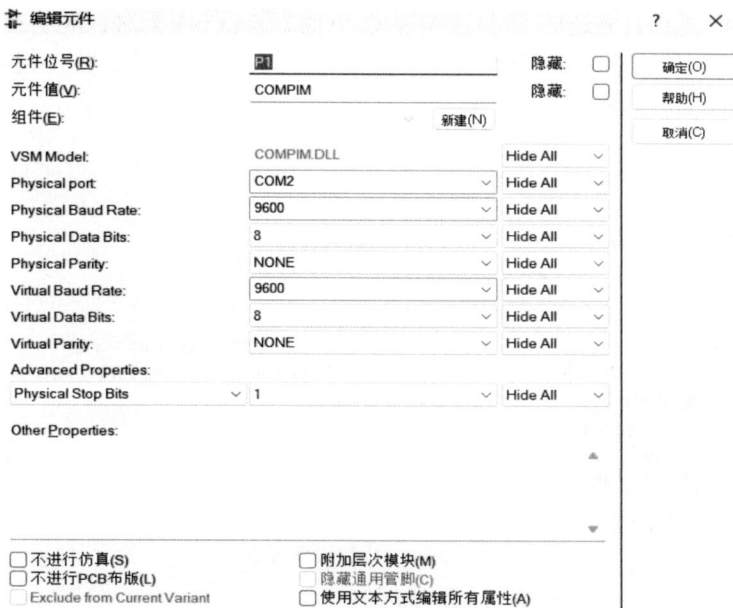

图 7.2.10　COMPIM 参数设置表

实物电路是用 RS232 或 USB–COM 转换线连接电脑和单片机的，通过操作软件自动查找端口号。Proteus 仿真电路采用图 7.2.11 所示的虚拟串口驱动软件来设置一组配对的虚拟串口，左边为软件的界面图标，右边为软件操作界面。

图 7.2.11　虚拟串口驱动软件的桌面图标和操作界面

根据图 7.2.10 所示 COMPIM 参数，在图 7.2.11 所示操作界面右边方框中选择 COM2 和 COM4，点击其右边的"Add pair"，让 COM2 与 COM4 配对，相当于实物电路中用信号线将两个串口连接起来。配对成功后，会在左边方框中显示出来，在图 7.2.12 所示的电脑设备管理中也能查找到。

图 7.2.12　电脑设备管理

## 2. 直流电机正反转控制电路

（1）启停和方向控制

P20＝P21 停止控制，P20 = 1、P21 = 0 正转，P20 = 0、P21 = 1 反转，仿真电路如图 7.2.13 所示。

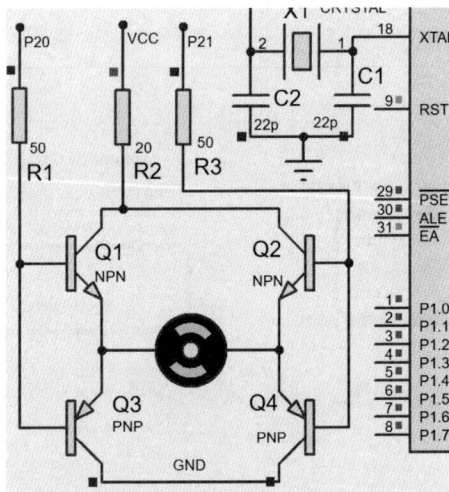

图 7.2.13　直流电机正反转仿真电路

（2）速度控制

采用固定周期脉冲调宽 PWM 调速：电机运行与停止总时间不变，也称固定周期，通过同步逆向改变电机运行和停止时间实现调速功能。加速：电机运行—延长延时时间—电机停止—缩短延时时间。减速：电机运行—缩短延时时间—电机停止—延长延时时间。

## 二、设计要求

（1）用虚拟串口配置软件和串口助手、COMPIM 与单片机实现串口通信，控制电机。

（2）在串口助手上分别发送字符'1'，'2'，'3'，'4'，'5'，'6'，'7'，在 Virtual Terminal、和串口助手上显示，分别实现电机正转、停止、反转、停止、3级加速运行，同时串口助手接收单片机发送过来的"I get"。

## 三、例程和例程讲解

用串口助手控制电机的例程如图 7.2.14 所示。

```
uchar a,i,led[ ]=" I get";
uint sudu,sudu1;
bit biaozhi;
sbit P20=P2^0;sbit P21=P2^1;
void ckcsh( );
void ys(uint x){while(x--);}
#define ts {P20=1;P21=0;ys(sudu1);P20=P21=0;ys(sudu);}
void djkz( )
    {if(a=='1')P20=1,P21=0;if(a=='2')P20=P21=0;
    if(a=='3')P20=0,P21=1;if(a=='4')P20=P21=0;
    if(a=='5'){sudu=200,sudu1=1000-sudu;ts;}
    if(a=='6'){sudu=400,sudu1=1000-sudu;ts;}
    if(a=='7'){sudu=800,sudu1=1000-sudu;ts;}}
void main( )
    {ckcsh( );
    while(1){if(biaozhi){ES=0;for(i=0;i<8;i++)
                                {SBUF=led[i];while(! TI);
                                TI=0;}ES=1;biaozhi=0;}
            djkz( );}}
void ck( ) interrupt 4
{if(RI){a=SBUF;biaozhi=1;RI=0;}}
void ckcsh( )
{TMOD=0x20;TH1=0xfd;TL1=0xfd;TR1=1;SCON=0x50;EA=ES=1;}
```

**图 7.2.14　例程**

本例程主要讲解两个内容：①#define ts {P20=1;P21=0;ys(sudu1);P20=P21=0;ys(sudu);}通过宏定义，将 ts 定义为一段电机控制程序。②if(a=='5'){sudu=200,sudu1=1000-sudu;ts;}为调速程序。

### 7.2.5　任务作业

1. 51 系列单片机的什么端口是串行口的发送和接收端口？串行口接发数据有什么特点、优点和缺点？

2. 单片机串行口可采用什么接口和传输线？

3. 分析图 7.2.1 所示串行口的基本结构图，说明其各部分的作用。

4. 说明串行口控制寄存器 SCON 各位数据的含义。

5. 分析图 7.2.7 所示例程中的初始化程序，说明如何设置串行口。

6. 说明 Virtual Terminal 功能，如何连接单片机和设置参数？

7. 为实现串口通信，单片机时钟频率和晶振频率为多少？

8. 什么是波特率？9600 波特的波特率，T1 输入寄存器初值为多少？

9. 分析图 7.2.7 所示例程中的串口接收中断程序和发送程序，说明其编程和程序控制原理。

10. 分析图 7.2.8，说明 COMPIM 的功能和设置参数的含义。

11. 串口助手、虚拟端口配置软件分别有什么作用？如何根据拓展任务要求进行参数设置和配置端口？

12. 分析图 7.2.8，说明电机控制方法和原理。

✦ **【课外读物】华为的产业大局**

世界上能抵抗住美国多年打压生存下来，并继续高速发展的科技公司凤毛麟角，华为是其中之一。它扛起了反击美国毫无底线打压我国科技发展的大旗，用"麒麟+鸿蒙、鲲鹏+欧拉、昇腾+盘古"撑起了我国发展高科技产业的全盘大局，让我国芯片和操作系统在西方全面围攻中，杀出了一条血路。

2013 年底，华为海思推出了第一款麒麟芯片 910。2017 年海思率先推出了第一代 AI 麒麟芯片 970。2020 年 9 月 15 日，麒麟 9000 由于美国禁令被迫停产。2023 年 8 月 28 日华为 mate60 系列手机突然发布，采用的正是三年前停产的麒麟 9000，说明华为已经彻底突破了美国的封锁。

2019 年 8 月 9 日华为发布了鸿蒙操作系统，其与麒麟芯片构成了"麒麟芯片+鸿蒙系统"，主要定位于手机、物联网，至此华为创建了自己的鸿蒙生态，再也不需要依赖高通、安卓、联发科。相比于安卓，鸿蒙具有将物联网与手机等结合起来的巨大优势。

2019 年华为推出鲲鹏系列产品，鲲鹏处理器是华为发布的高性能数据中心处理器。鲲鹏 920 是一款基于 ARM 架构所推出的一款服务器芯片，这也推动了 ARM 架构向服务器芯片市场进军的脚步。华为于 2021 年 9 月 25 日发布了欧拉系统，这是个企业级的服务器系统。华为将鲲鹏与欧拉使用在了自己的泰山服务器上，形成了"鲲鹏芯片+欧拉生态"，替代了 Intel、AMD 等服务器芯片和 Windows Server、CentOS 等服务器系统。

2019 年 8 月 23 日，"昇腾 910"正式推出。华为昇腾芯片（HUAWEI Ascend）是华为用在人工智能计算领域的一个产品系列，具有推理和训练两大功能，包括昇腾 910 和昇腾

310 处理器两款人工智能处理器,采用自家的达芬奇架构。华为"盘古大模型"是华为自研的一款人工智能计算框架,大幅提升了人工智能计算的效率和效果。盘古大模型的应用场景包括智能客服、机器翻译、语音识别等领域。与 GPT 等外国 AI 模型相比,盘古大模型更注重针对中文语言的优化,使用了大量的中文语料库进行训练,可以更好地理解中文语言的语法和语义。此外,盘古大模型还可以应用于智能家居、自动驾驶等领域。

华为还推出了一款用于 PC 电脑设备的"盘古"CPU,目标直指取代 Intel 酷睿、AMD 锐龙。鸿蒙也是可以用于电脑的,将使华为 PC 从芯片到系统实现国产替代。

通过这几款芯片和操作系统,华为实现从手机—物联网—PC—服务器—数据中心等,全面国产替代,不再依赖国外。而手机、物联网、PC、服务器、数据中心等是构成整个科技产业的数字基础,华为全部实现了自研,助力我国摆脱对国外厂商的依赖,实现了国内的数字基础自主可控,功在千秋。

# 项目 8
# 单片机控制装置实战应用的编程与调试

## 任务 1  STC 单片机实验箱的编程与调试

### 🔊 任务实施目标

采用 STC 单片机实验箱安装投食控制装置，编写和调试控制程序，通过仿真与实验箱配合的实操和讲解，体验式学习和掌握：

1. STC 单片机实验箱电路结构和工作原理；
2. 安装实物电路和绘制 Proteus 仿真电路的工艺方法；
3. USB 驱动软件安装方法；
4. STC 单片机下载软件 STC-ISP 安装与下载程序的操作方法；
5. 编写和调试投食装置控制程序的方法技巧和常用芯片编程应用方法。

微课二维码

### 🔊 任务背景

本书前七个项目都是采用 Proteus 仿真来演示和验证程序功能的，节约了实训时间，提高了教学效率，但缺乏真实性和实战性。本任务通过真实单片机控制装置的安装与编程调试，培养根据真实电路和任务要求，选择电路模块、分配 I/O 口、安装电路、编写和调试程序的实战能力和解决真实问题的能力。

由 STC 89C52RC 单片机构成的实验箱如图 8.1.1 所示，采用模块化结构进行设计，由主机、洗衣机、交通灯、点阵显示、电子时钟、电子琴 6 个模块组成。

图 8.1.2 所示是各种 USB 接口，图 8.1.3 所示是主机模块原理图，图 8.1.4 所示是主机模块。主机模块右边提供了 COM 串口通信和下载程序电路。由于现在很多电脑不配置 COM 口，多采用主机模块左边的 USB 转串口下载模式。本主机模块采用 USB-B 接口提供电源，并利用 PL2303HX 芯片将 USB 信号转换为串口信号，实现串口通信和下载程序。特别注意：采用 USB 下载程序时，实验箱 JP 必须戴上跳线帽。

图 8.1.1 由 STC 89C52RC 单片机构成的实验箱

图 8.1.2 各种类型的 USB 接口

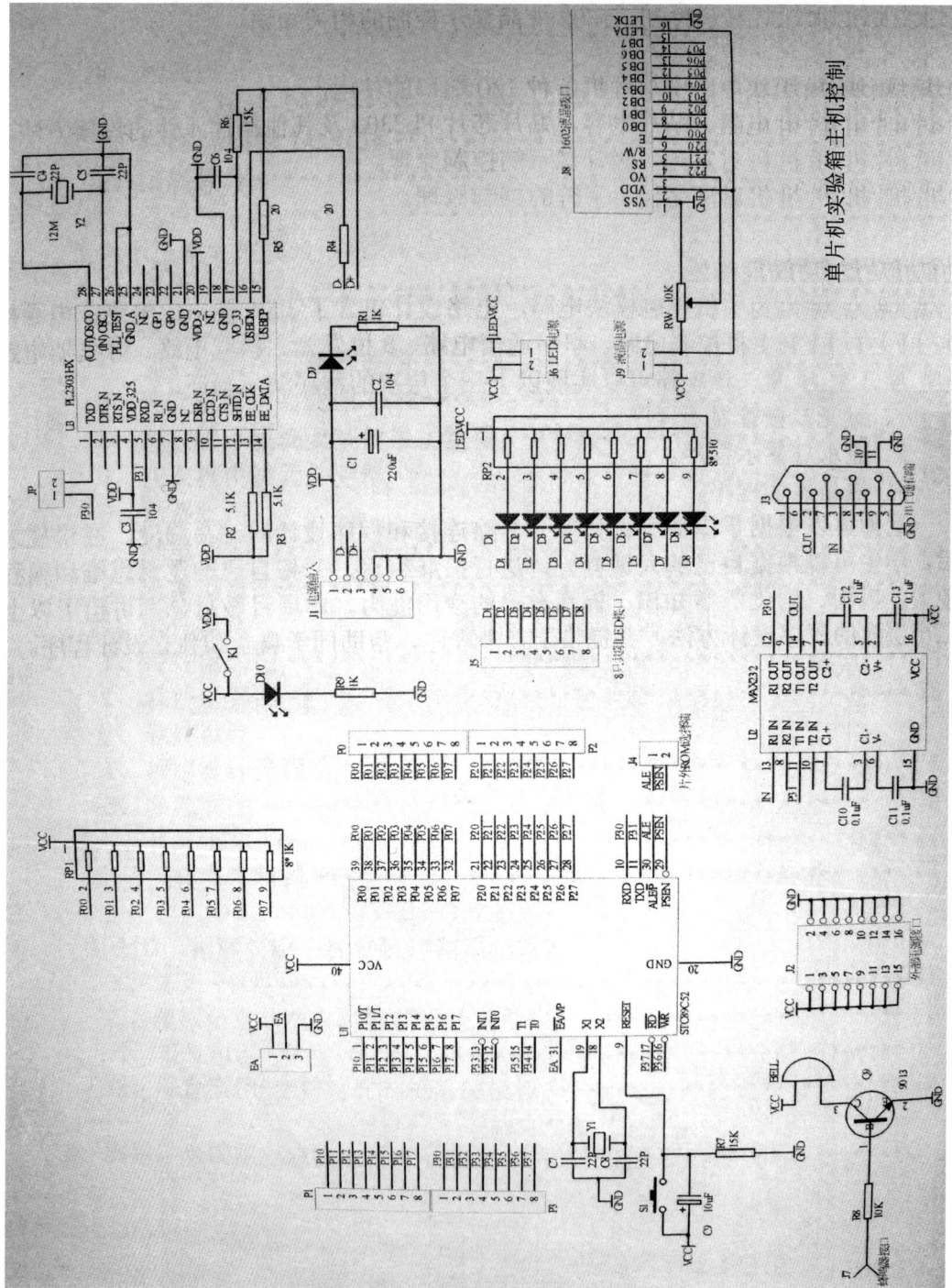

图8.1.3 主机模块原理图

图 8.1.4　主机模块

PL2303 驱动软件：采用 USB 转串口下载程序，必须先按照以下步骤安装 PL23XX USB 驱动软件。

（1）将 PL2303 驱动程序下载下来，并解压到当前文件夹中，点击其中的 PL23XX-M _LogoDriver_Setup_v202_20200527.exe 应用程序，进入安装向导界面，接着点击"Next"，如图 8.1.5 所示。

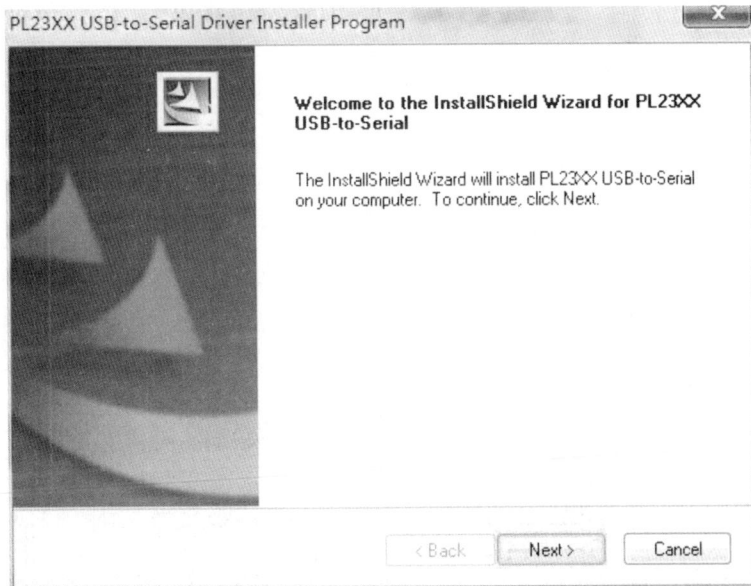

图 8.1.5　主机模块

（2）PL2303 驱动程序安装结束，点击"Finish"即可，如图 8.1.6 所示。

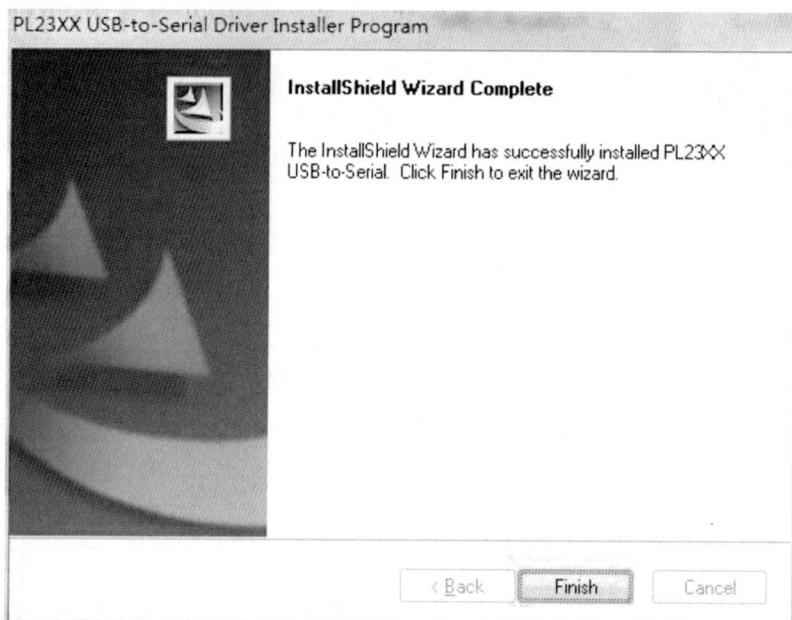

**图 8.1.6　安装结束**

（3）PL2303 驱动程序安装后，打开设备管理器可以查找到端口号。假如没有分配端口号，或边上有黄色感叹号，表示 USB 驱动没有安装成功，可通过右键点击设备，更新驱动程序软件，如图 8.1.7 所示。

**图 8.1.7　设备管理器更新界面**

STC-ISP 为 STC 单片机的下载软件，这是个插件，不需安装，具体使用方式是：执行里面的 STC-ISP V391.exe，打开图 8.1.8 所示烧录程序的主界面，按图中所示序号操作即可下载程序。

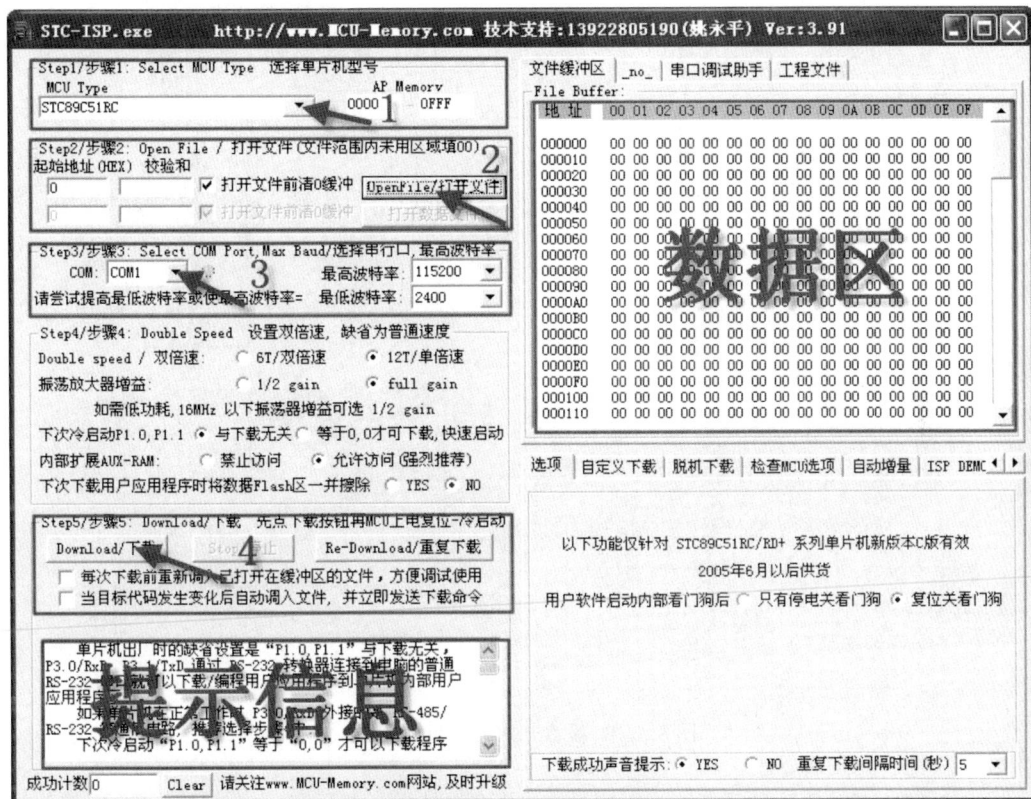

图 8.1.8　主界面

🔊 任务探索

如何使用 STC 单片机实验箱安装投食装置、设计和调试程序？

## 8.1.1　电路结构说明与程序控制要求

### 一、电路结构说明

图 8.1.9 为投食电路的仿真原理图。

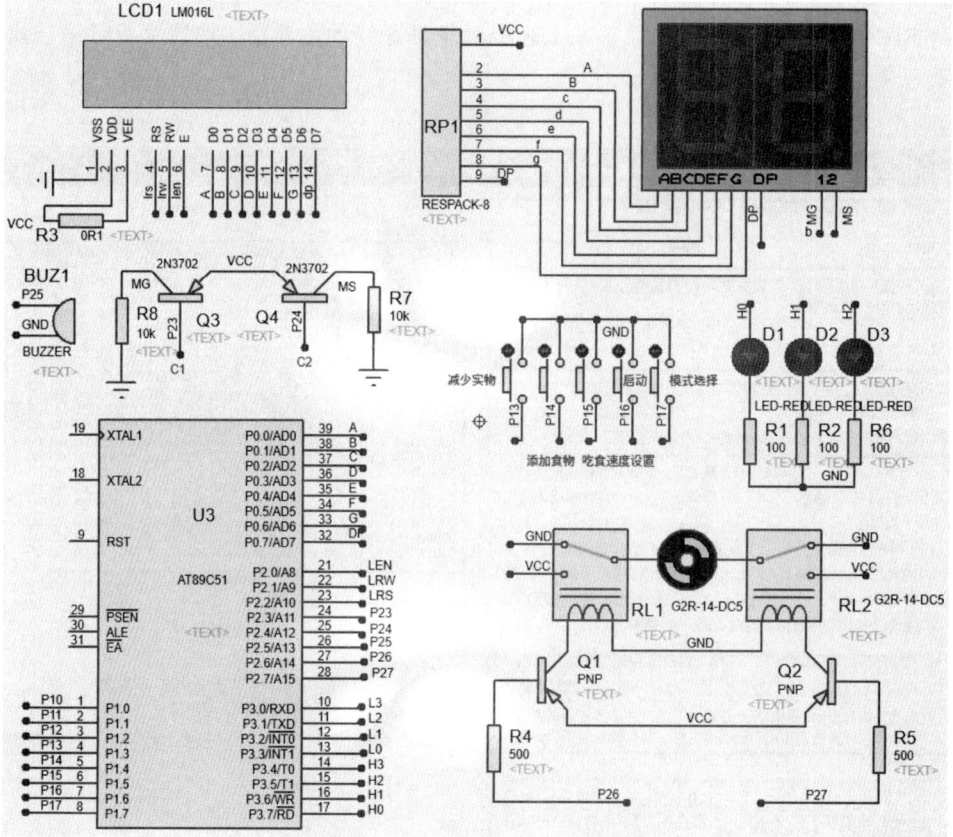

图 8.1.9　投食电路的仿真原理图

## 二、程序控制要求

### 1. 设备自检

（1）电机自检：正转—停止—右转—停止—低速正转—中速正转—高速正转—停止，自检期间，电机运行、停止时间自定。

（2）蜂鸣器与指示 LED 自检：蜂鸣器与指示 LED 分别持续鸣叫与闪烁 3 次，最后保持安静与熄灭，时间自定。

（3）1602 自检：第一、二行显示内容分别是"toushishebei"和"welcome"，要求第一行分别从左到右和从右到左滚屏显示，第二行静态显示。自检后，保持最后显示状态。

（4）数码管自检："8.8."闪烁 3 次，最后显示"--"。

### 2. 投食

（1）投食模式

投食模式有添食和投食两种模式。当食物量等于 0，或食物量小于单位时间吃食量时，需要添加食物，为添食模式。投食分一键投食/自定义投食两种模式，默认为一键投食，用按键开关进行切换。一键投食的投食参数不需设置（daojishi = 10、tiaosushijian = 4、toushiliang = 2）。自定义投食的投食参数有四个选项。

（2）投食显示

1602 第一行左屏分别显示三种模式：tianshi、shoudong、zidong；右屏显示食物量数值。1602 第二行分三部分：左屏显示倒计时、中屏显示调速时间、右屏显示吃食量。数码显示管显示倒计时。

（3）添食

当食物量为 0 或小于吃食量时，必须先添食，所添加的实物保存在 shiwuliang 中。用按键开关模拟添食，每按一次按键，食物量+10，食物量最大值为 90。添食时，电机正转，速度由调速时间决定。

（4）投食

一键投食参数固定，自定义投食用按键开关选择投食参数。食物量必须大于或等于吃食量，按键按下才能启动。电机反转，转速由调速时间决定、时长由倒计时决定，每倒计时 1 s 食物量减去一个单位吃食量。当吃食量大于食物量时，投食自动停止，显示 tianshi，提示添食。添食后，按下启动按键可继续投食。

（5）投食完成工作

投食倒计时为 0 时，电机先正转一段时间，表示振动食盆；再蜂鸣器鸣叫和警示灯点亮进行提示；最后电机反转，表示把抖下的实物再次投完。然后系统停止。

## 8.1.2　任务实操

### 一、例程

投食装置例程如图 8.1.10 所示。

```
#include<reg51.h>
#define uchar unsigned char
#define uint unsigned int
#define ulint unsigned long int
ulint cs0;
uchar daojishi,shiwuliang,tiaosushijian=4,sududengji,chishiliang,ms,ms1;
uchar toushiliangdengji,sxma[2],lcdma00[8],lcdma01[8],lcdma1[6];
bit moshi=0,qidong,zjok,toushiwancheng,tianshi;
sbit k1=P1^7;sbit k2=P1^6;sbit k3=P1^5;sbit k4=P1^4;
sbit len=P2^0;sbit lrw=P2^1;sbit lrs=P2^2;sbit c1=P2^3;
sbit c2=P2^4;sbit laba=P2^5;sbit n1=P2^6;sbit n2=P2^7;
sbit er=P3^7;sbit ey=P3^6;sbit eg=P3^5;
uchar sm[]={0x3f,0x06,0x5b,0x4f,0x66,0x6d,0x7d,0x07,0x7f,0x6f,0x40};
#define zhengzhuan {n1=0,n2=1;}
#define tingzhi {n1=n2=1;}
#define fanzhuan {n1=1,n2=0;}
void ys(ulint x){while(x--);}
```

```
void csh1( )
    {TMOD=1;TH0=(65536-5000)/256;TL0=(65535-5000)%256;EA=ET0=TR0=1;}
void xs( )
    {if(! zjok){sxma[1]=daojishi/10;sxma[0]=daojishi%10;}
    else {sxma[1]=sxma[0]=10;}
    P0=~sm[sxma[0]],c2=0,c1=1,len=0,ys(50);c1=c2=1;
    P0=~sm[sxma[1]],c2=1,c1=0,len=0,ys(50);c1=c2=1;}
void xml(uchar ml){lrs=0;lrw=0;P0=ml;c1=c2=len=1;ys(10);len=0;}
void xsj(uchar sj){lrs=1;lrw=0;P0=sj; c1=c2=len=1;ys(10);len=0;}
void csh0( ){len=0;xml(0x38);xml(0x0c);xml(0x06);xml(0x01);}
void qingping( )
    {uchar i;xml(0x80);xml(0x06);for(i=0;i<16;i++){xsj(' ');}
    xml(0x80+0x40);for(i=0;i<16;i++){xsj(' ');}}
void lcd( )
    {uchar i;
    if(! moshi)lcdma00[0]='s',lcdma00[1]='h',lcdma00[2]='o',
            lcdma00[3]='u',lcdma00[4]='d',lcdma00[5]='o',
            lcdma00[6]='n',lcdma00[7]='g';
    if(tianshi)lcdma00[0]=' ',lcdma00[1]='t',lcdma00[2]='i',
            lcdma00[3]='a',lcdma00[4]='n',lcdma00[5]='s',
            lcdma00[6]='h',lcdma00[7]='i';
    if(moshi&&! tianshi)lcdma00[0]=' ',lcdma00[1]='z',
            lcdma00[2]='i',lcdma00[3]='d',lcdma00[4]='o',
            lcdma00[5]='n',lcdma00[6]='g',lcdma00[7]=' ';
    lcdma01[0]=lcdma01[1]=lcdma01[5]=lcdma01[6]=lcdma01[7]=' ';
    lcdma01[2]=shiwuliang/100+0x30;lcdma01[3]=shiwuliang%100/10+0x30;
    lcdma01[4]=shiwuliang%10+0x30;lcdma1[0]=daojishi/10+0x30;
    lcdma1[1]=daojishi510+0x30;lcdma1[2]=tiaosushijian/10+0x30;
    lcdma1[3]=tiaosushijian%10+0x30;lcdma1[4]=chishiliang/10+0x30;
    lcdma1[5]=chishiliang%10+0x30;
    xml(0x80);for(i=0;i<8;i++){xsj(lcdma00[i]);}
    xml(0x88);for(i=0;i<8;i++){xsj(lcdma01[i]);}
    xml(0x80+0x42); for(i=0;i<2;i++){xsj(lcdma1[i]);}
    xml(0x80+0x47); for(i=2;i<4;i++){xsj(lcdma1[i]);}
    xml(0x80+0x4c); for(i=5;i<6;i++){xsj(lcdma1[i]);} }
void aj( )
    {if(! k1){moshi=! moshi;tingzhi;while(! k1)xs();qingping();}
    if(! k2){if (shiwuliang>=chishiliang&&shiwuliang>0)
            {tingzhi;zjok=0;tianshi=0;qidong=1;}
            if(! moshi){daojishi=10,chishiliang=2;}
            while(! k2)xs();qingping();}
    if(! k3&&moshi)
        {qingping();if(sududengji++==4)sududengji=0;
```

```
        if(sududengji==0)daojishi=12,tiaosushijian=4,chishiliang=2;
        if(sududengji==1)daojishi=14,tiaosushijian=6,chishiliang=4;
        if(sududengji==2)daojishi=16,tiaosushijian=8,chishiliang=6;
        if(sududengji==3)daojishi=18,tiaosushijian=10,chishiliang=8;
        while(!k3)xs();}
    if(!k4&&tianshi){if(shiwuliang<=90)shiwuliang=shiwuliang+10;
                     if(shiwuliang>=100)shiwuliang=100;
                     while(!k4)xs();qingping();} }
void zijian()
  {uchar i,j,zm0[]=" toushishebei ",
             zm1[]=" toushishebei ",zm2[]=" welcome ";
   zhengzhuan;ys(9000);tingzhi;ys(9000);
    fanzhuan;ys(9000);tingzhi;ys(9000);
   for (i=0;i<5;i++)
      {zhengzhuan;ys(2000);tingzhi;ys(8000);}tingzhi;ys(9000);
   for(i=0;i<5;i++)
      {zhengzhuan;ys(5000);tingzhi;ys(5000);}tingzhi;ys(9000);
   for(i=0;i<5;i++)
      {zhengzhuan;ys(7500);tingzhi;ys(2500);}tingzhi;ys(9000);
   for(i=0;i<5;i++)
      {zhengzhuan;ys(9000);tingzhi;ys(1000);}tingzhi;ys(9000);
   for(i=0;i<3;i++)
      {laba=1,er=ey=eg=0;ys(9000);laba=0,er=ey=eg=1;ys(9000);}
   xml(0x80);xml(0x06);
   for(i=0;i<16;i++)
      {for(j=i;j<i+1;j++){xsj(zm0[j]);ys(5000);}}ys(20000);
   xml(0x80);
      for(i=0;i<16;i++){for(j=0;j<16;j++){xsj(' ');}}
      xml(0x8f);xml(0x04);
      for (i=16;i>0;i--)
          {for(j=i;j>i-1;j--){xsj(zm1[j-1]);ys(10000);} }
      xml(0x06);xml(0x80+0x40);
      for(i=0;i<16;i++){xsj(zm2[i]);ys(2);}
      for(i=0;i<3;i++){
      P0=~sm[8]&0x7f,c1=c2=0;ys(10000);P0=0,c1=c2=1;ys(10000);}
      zjok=1;qingping();}
void djyx()
   {if (tianshi)
      {if(ms1<=tiaosushijian)zhengzhuan;
        if(ms1>tiaosushijian) tingzhi;}
   if(qidong)
      {if(ms1<=tiaosushijian)fanzhuan;
       if(ms1>tiaosushijian) tingzhi;}
```

```
      if( toushiwancheng)
        {if( cs0<=500) {if( ms1<=tiaosushijian) zhengzhuan;
                         if( ms1>tiaosushijian) tingzhi; }
         if( cs0>500&&cs0<1000) tingzhi; laba=er=eg=ey=1;
         if( cs0>=1000) {if( ms1<=tiaosushijian) fanzhuan;
                          if( ms1>tiaosushijian) tingzhi; } } }
  main( )
    {er=ey=eg=laba=0;csh1( );csh0( );zijian( );
     while( 1)
       {uchar cs;xs( ); aj( ); djyx( );
        if ( shiwuliang==0||(( shiwuliang<chishiliang)&&shiwuliang>0) )
          {tianshi=1;qidong=0;tingzhi; }
        if(++cs==50) {lcd( );cs=0; }
        if ( toushiwancheng) if(++cs0==1500)
          {cs0=0;toushiwancheng=0;tingzhi;laba=er=eg=ey=0; } } }
  t0( ) interrupt 1
  {TH0=(65536-5000)/256;TL0=(65536-5000)%256;ms1++;if( qidong) ms++;
   if( ms1==20) {ms1=0; }
   if( ms==200) {shiwuliang=shiwuliang-chishiliang;ms=0;
      if(--daojishi==0) {qidong=0;toushiwancheng=1;tingzhi; } } }
```

图 8.1.10 投食装置例程

## 二、任务实操

**实操 1：电路设计与安装**

根据任务控制要求，分配 I/O 端口、设计和安装控制电路。

**实操 2：仿真调试程序**

下载 HEX 文件到单片机电路中，进行仿真调试。

**实操 3：实物电路下载调试程序**

下载 HEX 文件到实验箱中，进行实物调试。

# 8.1.3 任务讲解

## 一、实操 1：电路设计与安装的讲解

参考图 8.1.9 所示仿真电路，设计实物电路和分配 I/O 地址表，I/O 地址分配表如表 8.1.1 所示。

表 8.1.1 投食装置 I/O 地址分配表

| 输入端口 | | | 输出端口 | | |
|---|---|---|---|---|---|
| 端口号 | 符号 | 功能说明 | 端口号 | 符号 | 功能说明 |
| P1.7 | P17 | 工作方式选择开关 | P0 | a-dp | 数显段码和 1602 数据 |
| P1.6 | P16 | 启动开关 | P2.0 | len | 1602 使能端 |
| P1.5 | P15 | 速度等级选择开关 | P2.1 | lrw | 1602 读/写端 |
| P1.4 | P14 | 添食开关 | P2.2 | lrs | 1602 数据/命令选择端 |
| | | | P2.3 | P23 | 数显个位公共端 |
| | | | P2.4 | P24 | 数显十位公共端 |
| | | | P2.5 | P25 | 蜂鸣器 |
| | | | P2.6 | P26 | 电机控制端 |
| | | | P2.7 | P27 | 电机控制端 |
| | | | P3.5 | H2 | LED 控制端 |
| | | | P3.6 | H1 | LED 控制端 |
| | | | P3.7 | H0 | LED 控制端 |

根据所设计原理图和 I/O 地址分配表安装电路,如图 8.1.11 所示。

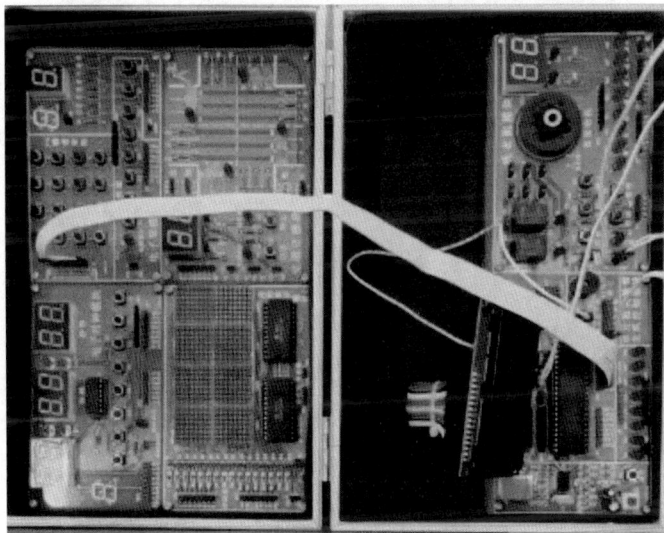

图 8.1.11 电路安装演示照片

实验箱安装方法:需要连接的电路端口在电路板上焊接了排针,用排线将要连接的端口排针连接起来即可。排针和排线如图 8.1.12 所示。排针实际应用时,根据针数用斜口钳剪取。排线有公母和针(PIN)数之分,根据实际情况选用。排线连接时要注意方向。

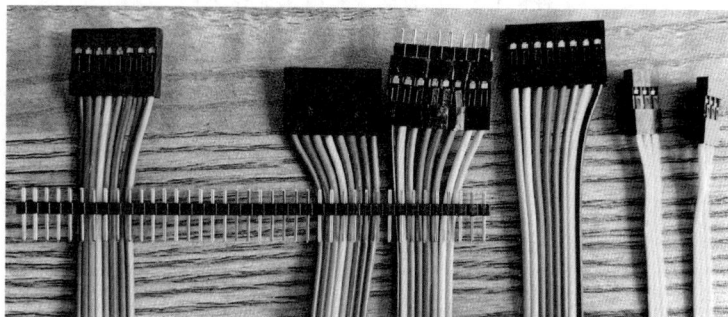

**图 8.1.12　排针和排线照片**

电路连接好之后，要求用扎带把排线捆扎好，如图 8.1.13 所示。

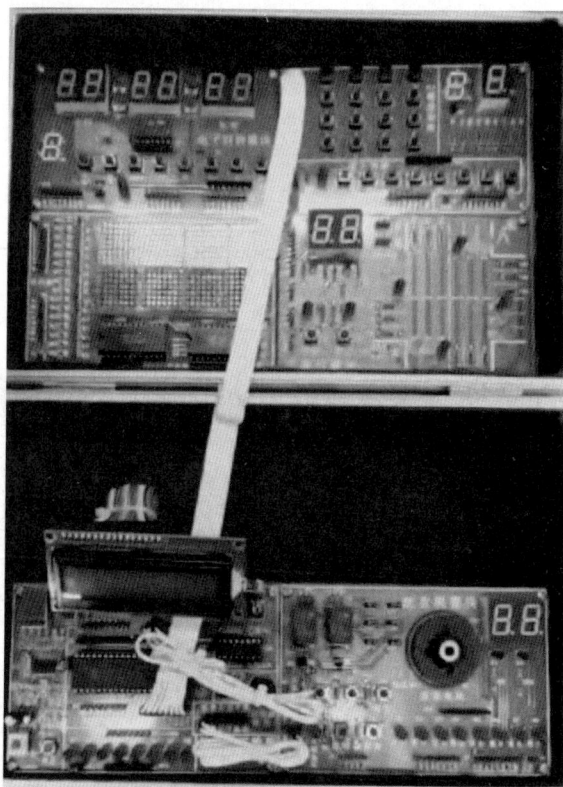

**图 8.1.13　捆扎工艺照片**

## 二、实操 2：仿真调试程序的讲解

### 1. 电机正转、停止、反转宏定义

电机正转、停止、反转宏定义的仿真讲解如下：

```
#define zhengzhuan  {n1=0,n2=1;}
#define tingzhi  {n1=n2=1;}
#define fanzhuan  {n1=1,n2=0;}
```

电机控制端两端输入不同电平时会转动，调转端子，电机方向改变。输入相同电平时为停止状态。通过宏定义，zhengzhuan 表示为 $\{n1=0;n2=1;\}$，为正转状态。tingzhi 表示为 $\{n1=n2=1;\}$，为停止状态。fanzhuan 表示为 $\{n1=1;n2=0;\}$，为反转状态。

### 2. 数码显示子程序

数码显示子程序的仿真讲解如下：

void xs( )

$\{$ if(! zjok)$\{$ sxma[1]=daojishi/10;sxma[0]=daojishi%10;$\}$

else $\{$ sxma[1]=sxma[0]=10;$\}$

P0=~sm[sxma[0]],c2=0,c1=1,len=0,ys(50);c1=c2=1;

P0=~sm[sxma[1]],c2=1,c1=0,len=0,ys(50);c1=c2=1;$\}$

数码显示管为共阳极的，c2 为十位、c1 为个位 COM 端，用 PNP 推动，c1 或 c2=0 是位选信号，c1=c2=1 为黑屏信号。自检完成，未启动前，zjok=1。if(! zjok)$\{$ sxma[1]=daojishi/10;sxma[0]=daojishi%10;else $\{$ sxma[1]=sxma[0]=10;$\}$ 的意思是：当自检完后，启动前，数码显示"–"，否则显示倒计时。

### 3. 1602 显示子程序

1602 显示子程序的仿真讲解如下：

void lcd( )

$\{$ uchar i;

if(! moshi)lcdma00[0]='s',lcdma00[1]='h',lcdma00[2]='o',

lcdma00[3]='u',lcdma00[4]='d',lcdma00[5]='o',

lcdma00[6]='n',lcdma00[7]='g';

if(tianshi)lcdma00[0]=' ',lcdma00[1]='t',lcdma00[2]='i',

lcdma00[3]='a',lcdma00[4]='n',lcdma00[5]='s',

lcdma00[6]='h',lcdma00[7]='i';

if(moshi&&! tianshi)lcdma00[0]=' ',lcdma00[1]='z',

lcdma00[2]='i',lcdma00[3]='d',lcdma00[4]='o',

lcdma00[5]='n',lcdma00[6]='g',lcdma00[7]=' ';

lcdma01[0]=lcdma01[1]=lcdma01[5]=lcdma01[6]=lcdma01[7]=' ';

lcdma01[2]=shiwuliang/100+0x30;lcdma01[3]=shiwuliang%100/10+0x30;

lcdma01[4]=shiwuliang%10+0x30;lcdma1[0]=sxma[1]+0x30;

lcdma1[1]=sxma[0]+0x30;lcdma1[2]=tiaosushijian/10+0x30;

lcdma1[3]=tiaosushijian%10+0x30;lcdma1[4]=chishiliang/10+0x30;

lcdma1[5]=chishiliang%10+0x30;

xml(0x80);for(i=0;i<8;i++)$\{$ xsj(lcdma00[i]);$\}$

xml(0x88);for(i=0;i<8;i++)$\{$ xsj(lcdma01[i]);$\}$

xml(0x80+0x42);for(i=0;i<2;i++)$\{$ xsj(lcdma1[i]);$\}$

xml(0x80+0x47);for(i=2;i<4;i++)$\{$ xsj(lcdma1[i]);$\}$

xml(0x80+0x4c);for(i=5;i<6;i++)$\{$ xsj(lcdma1[i]);$\}$ $\}$

lcdma00 是第一行手动、自动、添食工作方式的存储器；lcdma01 是保存食物量的存储器。lcdma1 是第二行倒计时、调速时间、吃食量的存储器。

### 4. 按键检测和控制子程序

按键检测和控制子程序的仿真讲解如下：

```
void aj( )
    {if( ！ k1){moshi= ！ moshi;tingzhi;while( ！ k1)xs( );qingping( );}
    if( ！ k2){if( shiwuliang>=chishiliang&&shiwuliang>0)
                {tingzhi;zjok=0;tianshi=0;qidong=1;}
            if( ！ moshi){daojishi=10,chishiliang=2;}
            while( ！ k2)xs( );qingping( );}
    if( ！ k3&&moshi)
        {qingping( );if( sududengji++= =4)sududengji=0;
        if( sududengji= =0)daojishi=12,tiaosushijian=4,chishiliang=2;
        if( sududengji= =1)daojishi=14,tiaosushijian=6,chishiliang=4;
        if( sududengji= =2)daojishi=16,tiaosushijian=8,chishiliang=6;
        if( sududengji= =3)daojishi=18,tiaosushijian=10,chishiliang=8;
        while( ！ k3)xs( );}
    if( ！ k4&&tianshi){if( shiwuliang<=90)shiwuliang=shiwuliang+10;
                    if( shiwuliang>=100)shiwuliang=100;
                    while( ！ k4)xs( );qingping( );} }
```

k1：切换工作方式按键；k2：投食启动按键；k3：自定义投食的选择按键；k4：添食按键。下面主要讲解 k2 按键检测和控制程序。

k2 按键程序：

```
if( shiwuliang>=chishiliang&&shiwuliang>0)
    {tingzhi;zjok=0;tianshi=0;qidong=1;}
if( ！ moshi){daojishi=10,chishiliang=2;}
```

该按键程序说明在食物量大于或等于吃食量时才能启动投食，并且在一键投食方式时，倒计时和吃食量是定值。

### 5. 电机控制子程序

电机控制子程序的仿真讲解如下：

```
void djyx( )
    {if( tianshi)
        {if( ms1<=tiaosushijian)zhengzhuan;
        if( ms1>tiaosushijian)tingzhi;}
    if( qidong)
        {if( ms1<=tiaosushijian)fanzhuan;
        if( ms1>tiaosushijian)tingzhi;}
    if( toushiwancheng)
```

{if( cs0<=500){if( ms1<=tiaosushijian) zhengzhuan；

　　　　　　if( ms1>tiaosushijian) tingzhi；}

　　if( cs0>500&&cs0<1000) tingzhi；laba=er=eg=ey=1；

　　if( cs0>=1000){if( ms1<=tiaosushijian) fanzhuan；

　　　　　　if( ms1>tiaosushijian) tingzhi；}}}

不同条件下电机的控制，既有方向控制，也有速度控制。ms1 是定时中断程序的计数参数，每 5 ms，ms1+1，计数范围为 20。

if( tianshi){if( ms1<=tiaosushijian) zhengzhuan；

　　　　if( ms1>tiaosushijian) tingzhi；}

if( qidong){if( ms1<=tiaosushijian) fanzhuan；

　　　　if( ms1>tiaosushijian) tingzhi；}

利用 ms1 这个计数变量与 tiaosushijian 的比较关系，实现了调速功能。

if( toushiwancheng)

　　{if( cs0<=500){if( ms1<=tiaosushijian) zhengzhuan；

　　　　　　if( ms1>tiaosushijian) tingzhi；}

　　if( cs0>500&&cs0<1000) tingzhi；laba=er=eg=ey=1；

　　if( cs0>=1000){if( ms1<=tiaosushijian) fanzhuan；

　　　　　　if( ms1>tiaosushijian) tingzhi；}}

以投食完成标志位 toushiwancheng 为条件，利用各段 cs0 计数值，实现电机正转、报警提示、电机反转的功能。

### 6. 主程序

主程序的仿真讲解如下：

main( )

{er=ey=eg=laba=0；csh1( )；csh0( )；zijian( )；

　while(1)

　　{uchar cs；xs( )；aj( )；djyx( )；

　　if( shiwuliang==0||(( shiwuliang<chishiliang)&&shiwuliang>0))

　　　{tianshi=1；qidong=0；tingzhi；}

　　if( ++cs==50){lcd( )；cs=0；}

　　if( toushiwancheng) if( ++cs0==1500)

　　　{cs0=0；toushiwancheng=0；tingzhi；laba=er=eg=ey=0；}}}

下面进行具体分析：

if( shiwuliang==0||(( shiwuliang<chishiliang)&&shiwuliang>0))

　　　{tianshi=1；qidong=0；tingzhi；}

食物量=0 或者食物量小于吃食量时，停止投食和电机，并让添食标志位 tianshi 置 1。

if( ++cs==50){lcd( )；cs=0；}

cs 计数值等于 50，才执行一次 1602 显示程序，降低了 1602 显示更新频率。

if( toushiwancheng) if( ++cs0==1500)

　　　{cs0=0；toushiwancheng=0；tingzhi；laba=er=eg=ey=0；}

当投食完成后,让 cs0 计数,利用它的分段值去控制电机和报警。

### 7. 中断程序

中断程序的仿真讲解如下:

```
t0( ) interrupt 1
{TH0 = (65536-5000)/256; TL0 = (65536-5000)%256; ms1++; if(qidong) ms++;
  if(ms1 == 20){ms1 = 0;}
  if(ms == 200){shiwuliang = shiwuliang-chishiliang; ms = 0;
            if(--daojishi == 0){qidong = 0; toushiwancheng = 1; tingzhi;}}}
```

ms 为秒信号计数,计 200 个数为 1 s。if(qidong) ms++; 表示 ms 在投食启动后才开始计时。

```
  if(ms == 200){shiwuliang = shiwuliang-chishiliang; ms = 0;
  if(--daojishi == 0){qidong = 0; toushiwancheng = 1; tingzhi;}}
```

表示每过 1 s,食物量都要减去一个吃食量,倒计时-1。倒计时 = 0 时,停止投食和电机,置位投食完成标志位 toushiwancheng。

## 三、实操 3:实物电路的程序下载和调试讲解

按照图 8.1.8 所示下载程序,并调试。

# 8.1.4 任务拓展:串口通信实际应用的调试与演示

本拓展任务是利用实验箱调试和演示图 7.2.8 和图 7.2.14 所示用串口助手控制电动机的电路和例程的功能效果,并讲解其操作方法。

USB 驱动分配给单片机的端口号为 COM3,串口助手端口号选择为 COM3。图 7.2.8 和图 7.2.14 是用串口助手控制电动机的,实际调试时,由于电机启动电流大,干扰了串口通信,无法控制,用 LED 控制替代。演示结果如图 8.1.14~图 8.1.17 所示。

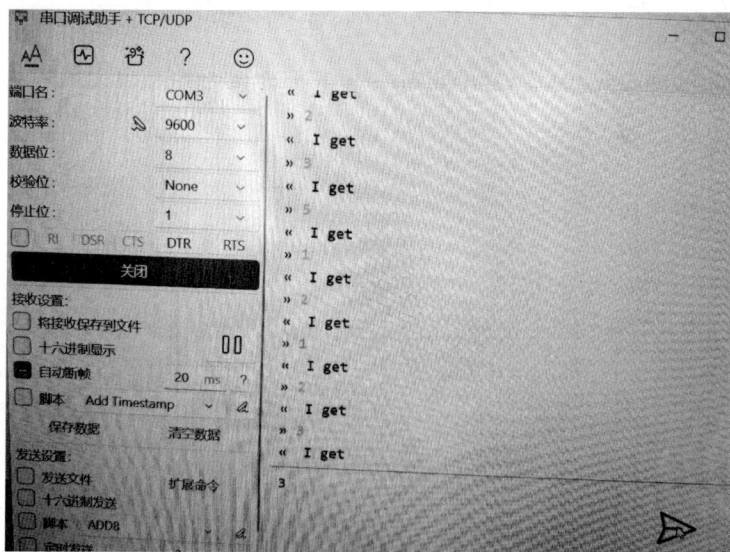

图 8.1.14 串口助手依次输入 1、2、3 和单片机发送的 I get

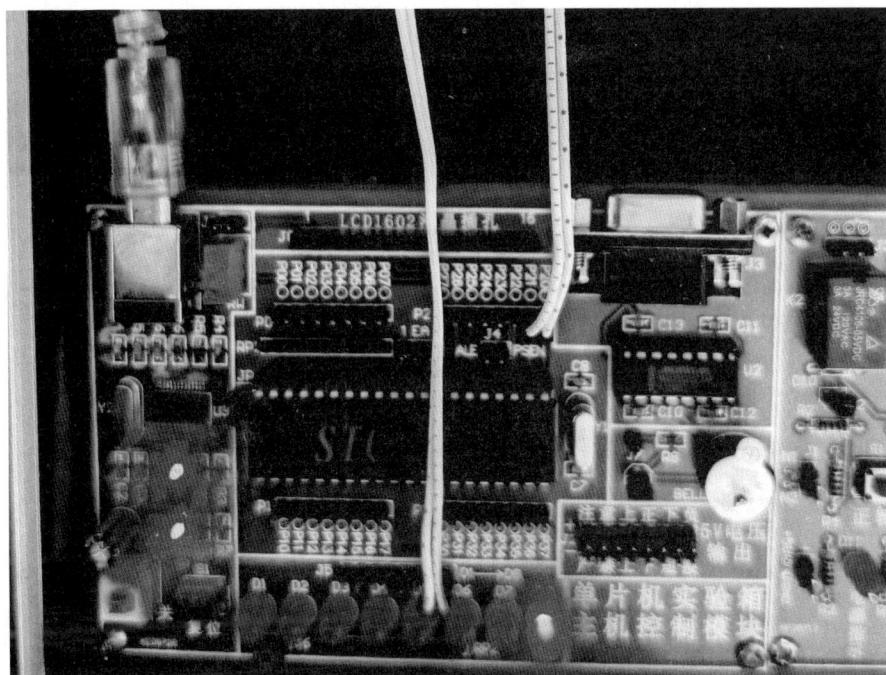

图 8.1.15　单片机收到' 1' 时, P20=0, 点亮第一个 LED

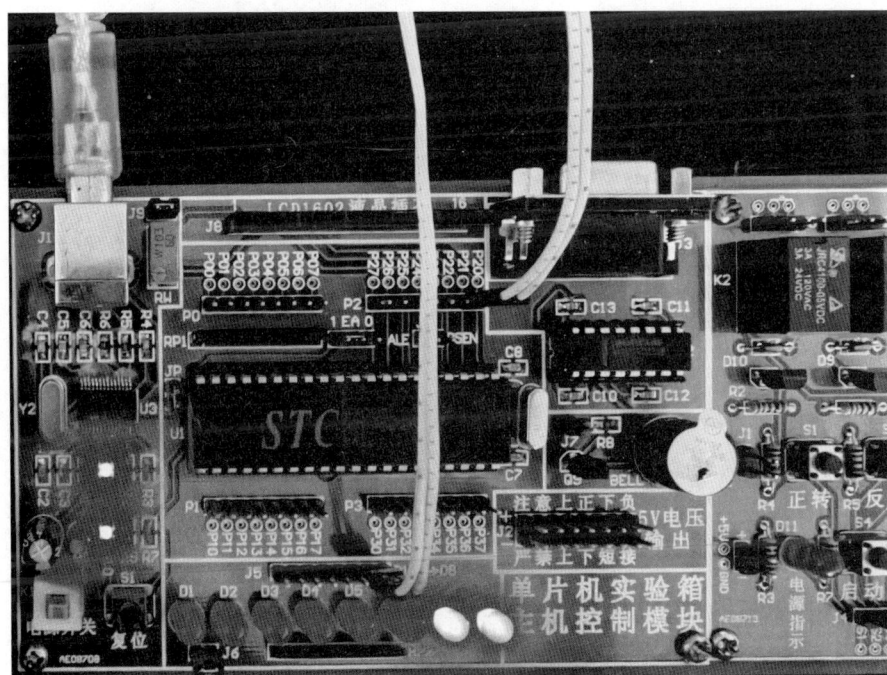

图 8.1.16　单片机收到' 2' 时, P20=P21=0, 点亮 2 个 LED

图 8.1.17  单片机收到'3'时，P21＝0，点亮第二个 LED

## 8.1.5  任务作业

1. 本任务实验箱有几种接口下载程序和实现串口通信？

2. 本任务实验箱采用什么波特率？单片机晶振频率为多少？

3. 不带 COM 接口的电脑要采用哪种下载程序的方式？

4. 列出 USB 各种类型的接口，本任务实验箱采用了什么类型的接口？除串口通信外，还有什么功能？

5. 本任务实验箱 USB 转串口芯片型号是什么？其 USB 驱动软件是什么？下载程序的软件是什么？

6. 如何操作设备管理器，查看 USB 驱动软件分配给单片机的端口号？假如端口分配不成功，或显示黄色"！"，如何处理？

7. 如何操作下载软件下载程序？

8. 如何使用串口助手实现操作串口通信？

## 任务 2　典型芯片应用的程序设计与仿真

### 🔊 任务实施目标

通过典型芯片应用的任务实操和讲解，体验式学习和掌握：

1. 查找芯片资料和了解芯片使用的方法能力；
2. 分析电路工作原理的方法能力；
3. 应用芯片设计单片机控制电路的方法能力；
4. 编程方法和技巧。

微课二维码

### 🔊 任务背景

单片机实际应用电路中经常用到一些芯片及其外围电路。本任务通过 74HC595 与 74HC138 应用电路和频率计的程序设计与仿真两个案例，介绍芯片如何应用于单片机控制电路，以及如何编写控制程序的方法和技巧。

74HC595 是一种串入并出的芯片，如图 8.2.1 所示，其 14 脚 DS 是串口输入端；15 脚 Q0 和 1 脚 Q1 至 7 脚 Q7 是 8 位的并行输出端；9 脚 Q7′ 是串行输出端，也称级联输出端；11 脚 SH_CP 是串口输入控制信号端，高电平有效；12 脚 ST_CP 是并行输出控制信号端；10 脚 $\overline{MR}$ 是内部移位存储器清零端，低电平有效，电路中常接地；13 脚 $\overline{OE}$ 是使能端，低电平有效，电路中接地。74HC595 的串口输入与并行输出是分步控制的：先串入，再并出。

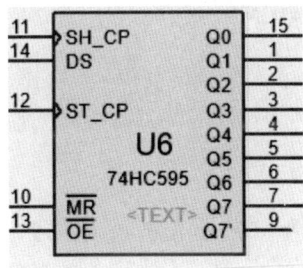

图 8.2.1　74HC595 元件符号和实物照片

74HC138 是 3-8 译码芯片，其功能是将 3 位二进制数 CBA 转化为 8 位输出信号 Y0~Y7，如图 8.2.2 所示。3 位二进制数输入端 C 为高位、A 为低位。Y0~Y7 输出是低电平有效。假如直接用该芯片驱动数码显示管的 COM 脚，需选用共阴极数码显示管。4~6 脚 E3~E1 都是使能端，其中 6 脚 E3 高电平有效，接 VCC。其他两脚都是低电平有效，接 GND。

**图 8.2.2　74HC138 的图形符号和实物照片**

频率计仿真电路是采用 555 和 741 集成运放芯片（图 8.2.3）产生振荡信号的，将振荡信号输入给单片机后，通过编程测量和显示它们的频率。

**图 8.2.3　NE555N 和 μA741CN 实物照片**

🔊 **任务探索**

如何用 74HC595 和 74HC138 控制数码显示？如何用单片机检测 555 和 741 所构成的振荡器的信号的频率？

## 8.2.1　电路结构说明与程序控制要求

### 一、电路结构说明

图 8.2.4 是应用 74HC595 和 74HC138 芯片分别输出显示检测温度的数码管段码和位码的仿真电路，其功能就是显示 18B20 的温度。

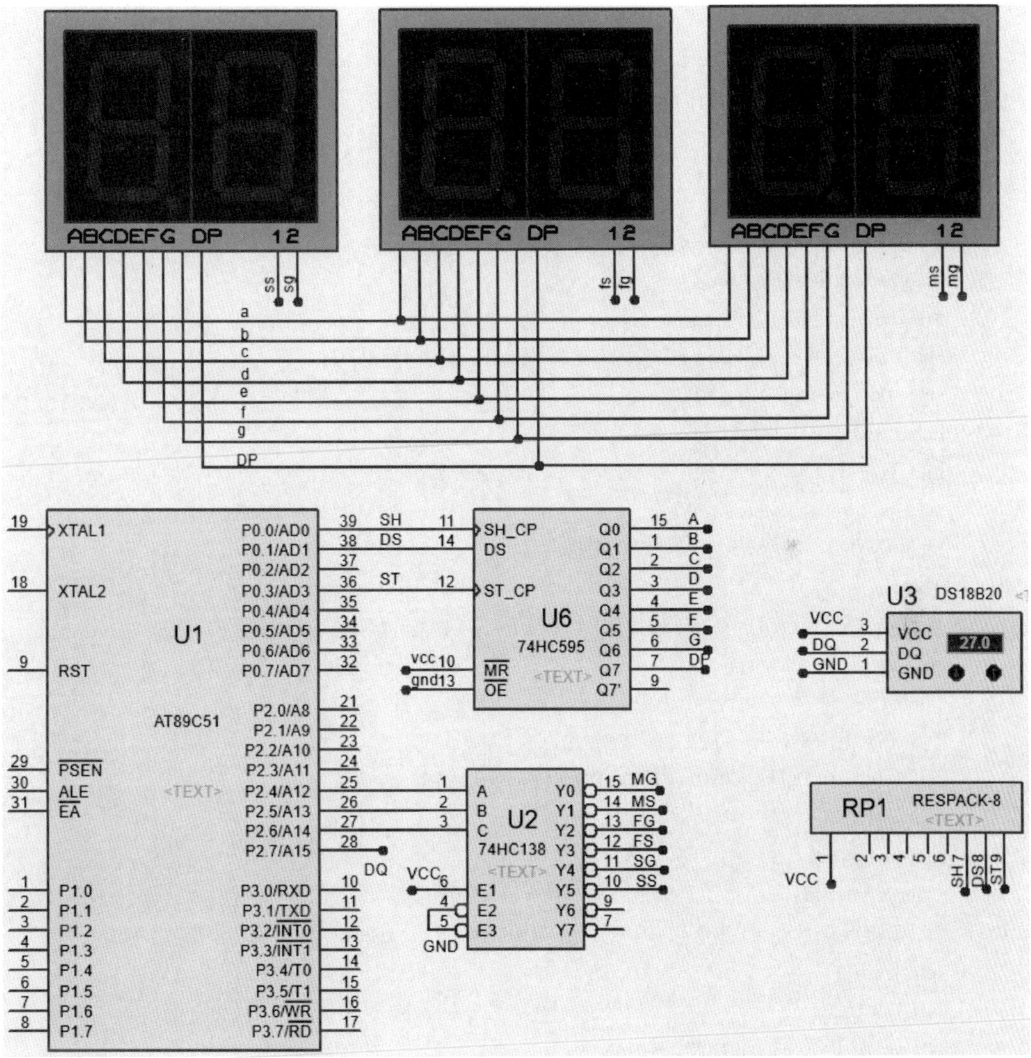

**图 8.2.4　74HC595 和 74HC138 芯片应用的仿真电路**

## 二、程序控制要求

（1）用 74HC595 控制 6 位数码显示管的段码。

（2）用 74HC138 控制 6 位数码显示管的位码，数码管采用共阴极数码管。

（3）数码管左高三位显示 18B20 的温度值，中间位显示小数点，右低三位显示 000。

# 8.2.2  任务实操

## 一、例程

74HC595 和 74HC138 芯片应用的例程如图 8.2.5 所示。

```
#include<reg52.h>
#include <intrins.h>
#define uchar unsigned char
#define uint unsigned int
#define ulint unsigned long int
sbit P24=P2^4; sbit P25=P2^5; sbit P26=P2^6; sbit DQ=P2^7;
sbit srkz=P0^0;sbit sjsr=P0^1;sbit sckz=P0^3;
uchar TCL,TCH,led1[6];
uint TC;
void ys(uint x){while(x--);}
bit jc1820()
{bit a;
    DQ=1;ys(5);DQ=0;ys(80);DQ=1;ys(5);a=DQ;ys(50);return a;}
void xie1820(uchar sj)
{uchar i;
    for(i=0;i<8;i++)
      {DQ=0;DQ=sj&0x01;ys(7);DQ=1;sj>>=1;}}
char du1820()
{uchar i,sj=0;
    for(i=0;i<8;i++)
      {DQ=0;sj>>=1;DQ=1;if(DQ)sj|=0x80;ys(7);}return(sj);}
void jswd()
{if(!jc1820())
   {xie1820(0xcc);xie1820(0x44);
     jc1820();xie1820(0xcc);xie1820(0xbe);
     TCL=du1820();TCH=du1820();}
     TC=(TCH*0x100+TCL)*0.625;}
void csh(){srkz=sckz=0;}//74HC595 输入控制端 srkz、输出控制端 sckz
void chsr(uchar shuju)//74HC595 串行输入并行输出
{uchar i;//srkz:输入控制,高电平有效,
```

```
      for(i=0;i<8;i++)//sjsr:数据输入
         {srkz=0;sjsr=shuju&0x80;shuju<<=1;srkz=1;nop_();_nop_();srkz=0;}}
   void xs()
   {uchar i;
     uchar ma[]={0x3f,0x06,0x5b,0x4f,0x66,0x6d,0x7d,0x07,0x7f,0x6f};
     led1[5]=TC%1000/100,led1[4]=TC%100/10,led1[3]=TC%10;
     for(i=0;i<6;i++)
         {if(i==4)chsr(ma[led1[i]]|0x80);//共阴极数码显示管
        else chsr(ma[led1[i]]);//sckz:输出控制,高电平有效
        sckz=0;_nop_();sckz=1;nop_();sckz=0;
        if(i==0){P24=P25=P26=0;}if(i==1){P24=1,P25=P26=0;}
        if(i==2){P24=0,P25=1,P26=0;}if(i==3){P24=P25=1,P26=0;}
        if(i==4){P24=P25=0,P26=1;}if(i==5){P24=1,P25=0,P26=1;}
        ys(200);chsr(0);sckz=0;_nop_();sckz=1;nop_();sckz=0;}}
   void main(){csh();while(1){xs();jswd();}}
```

图8.2.5 例程

## 二、编程和仿真调试实操

仿真调试1:74HC595字段码控制的仿真演示。
仿真调试2:74HC138位码控制的仿真演示。

# 8.2.3 任务讲解

## 一、仿真调试1的仿真讲解

### 1. 74HC595初始化程序的仿真讲解

void csh(){srkz=sckz=0;}//74HC595输入控制端srkz、输出控制端sckz,高电平有效
讲解见注释。

### 2. 74HC595串口输入程序的仿真讲解

```
void chsr(uchar shuju)
{uchar i;//srkz:输入控制,高电平有效
  for(i=0;i<8;i++)//sjsr:数据输入
     {srkz=0;sjsr=shuju&0x80;shuju<<=1;srkz=1;nop_();_nop_();srkz=0;}}
```
srkz:输入控制信号,高电平有效。sjsr:串口数据输入端口。sjsr=shuju&0x80;shuju<<=1;先串口输入最高位,再左移,逐位输入低位。

### 3. 74HC595输入段码和黑屏码的程序的仿真讲解

```
for(i=0;i<6;i++)
     {if(i==4)chsr(ma[led1[i]]|0x80);//共阴极数码显示管
      else chsr(ma[led1[i]]);
```

sckz=0;_nop_();sckz=1;nop_();sckz=0;//sckz:输出控制,高电平有效

if(i==0){P24=P25=P26=0;}if(i==1){P24=1,P25=P26=0;}

if(i==2){P24=0,P25=1,P26=0;}if(i==3){P24=P25=1,P26=0;}

if(i==4){P24=P25=0,P26=1;}if(i==5){P24=1,P25=0,P26=1;}

ys(200);chsr(0);sckz=0;_nop_();sckz=1;nop_();sckz=0;}}

ma[led1[i]]是6位数码管的段码,需要通过chsr(ma[led1[i]])以串口输入的方式写入74HC595芯片内。由于i=4位需要显示小数点,所以该码写入程序为:if(i==4)chsr(ma[led1[i]]|0x80);。

串行输入的数据先保存在74HC595内部,在并行输出控制指令控制下转为并行数据输出,程序为:sckz=0;_nop_();sckz=1;nop_();sckz=0;。

数码显示每显示一位,都需要黑屏,因为为共阴极数码管,所以黑屏段码信号为0:chsr(0);sckz=0;_nop_();sckz=1;nop_();sckz=0;。

### 二、仿真调试2的仿真讲解

74HC138位控程序如下:

if(i==0){P24=P25=P26=0;}if(i==1){P24=1,P25=P26=0;}

if(i==2){P24=0,P25=1,P26=0;}if(i==3){P24=P25=1,P26=0;}

if(i==4){P24=P25=0,P26=1;}if(i==5){P24=1,P25=0,P26=1;}

74HC138为3-8译码芯片,三位二进制数由P2.4~P2.6输入(低位在前)。分别在i=0至i=5时,依次输入三位二进制数,通过74HC138译码为一个对应的低电平输出,所以数码显示的COM端为共阴极端。

显示程序xs()通过for循环,根据i值同时控制段码和位码,实现了某位的显示功能。

## 8.2.4 任务拓展:频率计的程序设计与仿真

### 一、仿真电路

图8.2.6为频率计仿真电路,其功能是对555和741振荡信号进行计数,并显示其频率值。

### 二、设计要求

(1)F1、F2分别是555与741振荡电路频率检测选择开关。
(2)分别按下F1、F2,频率计测出相应信号的频率,并显示。

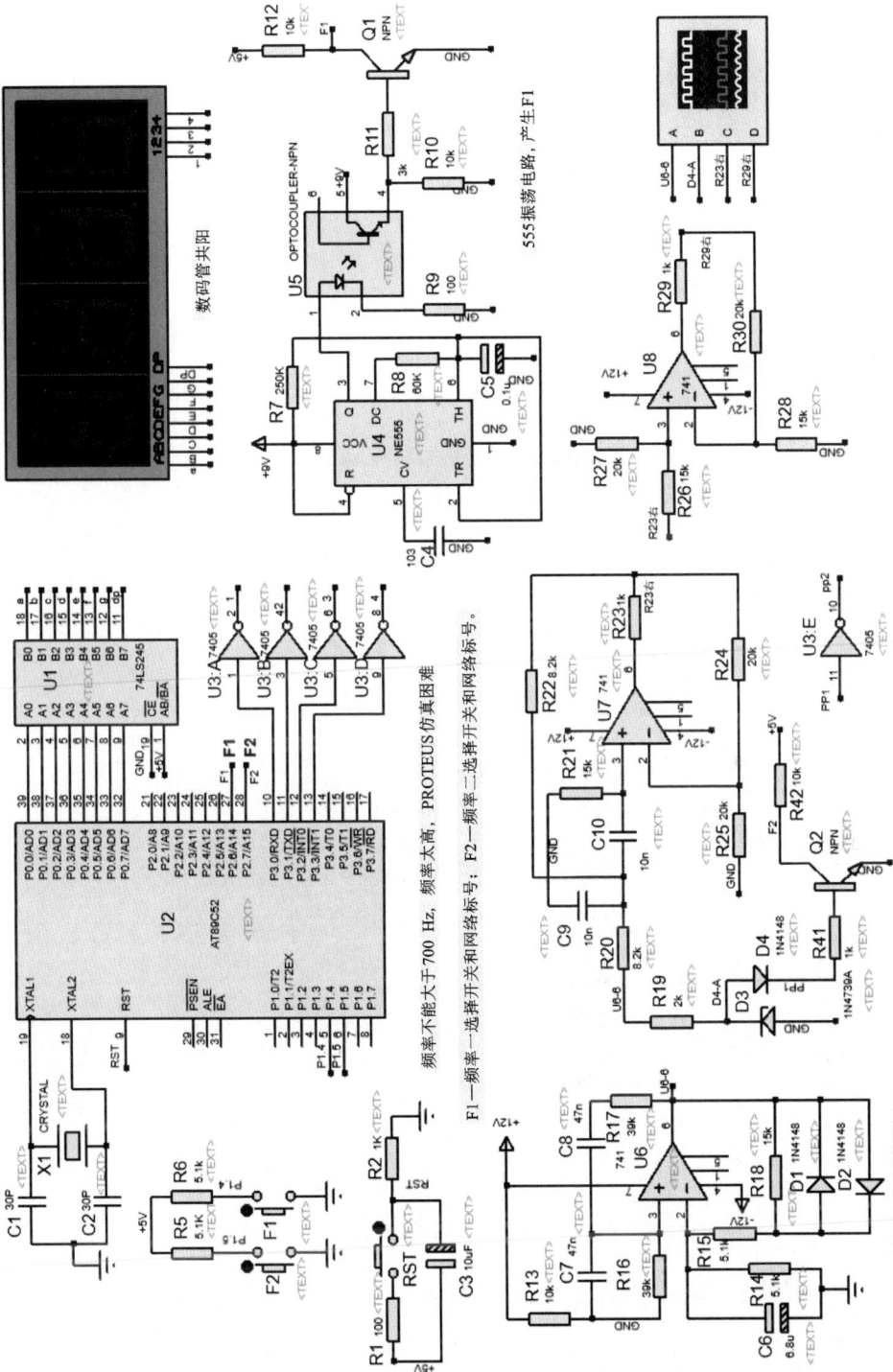

图8.2.6　频率计仿真电路

### 三、例程和例程讲解

频率计例程如图 8.2.7 所示。

```
#include<reg52.h>
#define uchar unsigned char
#define uint unsigned int
uchar wm[ ]={0x01,0x02,0x04,0x08,0x10,0x20,0x40,0x80};
uchar dm[ ]={0xc0,0xf9,0xa4,0xb0,0x99,0x92,0x82,0xf8,0x80,0x90};
uchar gd=0,cs=0,moshi=0;
uint ms,plcs=0,plcsx=0;
sbit pl1=P2^6;sbit pl2=P2^7;sbit s1=P1^4;sbit s2=P1^5;
void yanshi(uint x){while(x--);}
void xianshi()
    {uchar i,led[4];
     led[0]=dm[plcsx/1000];led[1]=dm[plcsx/100%10];
     led[2]=dm[plcsx/10%10];led[3]=dm[plcsx%10];
     for(i=0;i<4;i++)
   {P0=~led[i];P3=wm[i];yanshi(100);
     P3=0;P0=0;}}
void jiance()
    {if(s1==0){moshi=1;}
     if(s2==0){moshi=2;}
     if(moshi==1)
   {if(cs==0){if(pl1==0&&gd==0){gd=1;}
               if(pl1==1&&gd==1){gd=0;plcs++;}}}
     if(moshi==2)
        {if(cs==0){if(pl2==0&&gd==0){gd=1;}
                   if(pl2==1&&gd==1){gd=0;plcs++;}}}  }
void csh()
    {EA=1;ET0=1;TMOD=1;TR0=1;
     TH0=(65536-50000)/256;TL0=(65536-50000)%256;}
void main()
    {csh();
     while(1)
   {xianshi();jiance();}  }
void t0() interrupt 1
    {TH0=(65536-50000)/256;TL0=(65536-50000)%256;
     if (cs==0)
        {if(++ms==20){ms=0;cs=1;plcsx=plcs;}}
     if(cs==1)
        {if(++ms==20){ms=0;cs=0;plcs=0;}}  }
```

图 8.2.7 例程

下面主要对信号检测程序进行讲解，程序如下：

```
void jiance( )
    {if( s1 = = 0){moshi = 1 ;}
     if( s2 = = 0){moshi = 2 ;}
     if( moshi = = 1 )
    {if( cs = = 0){if( pl1 = = 0&&gd = = 0){gd = 1 ;}
                  if( pl1 = = 1&&gd = = 1){gd = 0 ;plcs++ ;}}}
     if ( moshi = = 2 )
       {if( cs = = 0){if( pl2 = = 0&&gd = = 0){gd = 1 ;}
                     if( pl2 = = 1&&gd = = 1){gd = 0 ;plcs++ ;}}} }
```

moshi = 1 为检测 F1，moshi = 2 为检测 F2，分别由按键 F1、F2 控制：if( s1 = = 0){moshi = 1 ;}if( s2 = = 0){moshi = 2 ;}。

plcs：保存频率计数值的参数，对每个信号的正跳变信号计数，其程序是

```
if( cs = = 0){if( pl1 = = 0&&gd = = 0){gd = 1 ;}
             if( pl1 = = 1&&gd = = 1){gd = 0 ;plcs++ ;}}
```

程序中的 pl1 和 moshi = 2 时的 pl2 是单片机检测信号的端口 P2.6、P2.7，频率计数就是对这两个输入信号计数。能否精确计数的关键在于两个计数条件：cs = 0 和上升沿计数，也就是 1 s 内 1 个信号周期计 1 次。

（1）cs = 0 的讲解

```
t0( ) interrupt 1{TH0 = (65536−50000)/256 ;TL0 = (65536−50000)%256 ;
                 if( cs = = 0){if( ++ms = = 20){ms = 0 ;cs = 1 ;plcsx = plcs ;}}
                 if( cs = = 1){if( ++ms = = 20){ms = 0 ;cs = 0 ;plcs = 0 ;}}}
```

很明显：cs = 0 时，计时 1 s——计时到，cs = 1，计时 1 s——计时到，让 cs = 0，计时 1 s……形成了一个 cs = 0 和 cs = 1 两段构成的周期为 2 s 的信号。因此本频率计每 2 s 对信号检测一次，其中一秒用于检测信号（cs = 0 为 1 s 的计数时间），另一秒等待（cs = 1 为 1 s 的等待时间）。

为显示最终检测的频率值，通过"plcsx = plcs，t0( )"将频率检测结果保存到了 plcsx 中，并通过以下数组进行显示：led[ 0 ] = dm[ plcsx/1000 ]；led[ 1 ] = dm[ plcsx/100%10 ]；led[ 2 ] = dm[ plcsx/10%10 ]；led[ 3 ] = dm[ plcsx%10 ]；。

（2）脉冲上升沿计数的讲解

```
if( cs = = 0){if( pl1 = = 0&&gd = = 0){gd = 1 ;}
             if( pl1 = = 1&&gd = = 1){plcs++ ;gd = 0 ;}}
```

cs = 0，在 1 s 的脉冲计数期内：if( pl1 = = 0&&gd = = 0){gd = 1 ;}表示信号正在低电平过渡期间，gd = 1，等待 pl1 或 pl2 高电平的出现。if( pl1 = = 1&&gd = = 1){plcs++ ;gd = 0 ;}表示当高电平来了的瞬间，让 plcs+1，同时让 gd = 0，等待下一个过渡的低电平和高电平脉冲的到来，所以 gd 实现了脉冲信号的上升沿计数。

## 8.2.5 任务作业

1. 74HC595 芯片有什么功能？说明其各引脚功能、工作条件和芯片工作过程，并分析其控制程序。

2. 74HC138 芯片有什么功能？说明其各引脚功能、工作条件和芯片工作过程，并分析其控制程序。

3. NE555 芯片有什么功能？说明其各引脚功能、工作条件和芯片工作过程，并分析其产生振荡信号的工作原理。

4. μA741 芯片有什么功能？说明其各引脚功能、工作条件和芯片工作过程，并分析其产生振荡信号的工作原理。

5. 分析和理解频率计测试和计数程序。

### ◆ 【课外读物】被美国打压的中国高科技公司

除了华为，美国还制裁了我国长江存储、大疆、TikToK、海康威视等一大批科技公司。

1. 长江存储

中国采购了全球一半以上的存储芯片，但靠自主技术生产出来的数量在 2017 年还是 0。长江存储成立于 2016 年 7 月，于 2017 年打造出 32 层的 3D 闪存，成了全球第 5 家能生产 3D 内存芯片的厂商。2018 年，长江存储发布了 NAND 闪存芯片 X-tacking 架构，成了全球第 3 家拥有独立 NAND 闪存芯片的架构公司。2019 年，长江存储基于 X-tacking 架构的 64 层 256GB TLC 3D NAND 闪存芯片正式量产。2020 年，全球闪存行业全面向 100 层以上进行堆叠，美光、海力士是 128 层，三星是 136 层，英特尔达到了 144 层。同年 4 月，长江存储攻克了 128 层堆叠的 3D 闪存技术，单颗闪存容量达到 1.33TB，创造了单位面积存储密度、I/O 传输速度、单颗芯片容量上的三个世界第一，首次挤进了全球存储行业的一线地位。2022 年 12 月，长江存储率先实现了 232 层的技术研发，在技术上超越了三星、美光等企业，真正地做到了行业领跑。

2. 大疆

大疆是世界上最早研制消费级无人机的品牌之一，2006 年由汪滔在深圳成立。从 2008 年到 2017 年，大疆构筑了无人机领域无可超越的技术积累——3206 项国家专利、916 项公开专利、49 项软件著作权、46 项作品著作权，在美国也申请了 70 多组专利，其中 17 组已经获得授权。也就是说，只要想做无人机，大疆的专利技术都是不可能绕过去的壁垒，即便是美国的同行、大疆曾经的强力竞争对手——3D Robotics 公司也不行。自此，大疆成为无人机领域的绝对霸主，在美国的市场占有率高达 75% 左右。换句话说，任何一台大疆无人机，所有的零件都是大疆自己的，操控系统的底层代码也是大疆自己的，产品用到的专利、外观设计也都是大疆自己的，甚至无人机市场的规则就是大疆制定的。

3. TikTok

2024 年 3 月 13 日，美国众议院通过了一项 TikTok 的剥离法案。根据该法案，字节跳动被要求在颁布法案后的 165 天内剥离 TikTok，否则该应用将在美国遭到封禁。美国总人口 3.3 亿，TikTok 有 1.7 亿的用户，是一个非常庞大的群体。有很多美国人利用 TikTok 平台，成立了自己的企业，利用 TikTok 的圈子来推销自己的产品和服务。一旦 TikTok 这个平台没有了，这些人的生活可能就失去了着落。美国在某种程度上正在破坏自己的制度、脱去了言论自由的皇帝新衣。

4. 海康威视

在全球 AI 领域中，中国已成为全球人工智能研究领域最有影响力的国家。AI 行业中冲锋在前的，正是海康威视、商汤科技、旷视科技、科大讯飞等高科技企业。未来是万物互联的时代，万物互联的基础，需要部署大量的传感器。当前最普遍的传感器是摄像头。海康威视是全球最大的安防监控公司，全球市场占有率高达 30%。公司以数据为基、智能为础，基于感知平台、数据平台和应用平台，构建面向智慧城市的统一数智底座，为各类智慧业务的开发提供平台、算法、模型、服务的基础支撑。为使数智底座更好地服务客户，海康威视构建了开放赋能体系，提供了 4 个开发框架、1000 多个开放接口、730 多个共性组件、3 类 198 个软件平台，以及一批人工智能和大数据的工具和服务。

# 参考文献

［1］李群芳，张士军，黄建. 单片机原理、接口技术及应用［M］. 北京：清华大学出版社，2020.

［2］郭天祥. 新概念 51 单片机 C 语言教程——入门、提高、开发、拓展全攻略［M］. 北京：电子工业出版社，2019.

［3］谭浩强. C 程序设计（第五版）［M］. 北京：清华大学出版社，2017.

［4］周航慈. 单片机程序设计基础［M］. 北京：北京航空航天大学出版社，2018.

**图书在版编目（CIP）数据**

单片机控制技术／刘国云，刘菁，唐娟主编. --长沙：
中南大学出版社，2024.8.
ISBN 978-7-5487-5992-8

Ⅰ. TP273

中国国家版本馆 CIP 数据核字第 2024F5G955 号

单片机控制技术
**DANPIANJI KONGZHI JISHU**

刘国云　刘菁　唐娟　主编

| | | |
|---|---|---|
| □ 出 版 人 | 林绵优 | |
| □ 责任编辑 | 胡小锋 | |
| □ 责任印制 | 李月腾 | |
| □ 出版发行 | 中南大学出版社 | |
| | 社址：长沙市麓山南路 | 邮编：410083 |
| | 发行科电话：0731-88876770 | 传真：0731-88710482 |
| □ 印　　装 | 湖南省汇昌印务有限公司 | |

| | | | | |
|---|---|---|---|---|
| □ 开　　本 | 787 mm×1092 mm 1/16 | □ 印张 15.5 | □ 字数 389 千字 | |
| □ 版　　次 | 2024 年 8 月第 1 版 | □ 印次 2024 年 8 月第 1 次印刷 | | |
| □ 书　　号 | ISBN 978-7-5487-5992-8 | | | |
| □ 定　　价 | 45.00 元 | | | |

图书出现印装问题，请与经销商调换